数控铣编程与实训

主　编　叶显飞　严景科　赵　津
主　审　朱　斌　严金书
副主编　王　娜　肖　旭　李　平　王春丽　龚丽丽

电子科技大学出版社
University of Electronic Science and Technology of China Press
·成都·

图书在版编目（CIP）数据

数控铣编程与实训 / 叶显飞，严景科，赵津主编
. — 成都 : 成都电子科大出版社，2024.2
ISBN 978-7-5770-0765-6

Ⅰ. ①数… Ⅱ. ①叶… ②严… ③赵… Ⅲ. ①数控机床－铣床－程序设计－中等专业学校－教材 Ⅳ. ①TG547

中国国家版本馆 CIP 数据核字(2023) 第 254090 号

数控铣编程与实训
SHUKONGXI BIANCHENG YU SHIXUN
叶显飞　严景科　赵津　主编

策划编辑　魏　彬　刘　凡
责任编辑　魏　彬
责任校对　刘　凡
责任印制　梁　硕

出版发行　电子科技大学出版社
成都市一环路东一段 159 号电子信息产业大厦九楼　邮编 610051
主　　页　www.uestcp.com.cn
服务电话　028-83203399
邮购电话　028-83201495

印　　刷　涿州汇美亿浓印刷有限公司
成品尺寸　185 mm×260 mm
印　　张　13.75
字　　数　350 千字
版　　次　2024 年 2 月第 1 版
印　　次　2024 年 2 月第 1 次印刷
书　　号　ISBN 978-7-5770-0765-6
定　　价　58.00 元

编委会成员

主编

叶显飞　盘州市职业技术学校

严景科　盘州市职业技术学校

赵　津　盘州市职业技术学校

主审

朱　斌　盘州市职业技术学校

严金书　盘州市职业技术学校

副主编

王　娜　盘州市职业技术学校

肖　旭　盘州市职业技术学校

李　平　盘州市职业技术学校

王春丽　盘州市职业技术学校

龚丽丽　盘州市职业技术学校

前言

近年来，随着我国先进装备制造业的高速发展，国产数控加工设备的质量和性能迅速提升，受到市场的广泛青睐。职业院校中配置国产的实训设备也逐渐成为主流。但是现在市场上，以国产数控加工设备为基础的实训指导教材相对较少，职业院校在授课时，可选择的教材相对较少，所以加快基于国产设备的数控加工实训教材的开发及更新非常迫切。

数控铣削加工是数控加工的重要组成部分，而铣床手动编程是数控铣削加工的基础。华中数控系统作为国产的主要数控系统，在各大中职院校实训占有很大比重。本书以华中数控系统为基础，以“管用、够用、适用”为指导原则，系统介绍数控铣床的基本操作、手动编程与加工实例。本书适合中职院校机械制造技术、数控技术等专业学生使用。

本书以盘州市职业技术学校机械制造技术专业师资团队为主要编写人员，同时得到重庆华中数控技术有限公司、盘州市博浩科技有限公司的大力支持，在此表示衷心的感谢！同时，书中如有不完善之处，恳切希望广大读者提出宝贵的意见和建议，以便修订时加以完善。

目　录

模 块 一 数控铣加工实训安全教育

一、数控铣床安全操作规程

（一）安全注意事项

（1）工作时请穿好工作服、安全鞋，戴好工作帽及防护镜。

注意：不允许戴手套操作机床。

（2）不要移动或损坏安装在机床上的警告标牌。

（3）如需要两人或多人共同完成时，应注意相互间的协调一致。

（4）禁止用手或其他任何方式接触正在旋转的主轴、工件或其他运动部位。

（5）在加工过程中，不允许打开机床防护门。

（二）开机前的注意事项

（1）操作人员必须熟悉数控铣床 / 加工中心的性能和操作方法。经机床管理人员同意方可操作机床。

（2）检查机床后面润滑油泵中的润滑油是否充裕，若油量不足，请及时补充；若耗油过快或过慢，可适当调节油罐上的调节旋钮。

（3）检查气源压力是否达到 0.5 MPa 以上（机床在生产厂内调试时已设定好，一般不需要再做调整）。

（4）检查气路三件组合气水分离罐中是否有积水。若有应及时放掉，按压气罐底部按钮即将水排出。若气罐积水过多，ATC（automatic tool changer，刀具自动交换装置）在执行换刀动作时，会将水带入气路中，造成电磁阀阀芯及气缸锈蚀，从而产生故障。

(5)检查机床可动部分是否处于正常工作状态。

(6)检查工作台是否越位,是否处于超极限状态。

(7)检查电气元件是否牢固,是否有接线脱落的情况。

(8)检查机床接地线是否和车间地线可靠连接(初次开机特别重要)。

(9)已完成开机前的准备工作后方可合上电源开关。

(三)开机时的注意事项

(1)首先打开总电源,然后按下 CNC(computer numerical control,计算机数控)电源中的开启按钮,顺时针旋转急停按钮。若机床所有功能 NC(normal close,常闭点)指示灯绿灯亮,则机床准备完毕。

(2)一般情况下,开机过程中必须先进行回机床参考点操作,建立机床坐标系。

(3)开机后让机床空转 15 min 以上,使机床达到热平衡状态。

(4)关机后必须等待 5 min 以上才可以再次开机,没有特殊情况不得随意频繁进行开机或关机操作。

(四)手动操作时的注意事项

(1)必须熟悉机床使用说明书和机床的一般性能、结构,严禁超性能使用。

(2)必须时刻注意,在进行 X 方向、Y 方向移动前,必须使 Z 轴处于抬刀位置。移动过程中,不能只看 CRT(cathode ray tube,阴极射线管)显示器上坐标位置的变化,还要观察刀具的移动。刀具移动到位后,再看 CRT 显示器进行微调。

(五)编程时的注意事项

(1)编辑、修改或调试好程序后,若是首件试切,必须进行空运行,确保程序正确无误。

(2)按工艺要求安装、调试好夹具,并清除各定位面的铁屑和杂物。

(3)按定位要求装夹好工件,确保定位正确可靠。不得在加工过程中发生工件松动现象。

（4）安装好所要用的刀具。

（5）设置好刀具半径补偿。

（6）确认切削液输出通畅，流量充足。

（7）再次检查所建立的工件坐标系是否正确。

（8）以上各点准备好后方可加工工件。

（9）对于初学者来说，编程时应尽量少用 GO0 指令，特别在 X、Y、Z 三轴联动中更应注意。

（10）在走空刀时，应把 Z 轴的移动与 X 轴、Y 轴的移动分开进行，即多抬刀、少斜插。

（11）斜插时，刀具容易因碰到工件而造成损坏。

（六）换刀时的注意事项

更换刀具时，应注意操作安全。装入刀具时，应将刀柄和刀具擦拭干净。

（七）加工时的注意事项

（1）在自动运行程序前，必须认真检查程序，确保程序的正确性。

（2）在操作过程中必须集中注意力，谨慎操作。

（3）运行过程中，一旦发生问题，及时按下复位按钮或急停按钮。

（4）加工过程中，不得调整刀具和测量工件尺寸。

（5）自动加工中，自始至终监视运转状态，严禁离开机床，遇到问题及时解决，防止发生不必要的事故。

（6）定时对工件进行检验。确定刀具是否出现磨损等情况。

（八）使用计算机进行串口通信时的注意事项

使用计算机进行串口通信时，要做到先开机床，后开计算机；先关计算机，后关机床。避免在开、关机床的过程中，由于电流的瞬间变化而冲击计算机。

（九）利用DNC（distribute numerical control,分布式数字控制）功能时的注意事项

要注意机床的内存容量，一般从计算机向机床传输的程序总字节应小于额定字节。如果程序比较长，则必须采用边传输边加工的方法。

（十）关机时的注意事项

（1）关机前，应使刀具处于安全位置，将工作台上的切屑清理干净，并把机床擦拭干净。

（2）关机时，先关闭系统电源，再关闭电气总开关。

二、任务评价

本模块的实训素养评价表如表 1-1 所示。

表 1-1　模块一实训素养评价表（共 50 分）

姓名		班级		实训时间	
序号	评价指标	自我评价	教师判定	教师评分	
1	迟到（5 分）	□是　□否	□真实　□不真实	□优秀 □ -3 分 □ -5 分	
2	早退（5 分）	□是　□否	□真实　□不真实	□优秀 □ -3 分 □ -5 分	
3	事假（3 分）	□是　□否	□真实　□不真实	□优秀 □ -1 分	
4	病假（3 分）	□是　□否	□真实　□不真实	□优秀 □ -1 分	
5	旷课（9 分）	□是　□否	□真实　□不真实	□优秀 □ -9 分	
6	语言举止文明（5 分）	□是　□否	□真实　□不真实	□优秀 □ -3 分 □ -5 分	
7	玩手机等电子产品（5 分）	□是　□否	□真实　□不真实	□优秀 □ -3 分 □ -5 分	
8	服从管理（5 分）	□是　□否	□真实　□不真实	□优秀 □ -3 分 □ -5 分	
9	工作装规范（5 分）	□是　□否	□真实　□不真实	□优秀 □ -3 分 □ -5 分	
10	完成作业（5 分）	□是　□否	□真实　□不真实	□优秀 □ -3 分 □ -5 分	
实训素养得分			教师签名		

模块二 认识数控铣床

一、认识数控铣床的组成

数控铣床的组成部件如图 2-1 所示。

1—床身；2—主轴；3—数控装置；4—工作台。

图 2–1 数控铣床的组成

数控铣床一般由床身、底座、主轴、数控装置、工作台和电气柜等组成，它们是整个数控机床的基础部件。数控铣床的其他零部件固定在基础部件上或工作时在它的导轨上运动。其他机械结构则按铣床的功能需要选用。一般的数控铣床除基础部件外，还有主传动系统、进给系统以及液压、润滑、冷却等辅助装置，这是数控铣床机械结构的基本构成。除铣床基础部件外，还有实现工件回转、定位的装置和附件，刀架或自动换刀装置（ATC）。自动托盘交换装置（APC），刀具破损监控、精度检测等特殊功能装置，以及完成自动化控制功能的各种反馈信号装置及元件。

数控铣床有各种类型，虽然其外形结构各异，但总体上是由以下几大部分组成的。

1. 基础部件

基础部件由床身、底座和工作台等大件组成。这些大件有铸铁件，也有焊接的钢结构件。它们要承受机床的静载荷和加工时的切削负载，因此必须具备更高的静、动刚度。它们也是机床中质量和体积最大的部件。

2. 主轴部件

主轴部件由主轴箱、主轴电动机、主轴和主轴轴承等零件组成。主轴的启动、停止等动作和转速均由数控系统控制，并通过装在主轴上的刀具进行切削。主轴部件是切削加工的功率输出部件，是数控铣床的关键部件，其结构的好坏对机床整体的性能有很大的影响。

3. 数控系统

数控系统由 CNC 装置、可编程序控制器、伺服驱动装置以及电动机等部分组成，是数控铣床执行顺序控制动作和控制加工过程的大脑。

4. 辅助系统

辅助系统由气源装置、冷却系统、润滑系统和防护系统等组成，作用是实现机床一些必不可少的辅助功能。

二、认识数控铣床的操作面板

1. 数控铣床操作面板

华中数控系统的操作面板如图 2-2 所示，华中 HNC-818B 系统的操作面板为 10.4 寸（1 寸约为 3.33 cm）彩色液晶显示器（分辨率为 800 × 600）。

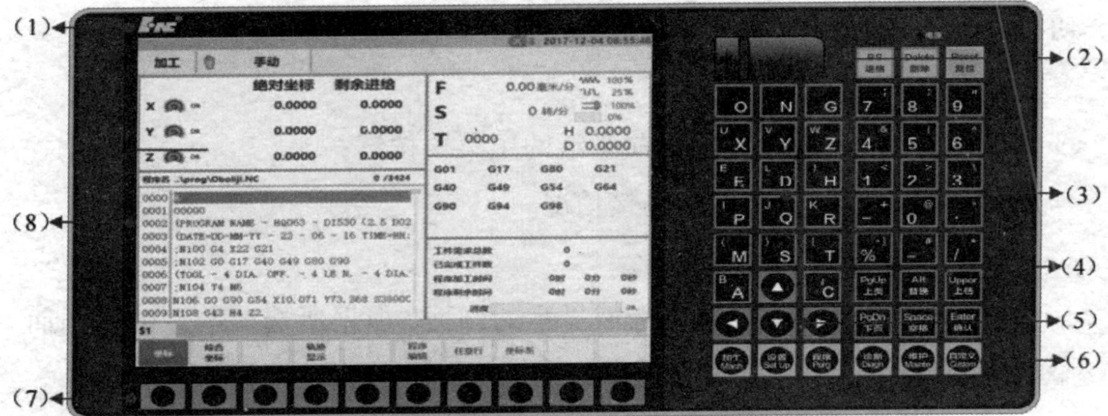

1—LOGO；2—USB 接口；3—字母键盘区；4—数字及字符按键区；
5—光标按键区；6—功能按键区；7—软键区；8—屏幕显示界面区。

图 2-2　华中数控系统操作面板

2. 认识显示界面区域

HNC-818B 数控系统的显示界面如图 2-3 所示。

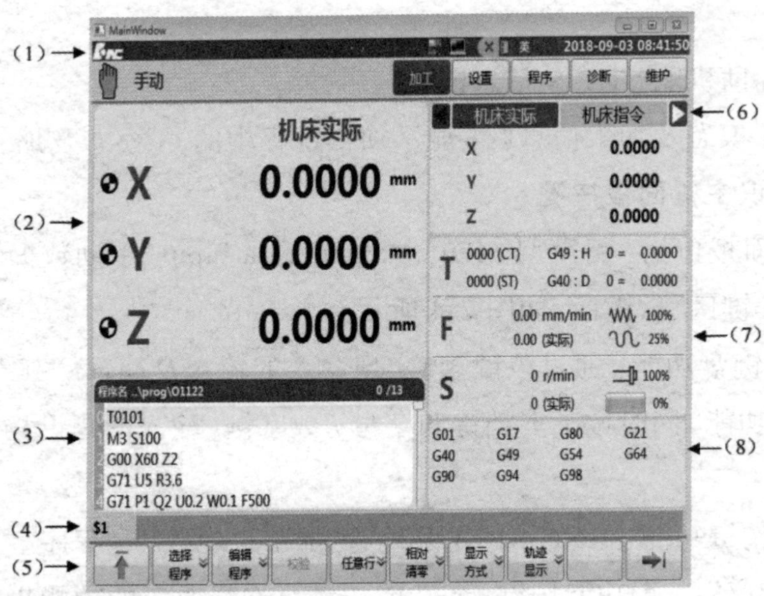

1—标题栏；2—图形显示窗口；3—G 代码显示区；4—输入框；
5—菜单命令条；6—轴状态显示；7—辅助机能；8—G 模态及加工信息区。

图 2-3　华中数控系统的操作界面

（1）标题栏 。

①加工方式：系统工作方式根据机床控制面板上相应按键的状态可

在自动(运 行)、单段(运行)、手动(运行)、增量(运行)、回零、急停之间切换;

②系统报警信息;

③ 0 级主菜单名:显示当前激活的主菜单按键;

④ U 盘连接情况和网络连接情况;

⑤系统标志和时间。

(2)图形显示窗口:这块区域显示的画面,根据所选菜单键的不同而不同 。

(3)G 代码显示区:预览或显示加工程序的代码。

(4)输入框:在该栏键入需要输入的信息。

(5)菜单命令条:通过菜单命令条中对应的功能键来完成系统功能的操作。

(6)轴状态显示:显示轴的坐标位置、脉冲值、断点位置、补偿值、负载电流等。

(7)辅助机能:T/F/S 信息区。

(8)G 模态及加工信息区:显示加工过程中的 G 模态及加工信息。

3. 认识主机面板按键

主机面板包括:精简型 MDI(manual data input,手动数据输入)键盘区、功能按键区、软键区,如图 2-4 所示。

MDI 键盘功能:通过该键盘,实现命令的输入及编辑。其大部分键具有上档键功能,同时按下上档键和字母 / 数字键,输入的是上档键的字母 / 数字。

功能按键功能 :HNC-818B 系统有“加工”“设置”“程序”“诊断”“维护”“自定义”六个功能按键,各功能按键可选择对应的功能集,以及对应的显示界面。

软键功能:HNC-818B 系统屏幕下方有 10 个软键,该类键上无固定标志。其中左右两端为返回上级或继续下级菜单键,其余为功能软键。各软键功能对应其上方屏幕的显示菜单,随着菜单变化,其功能也不相同。

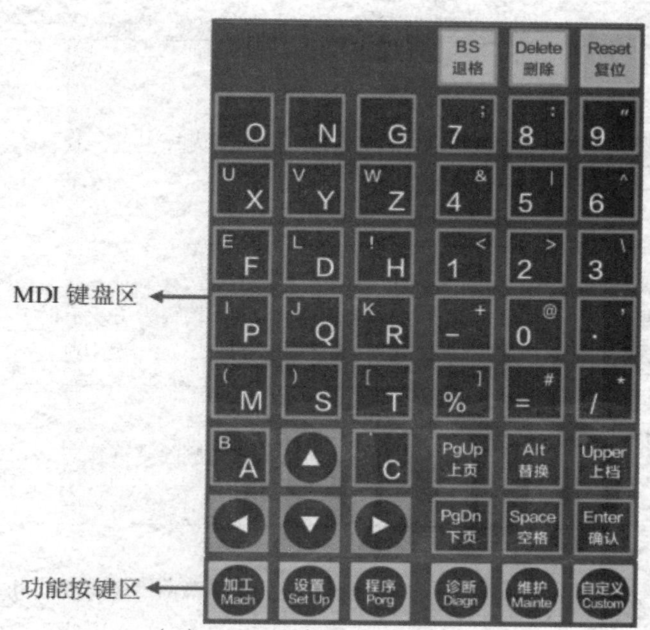

（a）MDI 键盘区和功能按键区

(菜单屏幕显示)

选择程序 编辑程序 校验 任意行 显示切换 轨迹设置 刀补 坐标系

软键区

（b）软键区

图 2-4 主机面板按键

4.MDI 键盘各按键的定义(表 2-1)

表 2-1 MDI 键盘各按键的定义

按键	名称 / 符号	功能说明
O N G / X Y Z 7 8 9 / F D H 4 5 6 / P Q R 1 2 3 / M S T − 0 . / A C % = /	字符键（字母、数字、符号）/「“字母”」（如「Y」）	输入字母、数字和符号。每个键有上下两档，当按下“上档键”的同时，再按下“字符键”，输入上面的字符，否则输入下面的字符

续表

按键	名称 / 符号	功能说明
	光标移动键 /「光标」	控制光标左右、上下移动
] %	程序名符号键 /「%」	其下档键为主、子程序的程序名符号
BS 退格	退格键 /「退格」	向前删除字符等
Delete 删除	删除键 /「删除」	删除当前程序、向后删除字符等
Reset 复位	复位键 /「复位」	CNC 复位，进给、输入停止等
Alt 替换	替换键 /「Alt」	当使用「Alt」+「光标」时，可切换屏幕界面右上角的显示框（位置、补偿、电流等）内容；当使用「Alt」+「P」时，可实现截图操作
Upper 上档	上档键 /「上档」	使用双地址按键时，切换上、下档按键功能。同时按下上档键和双地址键时，上档键有效
Space 空格	空格键 /「空格」	用于向后空一格的操作
Enter 确认	确认键 /「Enter」	输入打开及确认输入
PgUp 上页 PgDn 下页	翻页键 /「翻页」	同一显示界面时，用于切换上、下页面

续表

按键	名称 / 符号	功能说明
加工 Mach 设置 Set Up 程序 Porg 诊断 Diagn 维护 Mainte 自定义 Custom	功能按键 / 『加工』 『设置』 『程序』 『诊断』 『维护』 『自定义』	加工：选择自动加工操作所需的功能集，以及对应界面； 设置：选择刀具设置相关的操作功能集，以及对应界面； 程序：选择用户程序管理功能集，以及对应界面； 诊断：选择故障诊断、性能调试、智能化功能集，以及对应界面； 维护：选择硬件设置、参数设置、系统升级、基本信息、数据管理等维护相关功能，以及对应界面； 自定义 *（MDI）：选择手动数据输入操作的相关功能，以及对应界面
	软键 /『⬆』『➡』『“功能”』	HNC-818B 显示屏幕下方的 10 个无标识按键即为软键。在不同功能集或层级时，其功能对应为屏幕上方显示的功能。软键的主要功能如下： ①在当前功能集中进行子界面切换； ②在当前功能集中，实现对应的操作输入，如编辑、修改、数据输入等。 10 个软键中，最左端按键为返回上级菜单键，箭头为蓝色时有效，在功能集一级菜单时箭头为灰色。 10 个软键中，最右端按键为继续菜单键，箭头为蓝色时有效。当按下该键，在同一级菜单中界面循环切换

5. 机床操作面板（MCP 面板）

华中数控铣 MCP 面板如图 2-5 所示。

1—电源通断开关；2—急停按键；3—循环启动 / 进给保持；
4—进给轴移动控制按键区；5—机床控制按键区；6—机床控制扩展按键区 ；
7—进给速度修调波段开关；8—主轴倍率波段开关 ；9—编辑锁开 / 关；
10—运行控制按键区；11—快移倍率控制按键区；12—工作方式选择按键区。

图 2–5　华中数控铣 MCP 面板

6. 机床操作面板各按键的定义

华中数控铣 HNC-818B 系统各按键功能及状态的说明如表 2-2 所示。

表 2–2　HNC–818B 系统各按键功能及状态的说明

按键	名称 / 符号	功能说明	有效时的工作方式
手轮	手轮工作方式键 /『手轮』	选择手轮工作方式	手轮
回参考点	回零工作方式键 /『回零』	选择回零工作方式键	回零
增量	增量工作方式键 /『增量』	选择增量工作方式	增量
手动	手动工作方式键 /『手动』	选择手动工作方式	手动

续表

按键	名称 / 符号	功能说明	有效时的工作方式
MDI	MDI 工作方式键 /『MDI』	选择 MDI 工作方式	MDI
自动	自动工作方式键 /『自动』	选择自动工作方式	自动
单段	单段开关键 /『单段』	①逐段运行或连续运行程序的切换； ②单段有效时，指示灯亮	自动、MDI（含单段）
手轮模拟	手轮模拟开关键 /『手轮模拟』	①手轮模拟功能是否开启的切换； ②该功能开启时，可通过手轮控制刀具按程序轨迹运行。正向摇手轮时，继续运行后面的程序；反向摇手轮时，反向回退已运行的程序	自动、MDI（含单段）
程序跳段	程序跳段开关键 /『程序跳段』	程序段首标有“/”符号时，该程序段是否跳过的切换	自动、MDI（含单段）
选择停	选择停开关键 /『选择停』	①程序运行到“M00”指令时，是否停止的切换； ②若程序运行前已按下该键（指示灯亮），当程序运行到“M00”指令时，则进给保持，再按循环启动键才可继续运行后面的程序；若没有按下该键，则连贯运行该程序	自动、MDI（含单段）
超程解除	超程解除键 /『超程解除』	①取消机床限位； ②按住该键可解除报警，并可运行机床	手轮、手动、增量
	循环启动键 /『循环启动』	程序、MDI 指令运行时启动	自动、MDI（含单段）
	进给保持键 /『进给保持』	程序、MDI 指令运行时暂停	自动、MDI（含单段）

续表

<table>
<tr><th>按键</th><th>名称 / 符号</th><th colspan="2">功能说明</th><th>有效时的工作方式</th></tr>
<tr><td>-10% 快移倍率 100% 快移倍率 +10% 快移倍率</td><td>快移速度修调键 / 『快移修调』</td><td colspan="2">快移速度的修调</td><td rowspan="2">手轮、增量、手动、回零、自动、MDI（含单段、手轮模拟）</td></tr>
<tr><td>-10% 主轴倍率 100% 主轴倍率 +10% 主轴倍率</td><td>主轴倍率键 / 『主轴倍率』</td><td colspan="2">主轴速度的修调</td></tr>
<tr><td>主轴反转 主轴停止 主轴正转</td><td>主轴控制键 / 『主轴正 / 反转』</td><td colspan="2">主轴正转、反转、停止运行控制</td><td>手轮、增量、手动、MDI</td></tr>
<tr><td>Y X C Z 快进 Z Y X C</td><td>手动控制轴进给键 / 『轴进给』</td><td colspan="2">①手动或增量工作方式下，控制各轴的移动及方向；
②手轮工作方式时，选择手轮控制轴；
③手动工作方式下，分别按下各轴时，该轴按工进速度运行，当同时还按下“快移”键时，该轴按快移速度运行</td><td>手轮、增量、手动</td></tr>
<tr><td rowspan="3">下一把刀 刀具松紧 换刀允许 冷却自动 刀库试调 刀臂正转 冷却手动 刀库正转 刀库反转 加工吹气 防护门 手摇试切 排屑正转 排屑反转 润滑 后排冲水 机床照明</td><td rowspan="3">机床控制按键 / 『机床控制』</td><td rowspan="3">手动控制机床的各种辅助动作</td><td>下一把刀、刀具松紧、换刀允许、冷却手动、刀库调试、刀臂正转、刀库正转、刀库反转</td><td>手动</td></tr>
<tr><td>机床照明、润滑、后排冲水、加工吹气</td><td>手轮、增量、手动、回零、自动、MDI（含单段、手轮模拟）</td></tr>
<tr><td>手摇试切、防护门</td><td>自动</td></tr>
</table>

续表

按键	名称/符号	功能说明	有效时的工作方式
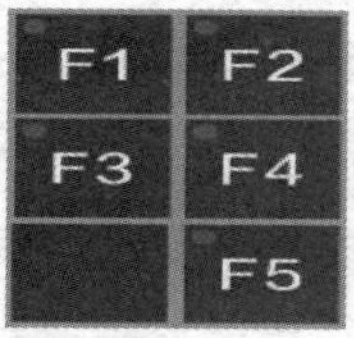 F1 F2 F3 F4 F5	机床控制扩展按键/『机床控制』	手动控制机床的各种辅助动作	机床厂家根据需要设定
	程序保护开关/『程序保护』	保护程序不被随意修改	手轮、增量、手动、回零、自动、MDI（含单段、手轮模拟）
 EMERGENCY STOP	急停键/『急停』	紧急情况下，使系统和机床立即进入停止状态，所有输出全部关闭	
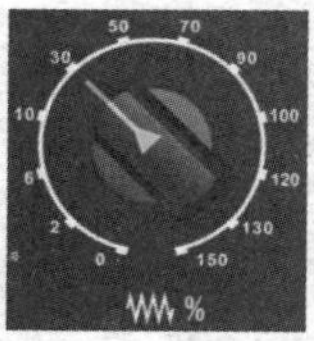 0 2 6 10 30 50 70 90 100 120 130 150 %	进给倍率旋钮/『进给倍率』	进给速度的修调	手动、自动、MDI、回零
 50 60 70 80 90 100 110 120 %	主轴倍率键/『主轴倍率』	主轴速度的修调。	手轮、增量、手动、自动、MDI（含单段、手轮模拟）
	系统电源开/『电源开』	控制数控装置上电	手轮、增量、手动、回零、自动、MDI（含单段、手轮模拟）
	系统电源关/『电源关』	控制数控装置断电	

模块三 操作数控铣床

一、机床开关机及急停操作

1. 开机

(1)检查机床状态是否正常。

(2)检查电源电压是否符合要求,接线是否正确。

(3)松开急停按钮。

(4)机床通电。

(5)数控系统通电。

(6)检查风扇电动机运转是否正常。

(7)检查面板上的指示灯是否正常。

接通数控装置电源后,液晶显示器显示如图 3-1 所示的操作界面,其工作方式为“急停”。

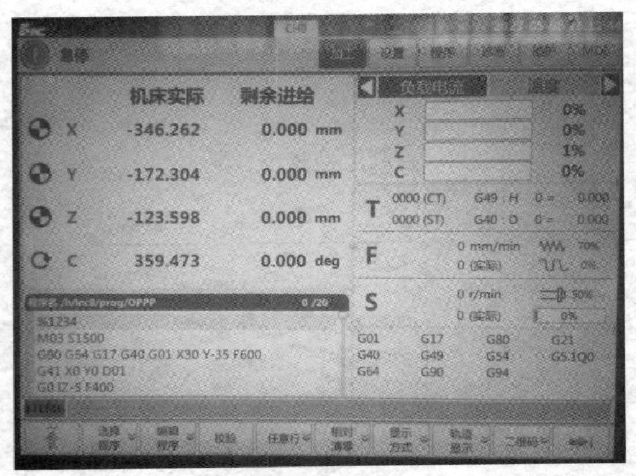

图 3-1 系统电源接通后的操作界面

2. 复位

接通数控装置电源后,系统初始模式显示为“急停”,为使控制系统运行，需顺时针旋转操作面板右上角的“急停”按钮，使系统复位，并接通伺服电源。系统默认进入“手动”方式，软件操作界面的工作方式变为“手动”。

3. 返回机床参考点

（1）操作步骤。

①按下控制面板上面的“回参考点”按钮，确保系统处于回参考点方式。

②按下控制面板上面的“+*Z*”按钮，使 *Z* 轴回参考点。

③用同样的方法，按下“+X”“+Y”“+Z”按钮，使 *X* 轴、*Y* 轴和 *Z* 轴回参考点。

机床返回参考点后的界面如图 3-2 所示。

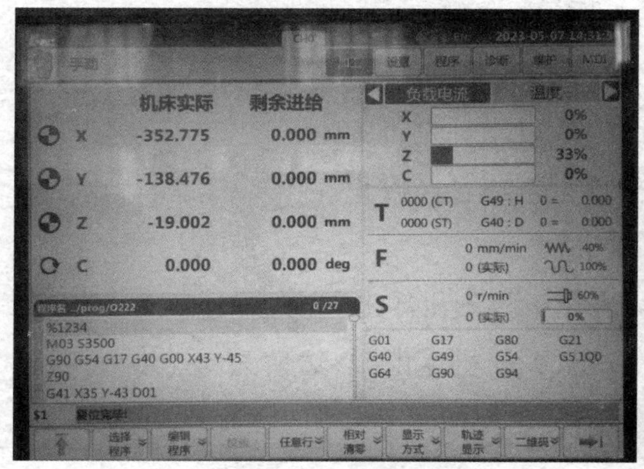

图 3–2　机床返回参考点后的界面

（2）注意事项。

①返回参考点时应确保安全，为保证在机床运行方向上不会发生碰撞，一般应选择 *Z* 轴先回参考点，将刀具抬起。

②在每次电源接通后，必须先完成各轴的返回参考点操作，然后再进入其他运行方式，以确保各轴坐标的正确性。

③同时使用多个相容（“+X”与“−X”不相容，其余类同）的轴向选择按钮，每次能使多个坐标轴返回参考点。

④在返回参考点前，应确保回零轴位于参考点的“回参考点方向相反侧”（如 *X* 轴的返回参考点方向为负，则返回参考点前，应保证 *X* 轴当前

位置在参考点的正向侧），否则应手动移动该轴直到满足此条件。

⑤在返回参考点的过程中，若出现超程，应按住控制面板上的“复位”按钮，向 相反方向手动移动该轴使其退出超程状态。

4. 急停

机床运行过程中，在危险或紧急情况下按下“急停”按钮，数控装置即进入急停状态，伺服进给及主轴运转立即停止工作（控制柜内的进给驱动电源被切断）；松开“急停”按钮（左旋此按钮，自动跳起），数控装置进入复位状态。

解除紧急停止前，应先确认故障是否排除，且紧急停止解除后应重新执行返回参考点操作，以确保坐标位置的正确性。注意，在通电和关机之前应按下“急停”按钮，以减少设备受到电流的冲击。

5. 关机

（1）检查操作面板上的循环启动灯是否关闭。

（2）检查机床的移动部件是否都已经停止。

（3）按下机床“急停”按钮。

（4）如有外部输入 / 输出设备接到机床上，先关闭外部设备的电源。

（5）按下“Power Of”按钮，关闭机床电源，然后关闭总电源。

二、机床手动操作

机床手动操作主要由手持单元和机床控制面板共同完成。

1. 手动进给

（1）模式按钮选择“手动”。

（2）调节“进给修调”按钮，选择合适的进给速度倍率。

（3）按下相应的进给方向键不松开，即可使刀具沿所选轴方向连续进给。

如果要进行快速手动进给，只需在手动进给的同时按下位于方向选择按钮中间的“快进”按钮即可。手动进给的操作界面如图 3-3 所示。

图 3–3　手动进给的操作界面

在手动进给时，进给速率为系统参数“最大快移速度”的 1/3 乘以进给修调选择的进给倍率。点动快速移动的速率为系统参数“最高快移速度”乘以快速修调选择的快移倍率。

2. 增量进给

（1）模式按钮选择“增量”。

（2）选择相应的增量倍率。

（3）按下相应的进给方向键，则坐标轴向相应的方向移动一个增量值。

3. 手摇连续进给

（1）选择手摇脉冲发生器（手柄），坐标轴选择波段开关置于“X”“Y”“Z”或“A”。

（2）选择刀具要移动的轴。

（3）选择增量步长。

（4）旋转手摇脉冲发生器向相应的方向移动刀具。

4. 超程解除

在伺服轴行程的两端各有一个极限开关，其作用是防止伺服机构碰撞而损坏。每当伺服机构碰到行程极限开关时，就会出现超程。当某轴出现超程(超程解除按钮指示灯亮)时，系统视其状况为紧急停止；要退出超程状态时,必须按下列操作步骤进行：

(1)松开“急停”按钮,置工作方式为“手动”或“手摇”方式。

(2)按下复位按钮。

(3)在手动(手摇)方式下使该轴向相反方向退出超程状态。

(4)松开“超程解除”按钮，若显示屏上运行状态栏显示“运行正常”，表示恢复正常，可以继续操作。在操作机床退出超程状态时，请务必注意移动方向及移动速率,以免发生撞机。

5. 主轴的相关功能

(1)按一下“主轴正转”按钮(指示灯亮)，主轴电动机以机床参数设定的转速正转。

(2)按一下“主轴反转”按钮(指示灯亮)，主轴电动机以机床参数设定的转速反转。

(3)按一下“主轴停止”按钮(指示灯亮),主轴电动机停止运转。

(4)在手动方式下,当“主轴制动”无效时,按一下“主轴定向”按钮,主轴立即执行主轴定向功能。定向完成后，按钮内指示灯亮，主轴准确停止在某一固定位置。

(5)在手动方式下，当“主轴制动”无效时(指示灯亮)，主轴电动机会以一定的转速瞬时转动一定的角度。该功能主要用于装夹刀具。

6. 机床锁住

在手动运行方式下，按一下“机床锁住”按钮(指示灯亮)。此时再进行手动操作，系统继续执行，在显示屏上坐标轴的位置信息发生变化，但不输出伺服轴的移动指令,所以机床停止不动。

7. 手动数据输入(MDI)运行

(1)在主操作界面(见图 3-4)下，按“MDI”键，进入 MDI 运行方式，工作界面如图 3-5 所示,命令行的底色变成了白色并且有光标在闪烁。

(2)从 NC 键盘输入一个 G 代码指令段，按一下操作面板上的“循环启动”按钮,系统即开始运行所输入的 MDI 指令。

图 3–4　主操作界面

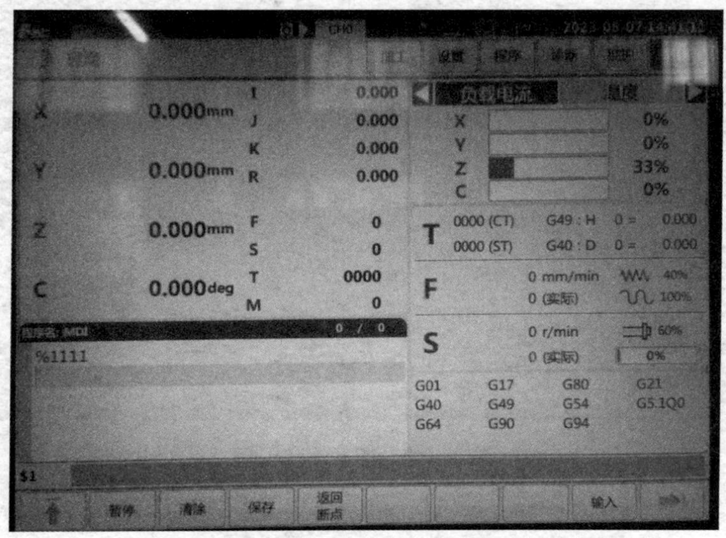

图 3–5　MDI 工作界面

三、数据设置

1. 设定工件坐标系

（1）在主操作界面下，按“设置”键进入设置功能子菜单，如图 3-6 所示。

图 3–6　设置功能子菜单

（2）在设置功能子菜单下，按“坐标设定”键进入坐标系设定界面，如图 3-7 所示。首先显示 G54 坐标系数据，按“上页”或“下页”键，选择 G55、G56、G57、G58、G59 坐标系，当前工件坐标系的偏置值（坐标系零点相对于机床零点的值）或当前相对值零点。

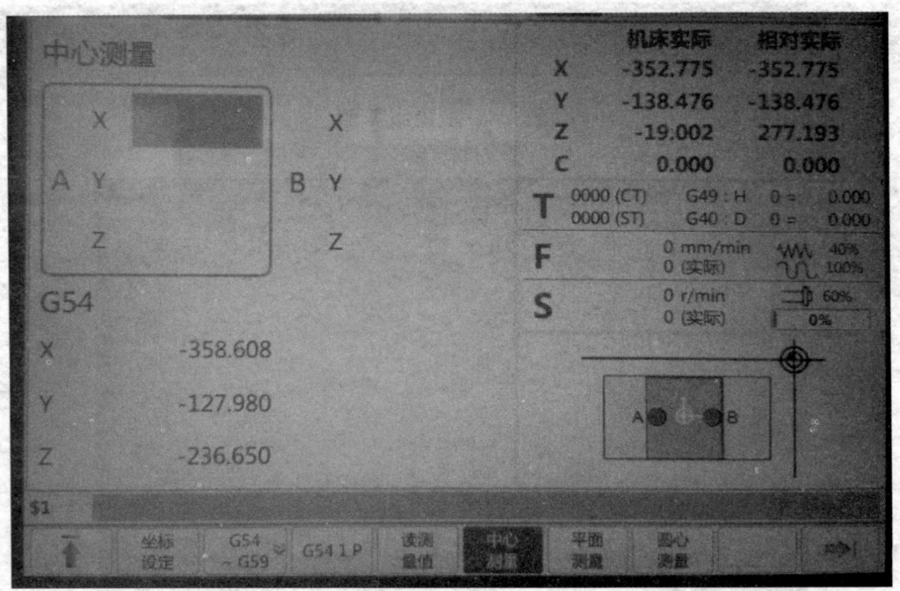

图 3–7　坐标系设定界面

（3）在命令行输入所需数据，如输入“X-280”并按“确认”键，即将 G54 坐标系中的“X”值设置为“-280”。

（4）采用同样的方式，设定其他坐标值。

2. 刀库设置

（1）在主操作界面下，按“设置”键进入刀具补偿功能子菜单，如图 3-8 所示。

图 3–8　刀具补偿功能子菜单

（2）在刀具补偿功能子菜单下，按“刀库表”键进入刀库表界面，如图 3-9 所示。

图 3–9　刀库表界面

（3）用“▲”“▼”“◀”“▶”“上页”“下页”移动蓝色亮条选择要编辑的选项。

（4）按“确认”键，蓝色亮条所指刀库数据的颜色和背景都发生变化，同时有一光标在闪烁。

（5）用“◀”“▶”“退格”“删除”键进行编辑修改。

（6）修改完毕按“确认”键确认。

（7）若输入正确，图形显示窗口相应位置将显示修改过的值，否则原值不变。

3. 刀补设置

（1）在刀具补偿功能子菜单下，按“刀补表”键进入刀补表界面，如图 3-10 所示。

（2）用“▲”“▼”“◀”“▶”“上页”“下页”移动蓝色亮条选择要编辑的选项。

（3）按“确认”键，蓝色亮条所指刀具数据的颜色和背景都发生变化，同时有一光标在闪烁。

（4）用“◀”“▶”“退格”“删除”键进行编辑修改。

（5）修改完毕按“确认”键确认。

（6）若输入正确，图形显示窗口相应位置将显示修改过的值，否则原值不变。

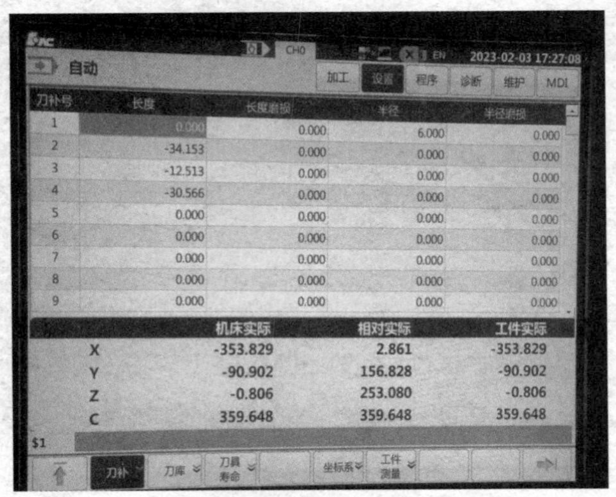

图 3-10　刀补表界面

四、程序输入与文件管理

在系统主菜单界面下，按“程序”键，进入程序功能子菜单（见图 3-11），可以对零件程序进行编辑、存储、校验等操作。

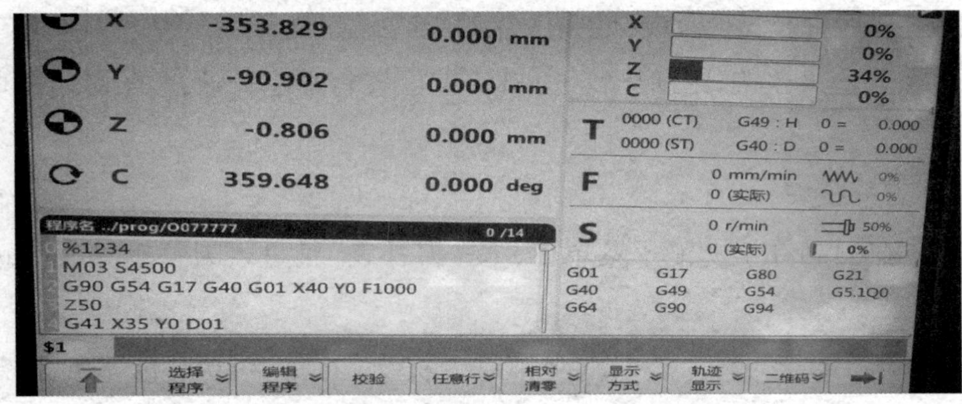

图 3-11　程序功能子菜单

1. 选择程序

在程序功能子菜单下，按“选择程序”键，将弹出如图 3-12 所示的选择程序界面。

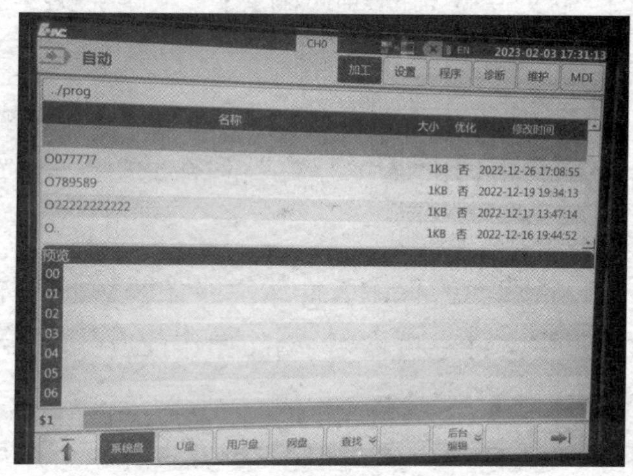

图 3-12 选择程序界面

其中，电子盘程序是保存在电子盘上的程序文件，通信程序是由串口发送过来的程序文件，软驱程序是保存在软驱上的程序文件。

注意：如不选择，系统指向上次存放在加工缓冲区的一个加工程序。

（1）选择程序的操作方法。

①在如图 3-12 所示的界面中，用“◀”“ ▶ ”键选中当前存储器。

②用“▲”“ ▼ ”键选中存储器上的程序文件。

③按“确认”键，即可将该程序文件选中并调入加工缓冲区，如图 3-13 所示。

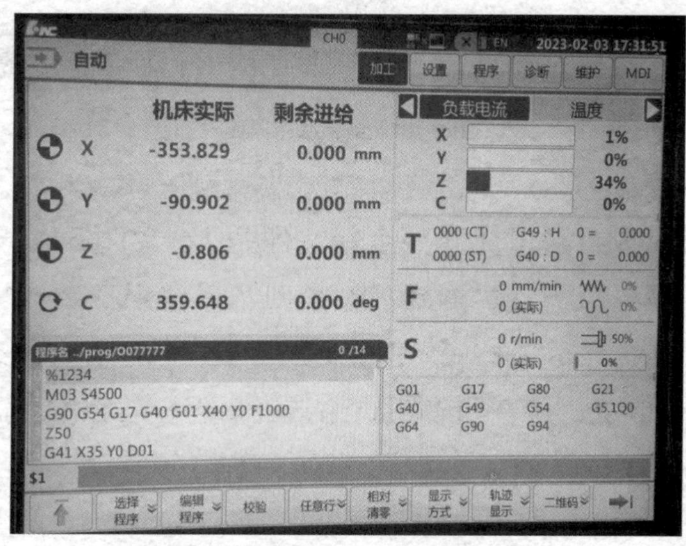

图 3-13 调文件到加工缓冲区

④如果被选程序文件是只读 G 代码文件，则该程序文件编辑后只能另存为其他名字。

（2）删除程序的操作方法。

①在选择程序菜单中，用“▲”“▼”键移动光标条，选中要删除的程序文件。

②按“删除”键，将选中的程序文件从当前存储器上删除。

注意：删除的程序文件不可恢复，删除操作前应仔细确认。

2. 编辑程序

在程序功能子菜单下，按“编辑程序”键并选择一个零件程序后，系统会弹出如图 3-14 所示的编辑程序界面，在此界面下可以编辑当前程序。

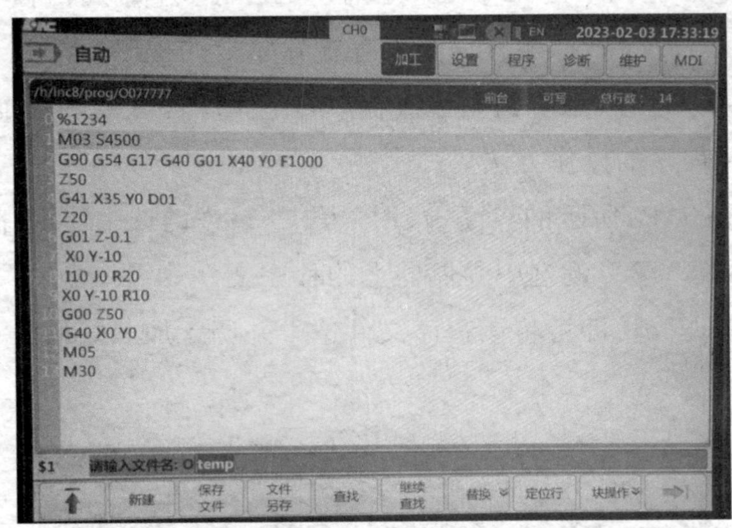

图 3–14　编辑程序界面

3. 新建程序

在指定磁盘或目录下建立一个新文件，但新文件不能和已存文件同名。在编辑程序界面下，按“新建”键，将进入新建程序菜单，如图 3-15 所示。此时，系统会提示“输入新建文件名”，光标在“请输入文件名”栏闪烁，输入文件名后，按“确认”键确认，系统弹出编辑新程序界面，如图 3-16 所示。

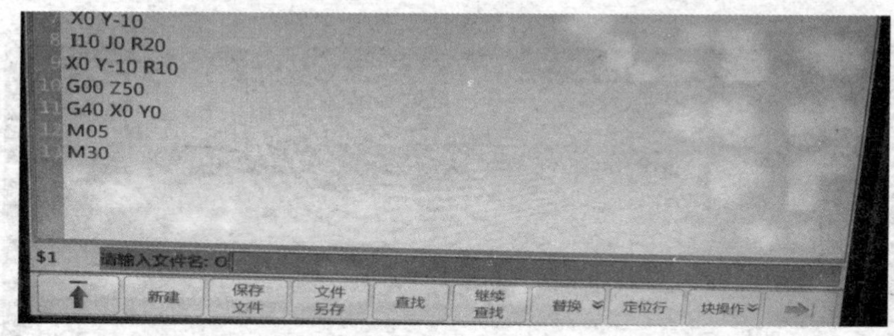

图 3–15　新建程序界面

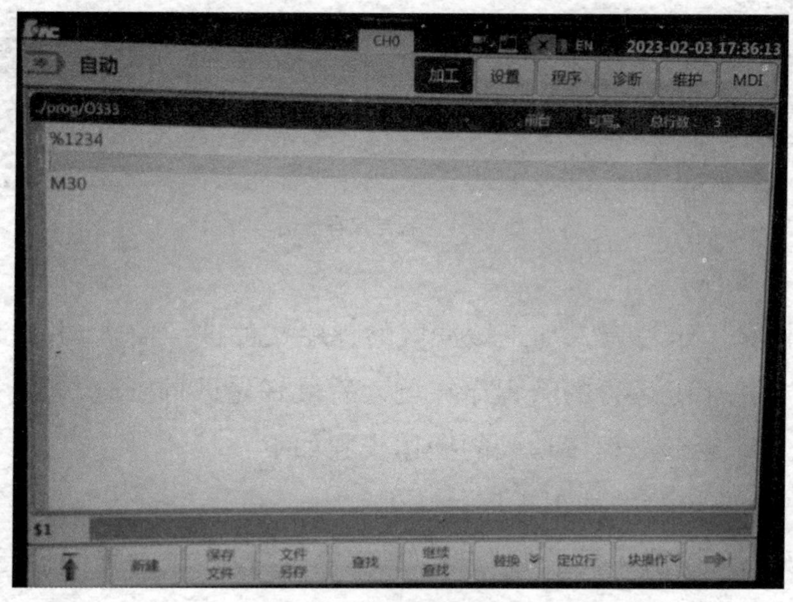

图 3–16　编辑新程序界面

注意：输入程序时，按"确认"键进行换行。系统设置默认保存程序文件目录为程序目录（Prog）。

4. 保存程序

在编辑程序界面下，按"保存程序"键，系统将会弹出如图 3-17 所示的程序保存界面，提示文件保存的文件名。按"确认"键，将以提示的文件名保存当前程序文件。如将提示文件名改为其他名字后，系统可将当前编辑程序另存为其他文件，另存文件的前提是更改的新文件不能和已存在的文件同名。

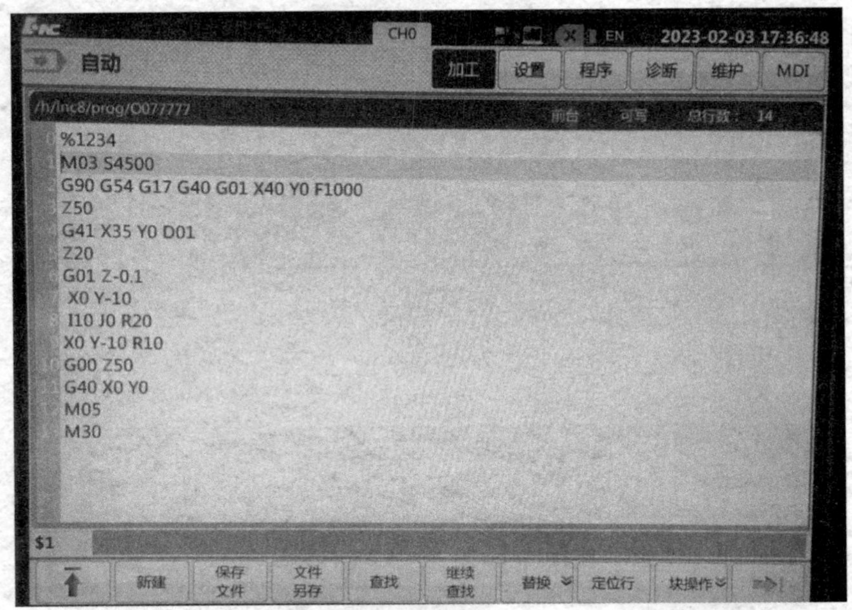

图 3-17　程序保存界面

5. 程序校验

程序校验用于对调入加工缓冲区的程序文件进行校验，并提示可能的错误。未在机床上运行的新程序在调入后最好先进行校验，运行正确无误后再启动自动运行。程序校验的操作步骤如下：

（1）调入要校验的加工程序；

（2）按机床控制面板上的“自动”或“单段”按钮进入程序运行方式；

（3）在程序功能子菜单下，按“校验”键，此时操作界面的工作方式显示为“校验运行”；

（4）按机床控制面板上的“循环启动”按钮，程序校验开始；

（5）若程序正确，校验完成后，光标将返回到程序头，且操作界面的工作方式显示为“自动”或“单段”。若程序有错，命令行将提示程序的哪一行有错，如图 3-18 所示。

注意：程序校验时机床不动作。

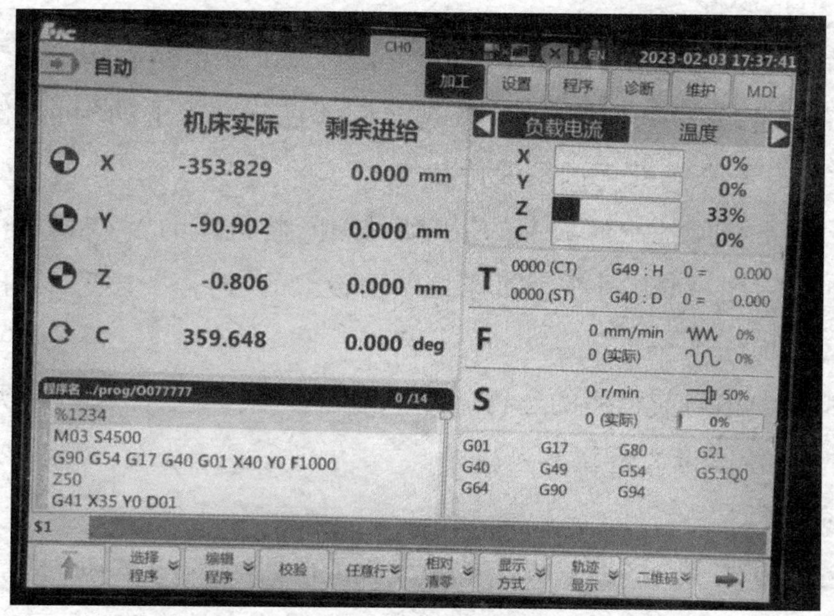

图 3–18　程序校验界面

五、运行控制

在系统的主菜单操作界面下，可以对程序文件进行指定行运行、保存断点和恢复断点等操作。

1. 程序的启动、暂停、中止

(1)启动自动运行。

系统调入加工程序，经校验无误后，可正式启动运行。按一下机床控制面板上的“自动”按钮(指示灯亮)，进入程序运行方式；按一下机床控制面板上的“循环启动”按钮(指示灯亮)，机床开始自动运行调入的加工程序。

(2)暂停运行。

在程序运行的过程中，需要暂停运行，可按下述步骤操作：

①在程序运行的任何位置，按一下机床控制面板上的“进给保持”按钮(指示灯亮)，系统处于进给保持状态；

②再按机床控制面板上的“循环启动”按钮(指示灯亮)，机床又开始自动运行调入的加工程序。

（3）中止运行。

在程序运行的过程中，需要中止运行，可按下述步骤操作：

①在程序运行的任何位置，按一下机床控制面板上的“进给保持”按钮（指示灯亮），系统处于进给保持状态；

②再按下机床控制面板上的“手动”按钮，将机床的M、S功能关闭；

③如要退出系统，可按下机床控制面板上的“急停”按钮，中止程序的运行；

④如要中止当前程序的运行，又不退出系统，可按下“程序”功能下的“F7”键（重新运行），重新调入程序。

2. 空运行

在自动方式下，按一下机床控制面板上的“空运行”按钮（指示灯亮），数控装置处于空运行状态，程序中编制的进给速率被忽略，坐标轴以最大快移速度移动。

空运行不做实际切削，其目的在于确认切削的路径及程序。在实际切削时，应关闭此功能，否则会造成危险。

注意：此功能对螺纹切削无效。

3. 单段运行

按一下机床控制面板上的“单段”按钮（指示灯亮），系统将处于单段自动运行方式，逐段执行控制程序。

（1）按一下“循环启动”按钮，执行某一程序段，执行完毕后，机床运动轴减速停止。

（2）再按一下“循环启动”按钮，又执行下一程序段，执行完毕后又再次停止。

模块四 数控铣床的维护与保养

一、数控铣床的维护与保养

数控铣床是机电一体化的技术密集设备，要使机床长期可靠地运行，很大程度上取决于对其的使用与日常维护。正确地使用可避免突发故障，延长无故障时间；精心维护可使其处于良好的技术状态，延缓劣化。因此，数控铣床不仅要严格地执行操作规程，而且必须重视数控铣床的维护工作，提高数控铣床操作人员的素质。

（一）数控铣床维护的内容

任何数控铣床与普通机床一样，使用寿命的长短和效率的高低，不仅取决于机床的精度和性能，很大程度上也取决于它的正确使用与维护。对数控铣床进行日常维护与保养，可延长电气元件的使用寿命，防止机械部件的非正常磨损，避免发生意外的恶性事故，使机床始终保持良好的状态，尽可能地保持长时间的稳定工作。

要做好数控铣床日常维护与保养工作，要求数控铣床的操作人员必须经过专门培训，详细阅读数控铣床的说明书，对机床有全面的了解，包括机床结构、特点和数控系统的工作原理等。不同类型的数控铣床日常维护的具体内容和要求不完全相同，但各维护期内的基本原则不变，以此可对数控铣床进行定点、定时的检查与维护。

数控铣床的维护内容包括：数控铣床的正确使用、数控铣床各机械部件的维护、数控系统的维护、伺服系统及常用位置检测装置的维护等。其中，使用数控铣床时应注意以下问题。

（1）数控铣床的使用环境。机床的位置应远离震源，避免潮湿和电磁干扰，避免阳光直接照射和热辐射的影响，环境温度应低于 30℃，相对湿度不超过 80%，最好将其置于有空调的环境。

（2）电源要求。电源电压波动必须在允许范围内（一般允许波动 +10%），并且保持相对稳定，以免破坏数控系统的程序或参数。数控铣床 / 加工中心采用专线供电或增设稳压装置可以减少供电质量的影响。

（3）遵守数控铣床操作规程。

（4）数控铣床不宜长期封存。数控铣床长期封存不用会使数控系统的电子元器件由于受潮等原因而变质或损坏，即使无生产任务，数控铣床也需定时开机，利用机床本身的散热来降低机床内的湿度，同时也能及时发现有无电池报警发生，以防止系统软件的参数丢失。

（5）注意培训和配备操作人员、维修人员及编程人员。数控铣床是高技术设备，只有相关人员的素质均较高，才能尽可能避免因使用不当和操作不当对数控铣床造成的损坏。表 4-1 列举了一般数控铣床各维护周期需要维护与保养的主要内容。若发现问题，应及时采取必要的措施。另外，还需不定期地检查排屑器，经常清理切屑，检查有无卡住等；不定期清理废油池，及时取走滤油池中的废油，以免外溢；按机床说明书不定期调整主轴驱动带的松紧程度。

表 4–1　数控铣床维护与保养的主要内容

序号	检查部位	检查内容			
		每天	每月	每半年	每年
1	切削液箱	观察箱内液面高度，及时添加	清理箱内积存切屑，更换切削液	清洗切削液箱、清洗过滤器	全面清洗、更换过滤器
2	润滑油箱	观察油标上的油面高度，及时添加	检查润滑泵工作情况，油管接头是否松动、漏油	清洁润滑箱、清洗过滤器	全面清洗、更换过滤器
3	各移动导轨副	清除切屑及脏物，用软布擦净、检查润滑情况及划伤与否	清理导轨滑动面上刮屑板	导轨副上的镶条、压板是否松动	检验导轨运行精度，进行校准
4	压缩空气泵	检查气泵控制的压力是否正常	检查气泵工作状态是否正常、滤水管道是否畅通	空气管道是否渗漏	清洗气泵润滑油箱、更换润滑油

续表

序号	检查部位	检查内容			
		每天	每月	每半年	每年
5	气源自动分水器、自动空气干燥器	检查气泵控制的压力是否正常、观察分油器中滤出的水分，及时清理	擦净灰尘、清洁空气过滤网	空气管道是否渗漏、清洗空气过滤器	全面清洗、更换过滤器
6	液压系统	观察箱体内液面高度、油压力是否正常	检查各阀工作是否正常、油路是否畅通、接头处是否渗漏	清洗油箱、清洗过滤器	全面清洗油箱、各阀，更换过滤器
7	防护装置	清除切削区内防护装置上的切屑与脏物、用软布擦净	用软布擦净各防护装置表面、检查有无松动	折叠式防护罩的衔接处是否松动	因维护需要，全面拆卸清理
8	刀具系统	检查刀具夹持是否可靠、位置是否准确、刀具是否损伤	注意刀具更换后，重新夹持的位置是否正确	刀夹是否完好、定位固定是否可靠	全面检查，有必要时更换固定螺钉
9	CRT 显示屏及操作面板	注意报警显示、指示灯的显示情况	检查各轴限位及急停开关是否正常、观察CRT 显示屏的显示	检查面板上所有操作按钮、开关的功能情况	检查 CRT 电气线路、芯板等的连接情况，并清除灰尘
10	强电柜与数控柜	冷风扇工作是否正常，柜门是否关闭	清洗控制箱散热风扇道的过滤网	清理控制箱内部，保持干净	检查所有电路板、插座、插头、继电器和电缆的接触情况
11	主轴箱	观察主轴运转情况，注意声音、温度的情况	检查主轴上卡盘、夹具和刀柄的夹紧情况，注意主轴的分度功能	检查齿轮、轴承的润滑情况，测量轴承温升是否正常	清洗零、部件，更换润滑油，检查主传动带，及时更换。检验主轴精度，进行校准
12	电气系统与数控系统	运行功能是否有障碍，监视电网电压是否正常	直观检查所有电气部件及继电器、联锁装置的可靠性。机床长期不用，则需通电空运行	检查一个试验程序的完整运转情况	注意检查存储器电池，检查数控系统的大部分功能情况

续表

序号	检查部位	检查内容			
		每天	每月	每半年	每年
13	电动机	观察各电动机运转是否正常	观察各电动机冷却风扇是否正常	各电动机轴承噪声是否严重，必要时可更换	检查电动机控制板情况，检查电动机保护开关的功能。对于直流电动机要检查电刷的磨损情况，以便及时更换
14	滚珠丝杠	用油擦净丝杠暴露部位的灰尘和切屑	检查丝杠防护套，清理螺母防尘盖上的污物，丝杠表面涂油脂	测量各轴滚珠丝杠的反向间隙，予以调整或补偿	清洗滚珠丝杠上的润滑油，涂上新油脂

二、点检

设备点检是一种科学的设备管理方法，它是利用人的五官或简单的仪器工具，对设备进行定点、定期的检查，对照标准发现设备的异常现象或隐患，掌握设备故障的初期信息，以便及时采取对策，将故障消灭在萌芽阶段的一种管理方法。

点检制是在设备运行阶段开展的一种以点检为核心的现代维修管理制度，又称作“设备全员维修（TPM）”。这种制度要求点检人员既负责设备点检，又负责设备管理。它强调的是设备的动态管理。点检、操作和检修三者之间，点检处于核心地位。点检中发现的问题要根据经济性、可能性，通过日修、定修和年修计划加以处理，减小了大、中、小修的盲目性，把问题解决在最佳时期的动态管理中。

1.点检的六个要求

因为点检员是设备管理的主要把关者，其工作态度、工作作风，以及工作规范程度，直接影响设备点检工作的质量，所以点检员应遵循以下六点要求。

（1）点检记录——要逐点记录，通过积累，找出规律。

（2）定标处理——处理一定要按照标准进行，达不到规定标准的，要标出明显的标记。

(3)定期分析——点检记录要至少每月分析1次,重点设备要每一个定修周期分析1次。每个季度要进行1次检查记录和处理记录的汇总整理,并且存档备查。每年进行1次总结,为定修、改造和修正点检工作量等提供依据。

(4)定项设计——查出问题的,需要设计改进,规定设计项目,按项进行。

(5)定人改进——任何一项改进项目,都要定人,以保证改进工作的连续性和系统性。

(6)系统总结——每半年或一年要对点检工作进行一次全面、系统的总结和评价,提出书面总结材料和下一阶段的重点工作计划。

2.点检种类

按周期和业务范围,点检可以分为:日常点检、定期点检和精密点检。三种点检的最显著的区别是:日常点检是在设备运行中由操作人员完成的,而定期点检和精密点检是由专职点检员来完成的。点检制实行的是"三位一体"制,即运行人员的日常点检、专业人员的定期点检和专业技术人员的精密点检相结合,三个方面的人员对同一设备进行系统的维护、诊断和修理。点检的"五层防护线"是指日常点检、专业定期点检、专业精密点检、技术诊断与倾向管理、精度/性能测试检查相结合,形成保证设备正常运转的防护体系。

3.数控铣床/加工中心日常点检要点

(1)从工作台、基座等处清除污物和灰尘;擦去机床表面的润滑油、切削液和切屑;清除没有罩盖的滑动表面的一切东西;擦净丝杠的暴露部位。

(2)清理、检查所有限位开关、接近开关及其周围表面。

(3)检查各润滑油及主轴润滑油的油面,使其保持在合理的油面上。

(4)确认各刀具在其应有的位置上更换。

(5)确保空气滤杯内的水完全排出。

(6)检查液压泵的压力是否符合要求。

(7)检查机床主液压系统是否漏油。

(8)检查切削液软管及液面,清理管内及切削液槽内的切屑与脏物。

(9)确保操作面板上所有指示灯显示正常。

(10)检查各坐标轴是否处在原点上。

(11)检查主轴端面、刀夹及其他配件是否有飞边、破裂或损坏现象。

注意:当数控铣床和加工中心长期闲置不用时,一定要经常让机床通电,在机床锁住不动的情况下,让系统空运行。

三、数控铣床/加工中心的一般保养和维护步骤

1. 清理和保养数控机床

清理机床时,首先应着重清理如图 4-1 所示的工作台表面和导轨表面,这些表面的精度及清洁程度将直接影响工件的加工质量,然后再清理机床的防护装置(包括机床外壳和切屑防护装置)。

图 4–1　工作台表面和导轨表面

2. 机床电气部分的维护

在机床开机前,应关紧电气柜柜门,以确保如图 4-2 所示的门开关被按下,从而接通机床电源。如果电气柜柜门未关闭,门开关没有被按下,数控系统电源将不能被接通。因此,平时应注意检查电气柜柜门和门开关,看是否能正常使用。

空气过滤器一般位于电气柜的柜门上,如图 4-2 所示,我们应定期清

洗空气过滤器，保证电气柜内的清洁。

图 4-2　门开关

图 4-3　空气过滤器

3. 机床冷却润滑装置的维护

检查润滑油的高度，如图 4-4 所示，润滑油的高度应位于高位刻线和低位刻线之间。当润滑油的高度低于低位刻线时，应及时加油，否则会产生缺油报警。

机床开机后，检查气压是否正常，听一听机床是否有漏气的部位，检查气枪（如图 4-5 所示）是否通气顺畅。然后，检查切削液箱（如图 4-6 所示，该装置一般位于机床床身底部）中的切削液液面高度是否合适。

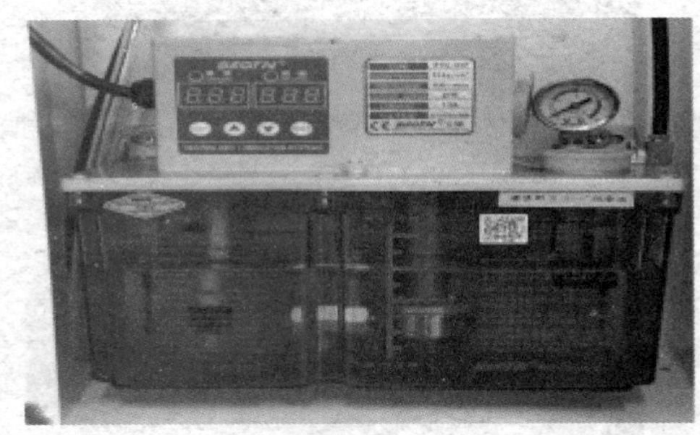

图 4-4　润滑油的高度

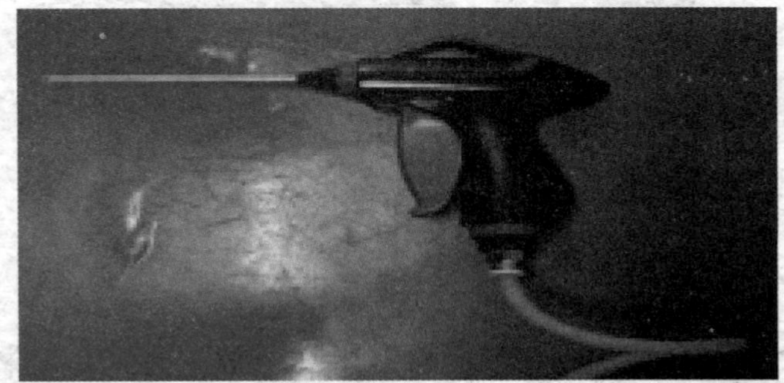

图 4-5　气枪

图 4-6　切削液箱

模块五 数控铣床刀具的安装

一、数控铣床刀具的分类

铣床刀具(简称“铣刀”)为多齿回转刀具,其每一个刀齿都相当于一把车刀固定在铣刀的回转面上,铣削时同时参加切削的切削刃较长,且无空行程,切削速度也较高,因此生产效率较高。铣刀种类很多,结构不一,应用范围很广,按其用途可分为加工平面用铣刀、加工沟槽用铣刀、加工成形面用铣刀三大类。通用规格的铣刀已标准化,一般均由专业工具厂生产。现介绍几种常用铣刀的特点及其适用范围。

1. 面铣刀

面铣刀(也称“盘铣刀”)的圆周表面和端面都有切削刃,端部切削刃为副切削刃,如图 5-1 所示。面铣刀多制成套式镶齿结构,刀齿材料为高速钢或硬质合金,刀体材料为 40Cr。

2. 立铣刀

立铣刀的圆柱表面和端面上都有切削刃,它们可同时进行切削,也可单独进行切削,如图 5-2 所示。立铣刀圆柱表面的切削刃为主切削刃,端面上的切削刃为副切削刃。需要注意的是,因为立铣刀的端面中间有凹槽,所以不可以做轴向进给。

图 5-1　面铣刀

图 5-2　立铣刀

3. 模具铣刀

模具铣刀的结构特点是球头或端面上布满了切削刃，圆周刃与球头刃以圆弧连接，可以做径向和轴向进给。

4. 键槽铣刀

键槽铣刀和立铣刀有些相似。但它只有两个刀齿，圆柱面和端面都有切削刃，端面刃延至中心，加工时先轴向进给达到槽深，然后沿键槽方向铣出键槽全长。

5. 成形铣刀

成形铣刀一般都是为特定的工件或加工内容专门设计制造的。还有些通用铣刀，但因主轴锥孔有别，必须配制过渡套和拉钉。

二、数控铣床刀具的安装

数控铣床刀具一般由切削部分和夹持部分组成。刀具如果直接装在机床上，不同的刀具需要不同的夹持部分，这样显然不经济，所以刀具一般装在刀柄（如图 5-3 所示）上，即用一种部件，一端连接机床，一端夹持几种类型的刀具。少量的刀具连接形式和少量的刀柄连接形式形成大量的组合形式，满足了不同的加工需求。

图 5-3　数控铣床刀柄

安装铣刀时，先将刀具放入刀柄中锁紧，再将刀柄装在主轴上。装刀时先按下控制面板中的“换刀允许”按钮，再将刀柄对准主轴锥孔并按下“换刀”按钮，完成数控铣床刀具的安装。

注意：在加工的过程中，刀具的正确安装与否对精度的影响是很大的，所以在安装刀具时一定要保证主轴锥孔中没有任何杂质。

三、任务评价

刀具的安装任务评价表如表 5-1 所示。

表 5-1　刀具的安装任务评价表

评价项目		序号	评价内容	配分 / 分	得分 / 分
基本检查	操作	1	机用平口钳的装夹	20	
		2	铣刀安装正确	20	
		3	刀具选择正确、规范	30	
		4	机用平口钳找正正确、规范	20	
工作态度		5	行为规范、纪律表现	10	
综合得分					

模块六　数控铣床对刀操作

对刀是数控铣床操作加工中的重要内容之一，对刀的准确性将直接影响零件的加工精度。目前，对刀的方法主要有手动对刀与自动对刀两种，这里只介绍手工对刀，因为手工对刀是基础，学会手动对刀，自动对刀将迎刃而解。

对刀的目的是通过对刀工具来确定工件坐标系原点（即编程原点）在机床坐标系中的位置，并将对刀数值输入相应的存储位置。

一、机床坐标系与工件坐标系

1. 机床坐标系

机床坐标系（machine coordinate system）是以机床原点 O 为坐标系原点，并遵循右手笛卡儿坐标系（见图 6-1）建立的由 X 轴、Y 轴、Z 轴组成的直角坐标系。机床坐标系是用来确定工件坐标系的基本坐标系，是机床上固有的坐标系，并设有固定的坐标原点。在设定机床坐标系时应遵循以下原则：

（1）符合右手笛卡儿坐标系；

（2）永远假设工件是静止的，刀具相对于工件运动；

（3）刀具远离工件的方向为正方向。

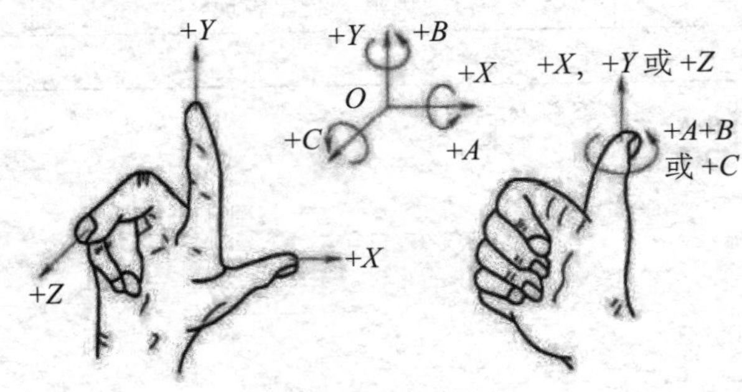

图 6-1　右手笛卡尔坐标系

2. 工件坐标系

工件坐标系是固定于工件上的笛卡儿坐标系，是编程人员在编制程序时用来确定刀具和程序起点的。该坐标系的原点可由使用人员根据具体情况确定，但坐标轴的方向应与机床坐标系一致，并且与之有确定的尺寸关系。工件坐标系的选择应遵循以下原则：

（1）工件坐标系坐标轴方向与机床坐标系的坐标轴方向保持一致；

（2）工件坐标系一般设定在工件尺寸基准上，以便于计算坐标值；

（3）对于非对称工件，坐标轴原点在工件的左前角；对于对称工件，坐标轴原点一般设定在工件对称轴的交点上。

在数控铣床中，机床坐标系是机床出厂时就设定好的，不需要再设置；工件坐标系是编程人员编写程序与加工时的原点。

二、对刀点、换刀点的确定

1. 对刀点的确定

对刀点是工件在机床上定位装夹后，用于确定工件坐标系在机床坐标系中位置的基准点。对刀点可选在工件上或装夹定位元件上，但对刀点与工件坐标点必须有准确、合理、简单的位置对应关系，方便计算工件坐标系的原点在机床上的位置。一般来说，对刀点最好能与工件坐标系的原点重合。

2. 换刀点的确定

在使用多种刀具加工的铣床上，工件加工时需要经常更换刀具，换刀点应根据换刀时刀具不碰到工件、夹具和机床的原则而定。

三、数控铣床的常用对刀方法

对刀操作分为 X 向对刀、Y 向对刀和 Z 向对刀。对刀的准确程度将直接影响加工精度。对刀方法一定要同零件加工精度要求相适应。

根据使用的对刀工具的不同，常用的对刀方法分为以下几种。

（1）试切对刀法。

（2）采用偏心寻边器（如图 6-2 所示）、光电寻边器（如图 6-3 所示）和

Z轴设定器（如图6-4所示）等工具对刀法（此种方法是对刀中最常用的）。

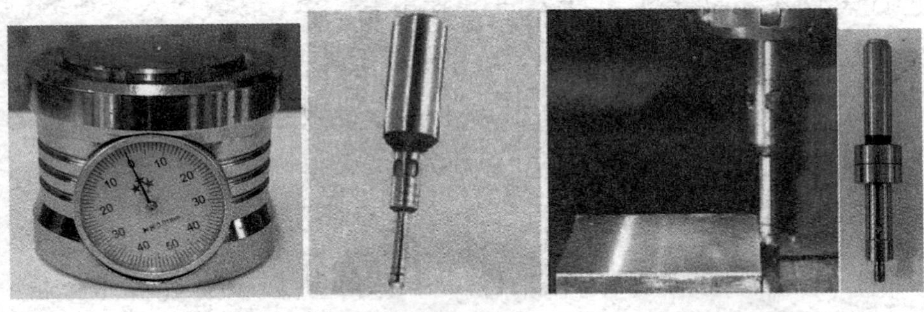

图6-2 偏心寻边器　　图6-3 光电寻边器　　图6-4 Z轴设定器

（3）塞尺、标准芯棒和量块对刀法（采用此种方法对刀时，主轴不转动，在刀具和工件之间加入塞尺、标准芯棒、量块，以塞尺恰好不能自由抽动为准，注意计算坐标时应将塞尺的厚度减去。因为主轴不需要转动切削，这种方法不会在工件表面留下痕迹，所以对刀精度不是很高）。

（4）顶尖对刀法（用于工件较大及精度要求不高的场合）。

（5）定中心指示表（如图6-5所示）对刀法。

（6）自动对刀器（如图6-6所示）对刀法。以上五种对刀方法多少都有一些缺点，如安全性差、占机时间多以及人为带来的随机性误差大等。这些对刀方法已适应不了数控加工的节奏，而且也没有充分发挥数控机床的功能，而采用自动对刀器对刀有对刀精度高、效率高、安全性好等优点，把烦琐的靠经验保证的对刀工作简单化，保证了数控机床的高效率、高精度。

另外，根据选择对刀点位置和数据计算方法的不同，对刀方法又可分为单边对刀法、双边对刀法、转移（间接）对刀法和分中对零对刀法（要求机床必须有相对坐标及清零功能）等。

本书主要介绍试切对刀法（Z轴）对刀。

图 6-5　定中心指示表

图 6-6　自动对刀器

四、数控铣床试切法对刀

1. 程序指令

（1）平面选择指令 G17、C18　G19：这三个指令用来选择要加工的平面，G17 选择 *OXY* 平面，G18 选择 *OXZ* 平面，G19 选择 *OYZ* 平面。G17 为默认选择平面，编程时可以省略。

（2）工件坐标系 G54 ~ G59：工件坐标系的坐标值要让机床识别，必须写在 G54 ~ G59 中，写在哪里编程时就用哪个指令。有些复杂的零件只用一个坐标系不够用或是手动编程时不方便计算，这时就可以用多个坐标系，每个编程基准对应一个坐标系，这样就方便多了。

（3）建立工件坐标系指令（G92）：它与刀具当前所在位置有关。该指令应用格式为：G92 X__Y__Z__

其含义是刀具当前所在位置在工件坐标系下的坐标值为（*X*, *Y*, *Z*）。

例如，"G92 X0 Y0 Z0"表示刀具当前所在位置在工件坐标系下的坐标值为（0,0, 0），即刀具当前所在位置为工件坐标系的原点。

2. 试切法对刀

对刀就是通过一定的方法找出工件坐标系原点在机床坐标系中的坐标值。对刀方法有很多种，其中试切法对刀是最基本的对刀方法。下面以工件中心为编程原点为例，详细讲解试 切法对刀的过程。

（1）在 MDI 方式下输入"S500 M03"，按"循环启动"按钮或直接按下"主轴正转"按钮，使主轴旋转。

（2）按“手动”按钮，进入手动操作方式，通过手动操作将刀具移动到工件左端面 附近。

（3）按“增量”按钮，进入手轮操作方式，摇动手轮，使刀具轻轻接触工件左端面，此时有切屑产生。提刀，移到工件的右面，靠右面，记住 *X* 值，计算 *X*/2，并将其记录到 C54 中的 *X* 上；铣刀靠工件的前面，记住 *Y* 值，提刀，移到工件的后面，靠后面，记住 *Y* 值，取这两个 *Y* 值的平均值，并将其记录到 G54 中的 *Y* 上。

（4）使主轴正转，用铣刀慢慢靠近工件的上表面，记住 *Z* 值，并将其写入 G54 的 *Z* 上。

五、任务实施

1. 对刀准备

（1）开机，回参考点。

（2）选择立铣刀进行对刀，采用机用平口钳进行装夹。

（3）安装刀具。

2. 对刀步骤

（1）在 MDI 方式下输入“M03 S300”，使主轴旋转。

（2）切换到对刀界面，主界面上找到“工件测量”→“中心测量法”，依次对刀 *X* 轴、*Y* 轴、*Z* 轴，方法如下。

① *X* 轴对刀。将刀具移至工件左端面，下刀约 5 mm，慢慢移动刀具，使刀具与工件接触，按“读取测量值”，*X* 轴坐标值相对清零；再抬刀移至工件右端面处，下刀约 5 mm，慢慢使刀具和工件接触，再“读取测量值”，系统会自动计算坐标值。

② *Y* 轴对刀。运用同样的方法，使刀具与工件的前面和后面接触，得出坐标值。

③ *Z* 轴对刀。将刀具慢慢移至工件上表面处，与工件接触，并记下坐标值。

另外，使用偏心寻边器完全靠操作人员的眼睛来判断位置，与试切法对刀步骤类似，对于加工精度要求较高的工件可使用该方法。如图 6-7 所示。

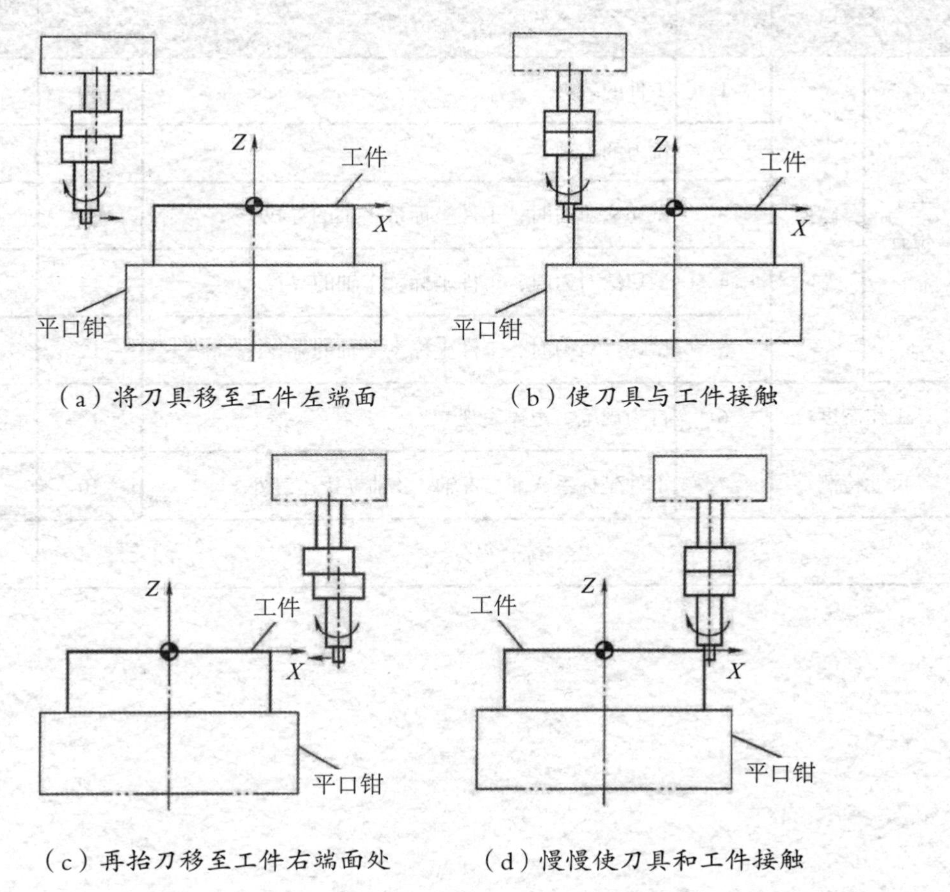

图 6-7 偏心寻边器对刀

六、任务评价

对刀及工件坐标系设定任务的评价表如表 6-1 所示。

表 6–1　对刀及工件坐标系设定任务评价表

<table>
<tr><th colspan="2">评价项目</th><th>序号</th><th>评价内容</th><th>配分/分</th><th>得分/分</th></tr>
<tr><td rowspan="5">基本检查</td><td rowspan="5">操作</td><td>1</td><td>工件的装夹</td><td>20</td><td></td></tr>
<tr><td>2</td><td>铣刀的安装</td><td>20</td><td></td></tr>
<tr><td>3</td><td>试切法对刀时，工件坐标系 X 轴的寻找</td><td>14</td><td></td></tr>
<tr><td>4</td><td>试切法对刀时，工件坐标系 Y 轴的寻找</td><td>14</td><td></td></tr>
<tr><td>5</td><td>试切法对刀时，工件坐标系 Z 轴的寻找</td><td>12</td><td></td></tr>
<tr><td colspan="2">工作态度</td><td>6</td><td>行为规范、纪律表现</td><td>10</td><td></td></tr>
<tr><td colspan="2">尺寸检测</td><td>7</td><td>工件坐标系 X 轴、Y 轴、Z 轴寻找（三处）</td><td>10</td><td></td></tr>
<tr><td colspan="5">综合得分</td><td></td></tr>
</table>

模 块 七 数控铣床编程基础

一、数控程序的基本结构

一个完整的加工程序由若干程序段组成，一个程序段由若干代码字组成，每个代码字由字母（地址符）和若干数字（有的带符号）组成。加工程序示例如下。

程序编号： O0001 （程序名为大写字母“O”+4位数字组成）

程序内容： N001 M03 S800

N002 G90 G54 G17 G40 G00 X0 Y0

N003 Z100

N004 G41 X40 Y40 D01

N005 G01 Z-0.5 F240

N006 Y-40

N007 X-40

N008 Y40

N009 X40

N010 G00 Z100

N011 G40 X0 Y0

程序结束段：N012 M05

N013 M30

1. 程序编号

采用程序编号地址码区分存储器中的程序。不同数控系统的程序编号地址码不同，如华中数控系统采用0作为程序编号地址码；美国的AB8400数控系统采用P作为程序编号地址码；德国的SMK8M数控系

统采用 % 作为程序编号地址码等。

2. 程序内容

程序内容部分是整个程序的核心，由若干个程序段组成，每个程序段由一个或多个指令字构成，每个指令字由地址符和数字组成，它代表机床的一个位置或一个动作。

3. 程序结束段

以程序结束指令 M02 或 M30 作为整个程序结束的符号。

注意： M02、M30 都是程序停止的意思，但 M02 完成后机床显示当前程序段，而 M30 则返回程序开头。 M02 一般用于单一零件的加工，而 M30 则用于批量加工。

二、程序段中的字的含义

1. 程序段格式

程序段格式是指一个程序段中的字、字符和数据的书写规则。目前常用的是字地址可编程序段格式，它由语句号字、数据字和程序段结束符号组成。每个字的字首是一个英文字母，称为字地址码。字地址码可编程序段的常见格式见表 7-1。

表 7-1 字地址码可编程序段的常见格式

N156	G	G	X	Y	Z	A	B	C	F	M

字地址码可编程序段格式的特点是：程序段中各自的先后排列顺序并不严格，不需要的字以及与上一程序段相同的继续使用的字可以省略；每一个程序段中可以有多个 G 指令或 G 代码；数据的字可多可少，程序简短、直观、不易出错。

2. 程序段号

程序段号通常用数字表示，在数字前还冠有标识符号 N。现代数控系统中很多都不要求程序段号，故其可以省略。

3. 准备功能

准备功能简称“G 功能”，由表示准备功能的地址符 G 和数字组成，如直线插补指令 G01。G 指令代码的符号已标准化。

G 代码表示准备功能，目的是将控制系统预先设置为某种预期的状态，或者某种加工模式和状态，例如，G00 将机床预先设置为快速运动状态。准备功能表明了它本身的含义，G 代码将使控制器以一种特殊方式接受 G 代码后的编程指令。

4. 坐标字

坐标字由坐标地址符及数字组成，并按一定的顺序进行排列，各组数字必须由作为地址码的地址符 X、Y、Z 开头，各坐标轴的地址符按下列顺序排列：X、Y、Z、U、V、W、P、Q、R、A、B、C，其中，X、Y、Z 为刀具运动的终点坐标值。

程序段将说明坐标值是绝对模式还是增量模式，是英制单位还是公制单位，到达目标位置的运动方式是快速运动还是直线运动。

5. 进给功能

进给功能由进给地址符 F 及数字组成，数字表示所选定的进给速度。

6. 主轴转速功能

主轴转速功能由主轴地址符 S 及数字组成，数字表示主轴转速，单位为 r/min。

7. 刀具功能

刀具功能由地址符 T 和数字组成，用以指定刀具的号码。

8. 辅助功能

辅助功能简称“M 功能”，由辅助操作地址符 M 和数字组成。

9. 程序段结束符号

程序段结束符号放在程序段最后一个有用的字符之后，表示程序段的结束。因为控制方式不同，结束符应根据编程手册规定而定。对于华中 818 型数控机床，程序结束可用“enter”换行来表示。

需要说明的是，数控机床的指令在国际上有很多格式标准。随着数控机床的发展，其系统功能更加强大，使用更方便。在不同数控系统之间，程序格式上会存在一定的差异，因此在具体掌握某一数控机床时要仔细了解其数控系统的编程格式。

三、程序的输入与编辑

使用数控机床加工工件时，首先需要创建数控系统能识别的代码，即程序，然后利用该程序控制数控机床执行部件完成零件的加工。将数控程序输入数控装置一般有两种方法：一种方法是手动输入，即操作者可以利用机床上的显示屏及键盘输入加工程序指令，控制机床的运动；另一种方法是控制介质输入，对于配置有计算机软驱动器或数据接口的数控机床可以将存储在磁盘上的程序通过软驱或数据线输入数控系统。比较短的程序，一般可在数控机床键盘上进行手动输入。

对于创建好的程序，必须校验其正确性，可以通过图形模拟功能在画面上显示程序的刀具轨迹。如果轨迹错误，所绘出的轨迹便会和工作图不同；如果程序语法或指令出错，程序会停止在错误指令的位置，并显示报警代码。

四、任务实施

根据要求完成表 7-2 所列程序的输入与编辑工作。

表 7–2　示例程序

程序段号	程序内容
	O0001
N10	M03 S800
N20	G90 G54 G17 G40 G00 X0 Y0
N30	Z100
N40	G41 X-110 Y-30 D01
N50	G01 Z-1.5 F300
N60	X100 Y-30
N70	Y30
N80	X-100
N90	Y-45
N100	G00 Z100
N110	G40 X0 Y0
N120	M05
N130	M30

1. 新建程序文件

（1）按“程序”键，显示程序编辑界面或程序目录界面。

（2）新建一个程序文件，命名为“O”+ 四位数字，此处为“O0001”。

（3）开始输入程序。

（4）按“确认”键确认，按“退格”键可删除一个字符。

2. 程序的编辑

（1）修改：选择需要修改的程序，按“确认”键进入，在功能区选择“编辑”。

（2）删除：选择需要删除的程序，按“删除”键，然后按“确认”键确定。

（3）查找：按“上页”键向上翻页，按“下页”键向下翻页。

五、任务评价

程序输入与编辑的任务评价如表 7-3 所示。

表 7–3　程序输入与编辑任务评价表

评价项目		序号	评价内容	配分 / 分	得分 / 分
基本检查	操作	1	新建程序	10	
		2	程序的输入	20	
		3	程序的修改	20	
		4	程序的保存	20	
		5	程序校验	20	
工作态度		6	行为规范、纪律表现	10	
综合得分					

模块八　平面类零件的加工

任务一　平面的加工

一、平面铣削的基本知识

1. 平面铣削方式

在数控铣床上铣削平面的方法有两种，即周铣和端铣。用分布于铣刀圆柱面上的刀齿进行的铣削称为周铣（即铣削垂直面），如图 8-1（a）所示；用分布于铣刀端面上的刀齿进行铣削称为端铣，如图 8-1（b）所示。

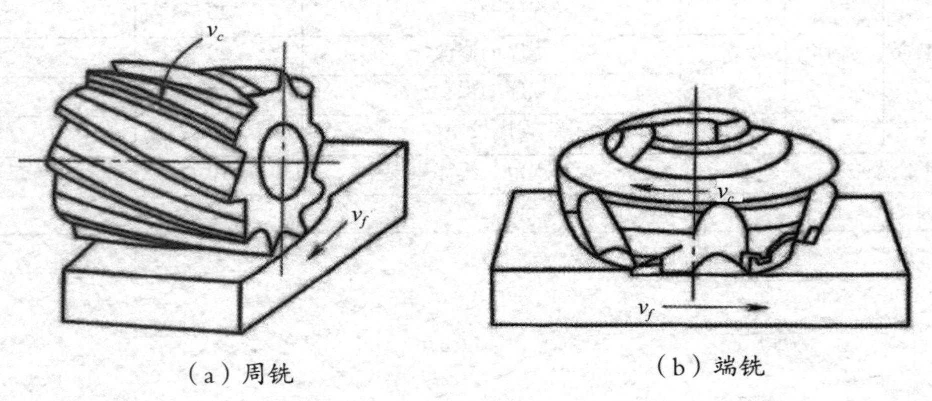

（a）周铣　（b）端铣

图 8-1　平面铣削方式

2. 平面铣削加工的进给路线

数控铣削加工中进给路线的确定对零件的加工精度和表面质量有直接的影响。因此，确定好进给路线是保证铣削加工精度和表面质量的工艺措施之一。进给路线的确定与工件表面状况、要求的零件表面质量、机床进给机构的间隙、刀具寿命以及零件轮廓形状等有关。

在平面加工中，能使用的进给路线也是多种多样的，比较常用的有两种，分别为平行加工[如图 8-2（a）所示]和环绕加工[如图 8-2（b）所示]的进给路线。

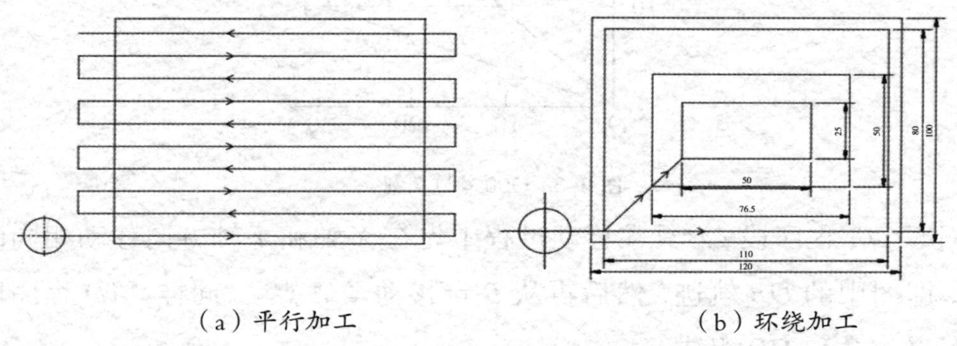

（a）平行加工　　（b）环绕加工

图 8-2 平面铣进给路线

二、相关指令

1. 快速点定位指令（G00）

指令格式：G00X Y Z

说明：*X*、*Y*、*Z* 为刀具目标点的坐标值。当使用增量方式时，*X*、*Y*、*Z* 为目标点相对于起始点的增量坐标，不运动的坐标可以不写。

示例：G00 X30 Y10

注意：G00 指令不用指定移动速度，其移动速度由机床系统参数确定。在实际操作时，也能通过机床面板上的按钮“F0”“F25”“F50”“F100”对其移动速度进行调节。

如图 8-3 所示，快速移动的轨迹通常为折线形轨迹，图中快速移动轨迹 *OA* 和 *AD* 的程序段如下：

OA: G00 X30 Y10

AD: G00 X0 Y30

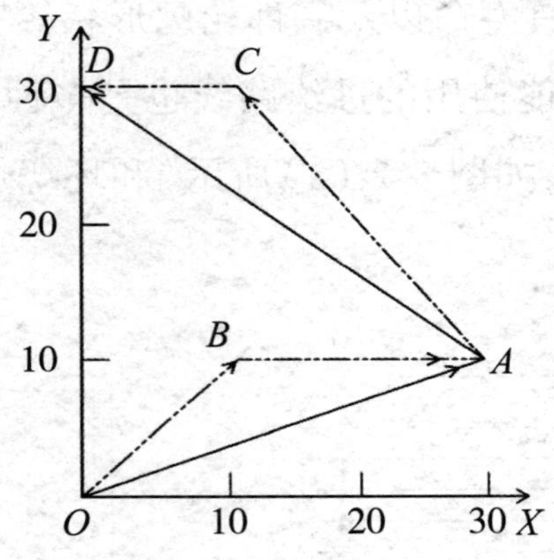

图 8-3 G00 轨迹实例

对于 *OA* 程序段，刀具在移动过程中先在 *X* 轴和 *Y* 轴方向移动相同的增量，即图中的 *OB* 轨迹，然后再从 *B* 点移动至 *A* 点。同样，*AD* 程序段则由轨迹 *AC* 和 *CD* 组成。

由于 G00 的轨迹通常为折线形轨迹，因此要特别注意采用 G00 方式进、退刀时刀具相对于工件、夹具所处的位置，以避免在进、退刀过程中刀具与工件、夹具等发生碰撞。

2. 直线插补指令（G01）

指令格式：G01X_ Y_ Z_ F_

说明：*X*、*Y*、*Z* 为刀具目标点坐标值。当使用增量方式时，*X*、*Y*、*Z* 为目标点相对于起始点的增量坐标，不运动的坐标可以不写。

注意：F 为刀具的切削进给速度。在 G01 程序段中必须含有 F 指令。如果在 G01 程序段前的程序中没有指定 F 指令，而在 G01 程序段也没有 F 指令，则机床不运动，有的系统还会出现系统报警。

图 8-4 中切削运动轨迹 *CD* 的程序段为：

G01 X0 Y20.0 F100

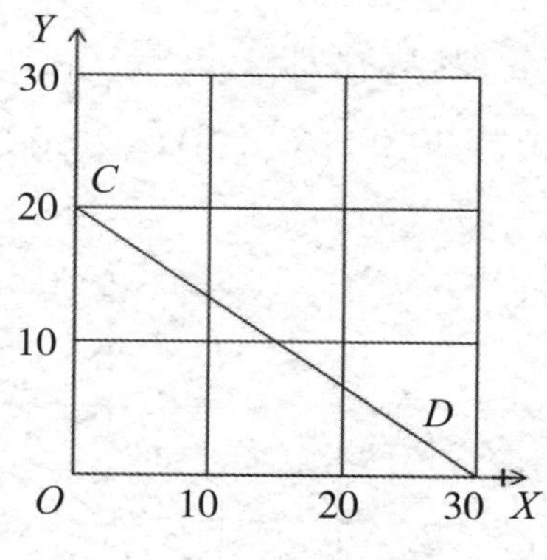

图 8-4　G01 轨迹实例

三、任务实施

1. 加工准备

本任务选用华中系统数控铣床。选择如图 8-5 所示 ϕ 60 mm 面铣刀（刀片材料为硬质合金）进行加工，采用机用平口钳进行装夹。切削用量推荐值如下：主轴转速 n=1 000 r/min，进给速度 v_f=300 mm/min，背吃刀量 a_p 为 1~3 mm。

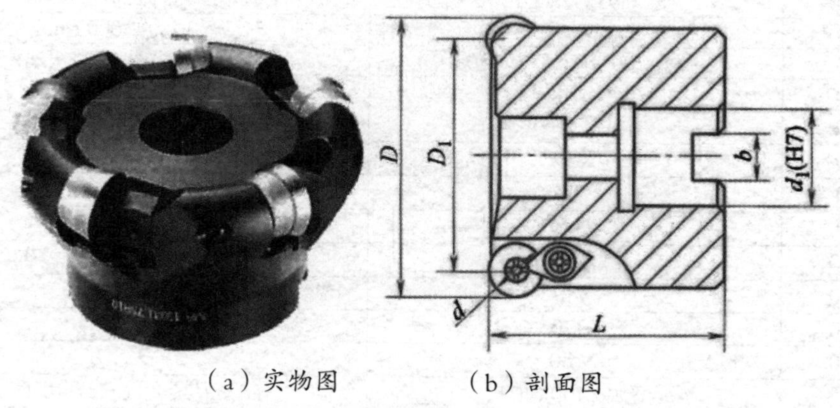

（a）实物图　　（b）剖面图

图 8-5　ϕ 60mm 面铣刀

2. 编写加工程序

（1）设计加工路线。加工本例工件时，刀具的运动轨迹如图 8-6 所示（先 $A \rightarrow B \rightarrow C \rightarrow D$，再 Z 向切深，然后 $D \rightarrow C \rightarrow B \rightarrow A$）。由于零

件 Z 向总切削深度为 3 mm，所以采用分层切削的方式进行加工，背吃刀量分别取 2 mm 和 1 mm。刀具在加工过程中经过的各基点坐标分别为 A(-80.0, -20.0)、B(40.0, -20.0)、C(40.0, 20.0)、D(-80.0, 20.0)。

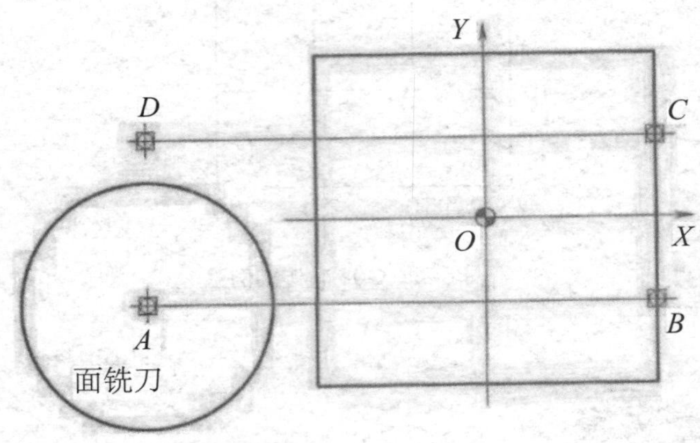

图 8-6 刀具的运行轨迹

(2)编制数控加工程序。平面零件数控铣加工程序如表 8-1 所示。

表 8-1 平面零件数控铣加工程序

刀具	ϕ 60 mm 面铣刀	
程序段号	切工程序	程序说明
	O0021	程序号
N10	G90 G94 G21 G40 G17 G54	程序初始化
N20	G91 G28 Z0	Z 向回参考点
N30	M03 S1000	主轴正转，转速为 1 000 r/min，切削液开
N40	G90 C00 X-80 Y-20 M08	刀具在 OXY 平面内快速定位
N50	Z20	刀具 Z 向快速定位
N60	G01 Z-2 F500	第一层切削深度位置
N70	X40	$A \rightarrow B$
N80	Y20	$B \rightarrow C$
N90	X-80	$C \rightarrow D$
N100	Z-3	第二层切削深度位置
N110	X40	$D \rightarrow C$
N120	Y-20	$C \rightarrow B$
N130	X-80	$B \rightarrow A$
N140	G00 Z100 M09	刀具 Z 向快速抬刀
N150	M05	主轴停转
N160	M30	程序结束

注意：编程完毕后，根据所编写的程序手工绘出刀具在 XOY 平面内的轨迹，以验证程序的正确性。另外，编程时应注意模态指令的合理使用。

3. 数控加工

（1）程序自动运行前的准备工作由教师完成，包括刀具和工件的安装、找正安装好的工件等，学生注意观察教师的动作。学生完成程序的输入和编辑工作，并采用机床锁住、空运行和图形显示功能进行程序校验。

（2）自动运行注意事项：在首件自动运行加工时，操作者通常是一手放在“循环启动”键上，另一手放在“进给保存”键上，眼睛时刻观察刀具的运行轨迹和加工程序，以保证加工安全。

四、任务评价

平面铣削的任务评价如表 8-2 所示。

表 8-2　平面铣削任务评价表

项目与权重	序号	技术要求	配分 / 分	评分标准	检测记录	得分 / 分
加工操作（20%）	1	（32 ± 0.1）mm	10	超差 0.01 mm 扣 2 分		
	2	表面粗糙度值 *Ra*6.3 μm	10	超差处，每处扣 2 分		
程序与加工工艺（30%）	3	程序格式规范	10	不规范处，每处扣 2 分		
	4	程序正确、完整	10	不正确处，每处扣 2 分		
	5	工艺合理	5	不合理处，每处扣 1 分		
	6	程序参数合理	5	不合理处，每处扣 1 分		
机床操作（30%）	7	对刀及坐标系设定	10	不正确处，每处扣 2 分		
	8	机床面板操作正确	10	不正确处，每处扣 2 分		
	9	手摇操作不出错	5	不正确处，每处扣 2 分		
	10	意外情况处理合理	5	不合理处，每处扣 2 分		
安全文明生产（20%）	11	安全操作	10	不合格全扣		
	12	机床整理	10	不合格全扣		

五、知识拓展

1. 轴类零件的装夹与找正

对于轴类零件，无法采用机平口钳或压板装夹时，通常采用卡盘或者分度头、四轴转台上自带的卡盘进行装夹。

卡盘根据卡爪的数量分为两爪卡盘、三爪卡盘、四爪卡盘和六爪卡盘等几种类型。在数控车床和数控铣床上应用较多的是自定心卡盘和单动卡盘。特别是自定心卡盘，由于其具有自动定心作用和装夹简单的特点，因此，当选择在数控铣床或数控车床上加工中小型圆柱形工件时，常采用自定心卡盘进行装夹。卡盘的夹紧方式有机械螺旋式、气动式或液压式等多种形式。

采用卡盘装夹时，先将卡盘固定在工作台上，保证卡盘的中心与工作台台面垂直。自定心卡盘装夹圆柱形工件时的找正方法是将百分表固定在主轴上，测头接触外圆侧素线，上下移动主轴，根据百分表的读数用铜棒轻敲工件进行调整。当主轴上下移动过程中百分表读数不变时，表示工件素线平行于 Z 轴。

当找正工件外圆圆心时，可手动旋转主轴，根据百分表的读数值在 OXY 平面内手摇移动工件，直至手动旋转主轴时百分表读数值不变。此时，工件中心与主轴轴心同轴，记下此时机床坐标系的 X、Y 值，可将该点（圆柱中心）设为工件坐标系 OXY 平面的编程原点。内孔中心的找正方法与外圆圆心的找正方法相同。

对于需要采用分度或四轴联动加工的零件，通常采用分度头或四轴旋转工作台进行装夹。

分度头是数控铣床或普通铣床的主要部件。在机械加工中，常用的分度头有万能分度头、简单分度头和直接分度头等，但这些分度头的分度精度普遍不是很高。因此，为了提高分度精度，数控机床上还采用了投影光学分度头和数显分度头等对精密零件进行分度。四轴工作台既可直接通过压板装夹工件，也可在工作台上安装卡盘，再通过卡盘进行工件的装夹。

采用分度头或四轴旋转工作台装夹工件（工件横放）时，在上素线和侧素线处分别左右移动百分表，调整工件，保证百分表在移动过程中的读数始终相等，从而确保工件侧素线与工件进给方向平行。

任务二　长方体的加工

一、长方体的粗、精加工

为了提高机加工的加工效率与产品精度，降低装夹要求，合理利用机床，通常都会将零件的加工工艺分为粗加工和（半）精加工。

（1）工件加工划分阶段后，粗加工可以选大吃刀量和大进给速度。而因其加工余量大、切削力大等因素形成的加工误差，可通过半精加工和精加工逐步得到纠正，从而保证加工质量。

（2）合理利用加工设备。粗加工和精加工对加工设备的要求各不相同，加工阶段划分后，可充分发挥粗、精加工设备的特点，合理利用设备，提高生产率。粗加工设备功率大、效率高、刚性强；精加工设备精度高、误差小，能满足图样要求。

（3）粗加工在先，能够及时发现工件毛坯缺陷。毛坯的各种缺陷，如砂眼、气孔和加工余量不足等，在粗加工时即可发现，便于及时修补或决定报废，以免继续加工造成工时和费用的浪费。

注意：精加工是粗加工之后的工序，所以粗加工要给精加工留有余量，余量的大小根据粗加工的刀具而定，一般为 0.3 ~ 0.5 mm。

本任务主要介绍长方体的粗、精加工流程。

二、任务实施

1. 加工准备

本任务选用华中系统数控铣床，选择如图 8-5 所示 ϕ 60 mm 面铣刀（刀片材料为硬质合金）进行粗加工，选择 ϕ 10 mm 立铣刀（刀片材料为高速钢）进行精加工。切削用量推荐值如下：粗加工时，主轴转速 n=1 000 r/min，进给速度 v_f=300 mm/min；精加工时，主轴转速 n=1 200 r/min，进给速度 v_f=250 mm/min。

2. 编写加工程序

（1）设计粗加工路线。加工本例工件时，粗加工刀具 ϕ 60 mm 面铣刀的运动轨迹如图 8-7（a）所示（即 $A \to B \to C \to D \to E$）。粗加工时，零件 Z 向切削深度为 6 mm，所以采用分层切削的方式进行加工，总背吃刀量为 6 mm，分两次加工，每次背吃刀量为 3 mm。刀具在加工过程中经过的各基点坐标分别为 A（−80，−50.3）、B（55.3，−50.3）、C（55.3，50.3）、D（−55.3，50.3）、E（−55.3，−80）。

（2）设计精加工路线。加工本例工件时，精加工刀具 ϕ 10 mm 立铣刀的运动轨迹如图 8-7（b）所示（即 $A \to B \to C \to D \to E$）。精加工时，零件 Z 向切削深度为 6 mm，所以采用一刀到底的方式进行加工，总背吃刀量为 6 mm。刀具在加工过程中经过的各基点坐标分别为 A（−50，−25）、B（30，−25）、C（30，25）、D（−30，25）、E（−30，−60）。

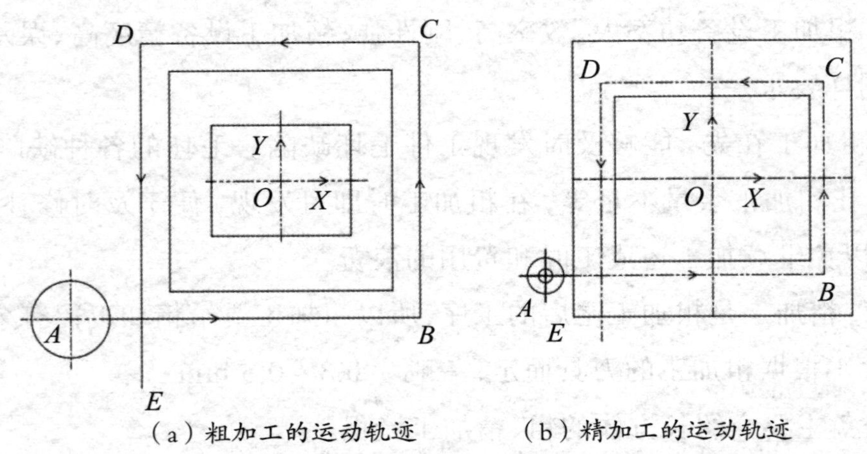

（a）粗加工的运动轨迹　　（b）精加工的运动轨迹

图 8–7　刀具运动轨迹

（3）编制数控加工程序。

长方体零件的数控铣粗、精加工程序分别如表 8-3 和表 8-4 所示。

表 8–3　长方体零件的数控铣粗加工程序

刀具	ϕ 60 mm 面铣刀	
程序段号	加工程序	程序说明
	O0022	程序号
N10	C90 G54 G17 G40 G80 G49	程序初始化
N20	G00 X-80 Y-50.3	快速移动到下刀点
N30	G00 Z100	*Z* 轴安全高度（测量）
N40	M03 S1000 F300	主轴转速为 1 000 r/min，进给速度为 300 mm/min
N50	Z10.0	刀具 *Z* 向快速定位
N60	G01 Z-3.0 F50	第一次运行 *Z* 轴切削深度位置，第二次 *Z* 轴切削深度程序修改为 Z-6.0
N70	X55.3 Y-50.3F300	$A \to B$
N80	X55.3 Y50.3	$B \to C$
N90	X-55.3 Y50.3	$C \to D$
N100	X-55.3 Y-80	$D \to E$
N110	G0 Z100	刀具 Z 向快速抬刀
N120	M05	主轴停转
N130	M30	程序结束

表 8–4　长方体零件的数控铣精加工程序

刀具	ϕ 10 mm 立铣刀	
程序段号	加工程序	程序说明
	O0023	程序号
N10	C90 G54 G17 G40 G80 G49	程序初始化
N20	C00 X-50 Y-25	快速移动到下刀点
N30	G00 Z100	*Z* 轴安全高度（测量）
N40	M03 S1200 F300	主轴转速为 1 200 r/min，进给速度为 300 mm/min
N50	Z10.0	刀具 *Z* 向快速定位
N60	G01 Z-6.0 F50	*Z* 轴切削深度位置
N70	X30 Y-25 F250	$A \to B$
N80	X30 Y25	$B \to C$
N90	X-30 Y25	$C \to D$
N100	Y-30 Y-50	$D \to E$
N110	G0Z100	刀具 Z 向快速抬刀
N120	M05	主轴停转
N130	M30	程序结束

3. 数控加工

（1）程序自动运行前的准备。由教师完成刀具和工件的安装，找正安装好的工件，学生注意观察教师的动作。学生完成程序的输入和编辑工作，并校验程序是否正确。

（2）自动运行。

（1）粗加工程序每次背吃刀量为 3 mm，总背吃刀量为 6 mm，所以第一次加工完毕之后，在程序中更改 *Z* 值，从 *Z*3 改到 *Z*6。

（2）精加工运行完毕之后进行测量，如果精度未达标，更改 *A*、*B*、*C*、*D*、*E* 点的坐标值。

三、任务评价

长方体零件加工的任务评价如表 8-5 所示。

表 8–5　长方体零件加工的任务评价表

项目与权重	序号	技术要求	配分 / 分	评分标准	检测记录	得分 / 分
加工操作（20%）	1	（50 ± 0.05）mm	8	超差 0.01 mm 扣 2 分		
	2	（40 ± 0.05）mm	8	超差 0.01 mm 扣 2 分		
	3	表面粗糙度值 *Ra*3.2μm	4	超差处，每处扣 2 分		
程序与加工 工艺（30%）	4	程序格式规范	10	不规范处，每处扣 2 分		
	5	程序正确、完整	10	不正确处，每处扣 2 分		
	6	工艺合理	5	不合理处，每处扣 1 分		
	7	程序参数合理	5	不合理处，每处扣 1 分		
机床操作（30%）	8	对刀及坐标系设定	10	不正确处，每处扣 2 分		
	9	机床面板操作正确	10	不正确处，每处扣 2 分		
	10	手摇操作不出错	5	不正确处，每处扣 2 分		
	11	意外情况处理合理	5	不合理处，每处扣 2 分		
安全文明生产（20%）	12	安全操作	10	不合格全扣		
	13	机床整理	10	不合格全扣		

四、知识拓展

1. 顺铣与逆铣

顺铣：铣刀旋转方向与工件进给方向相同，铣削时每齿切削厚度从最大逐渐减小到零，如图 8-8（a）所示。

逆铣：铣刀旋转方向与工件进给方向相反，铣削时每齿切削厚度从零逐渐到最大而后切出，如图 8-8（b）所示。

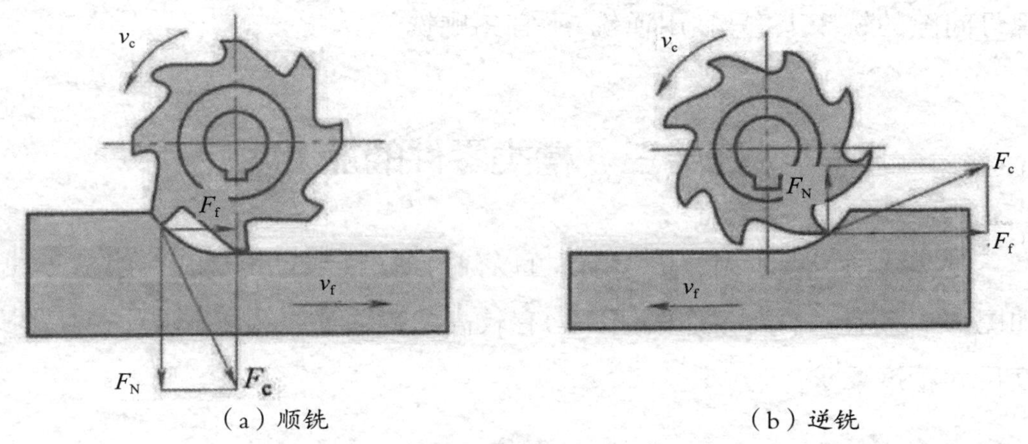

图 8–8　顺铣与逆铣

1. 顺铣与逆铣的区别

（1）切削厚度的变化。顺铣时，刀齿的切削厚度由最大到零，但刀齿切入工件时的冲击力较大，尤其工件待加工表面是毛坯或者有硬皮时。逆铣时，每个刀齿的切削厚度由零增至最大，但切削刃并非绝对锋利，铣刀刃口处总有圆弧存在，刀齿不能立刻切入工件，而是在已加工表面上挤压滑行，使该表面的硬化现象严重，影响了表面质量，也使刀齿的磨损加剧。

（2）切削力方向的影响。顺铣时，作用于工件上的垂直切削分力始终向下压工件，这对工件的夹紧有利；而逆铣时，垂直切削分力向上，有将工件抬起的趋势，易引起振动，影响工件的夹紧，这对于铣薄壁和刚度差的工件时影响更大。铣床工作台的移动是由丝杠螺母传动的，丝杠螺母间有螺纹间隙。顺铣时，工件受到的纵向分力与进给运动方向相同，而一般主运动的速度大于进给速度，因此纵向分力有使接触的螺纹传动面分离的趋势。当铣刀切到材料上的硬点或因切削厚度变化等原因引起纵向分力增大，超过工作台进给摩擦阻力时，原螺纹副推动的运动形式变成了由铣刀带动工作台窜动的运动形式，引起进给量突然增加。这种窜动现象会引起

“扎刀”，损坏加工表面，严重时还会使刀齿折断或者使工件夹具移位，甚至损坏机床。逆铣时，工件受到的纵向分力与进给运动方向相反，丝杠与螺母的传动工作面始终接触，由螺纹副推动工作台运动。在不能消除丝杠螺母间隙的铣床上，只宜用逆铣，不宜用顺铣。

任务三　槽类零件的加工

根据结构特点不同，槽类零件可以分为通槽、半封闭槽和封闭槽三种，如图 8-9 所示。槽类零件两侧面均有较高的表面质量要求，以及较高的宽度尺寸精度要求。

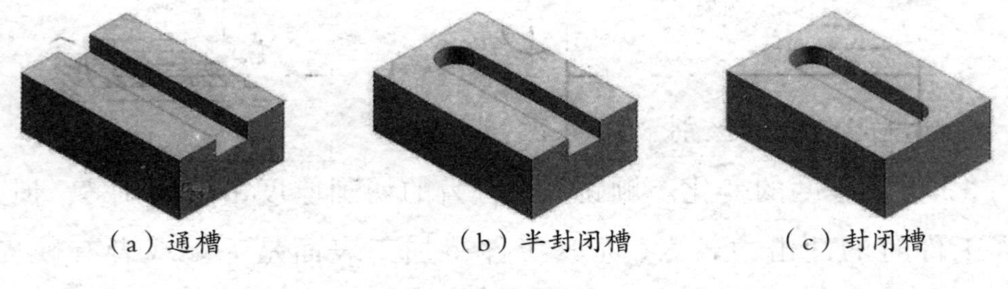

图 8–9　槽类零件

一、槽类零件铣削刀具

在立式数控铣床上加工槽类零件常采用键槽铣刀。键槽铣刀按材料不同可以分为高速钢键槽铣刀和整体合金键槽铣刀两种，如图 8-10 所示。键槽铣刀一般有两个切削刃，圆柱面上和刀具底面都带有切削刃，底面切削刃延伸至刀具中心，可进行钻孔。直柄键槽铣刀的直径范围一般为 0.2 ~ 20 mm。

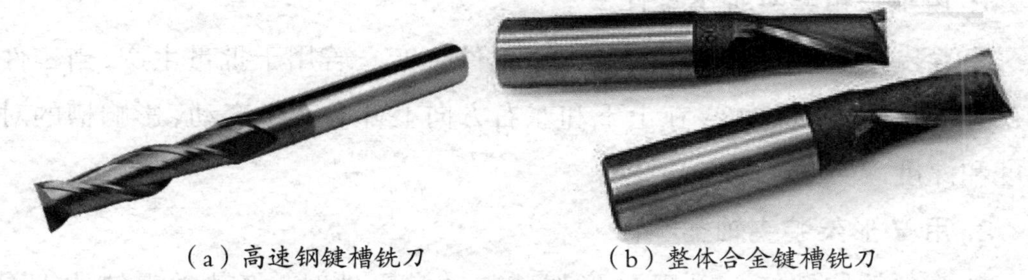

（a）高速钢键槽铣刀　　（b）整体合金键槽铣刀

图 8-10 键槽铣刀

键槽铣刀通常可以对通槽、半封闭槽、封闭槽和型腔类零件进行加工。根据刀具的特点可用作粗加工和精加工。

二、槽类零件的铣削路线

数控铣床上槽类零件的铣削一般可以采用行切法和分层铣削法。

行切法如图 8-11 所示，加工时，选择直径小于槽宽的刀具，先沿轴向进给至槽深，去除大部分余量，然后沿着槽的轮廓进行加工。

分层铣削法如图 8-12 所示，以较小的背吃刀量（每次铣削层的背吃刀量在 0.5 mm 左右）、较大的进给量往复进行铣削，直至达到预定的深度。

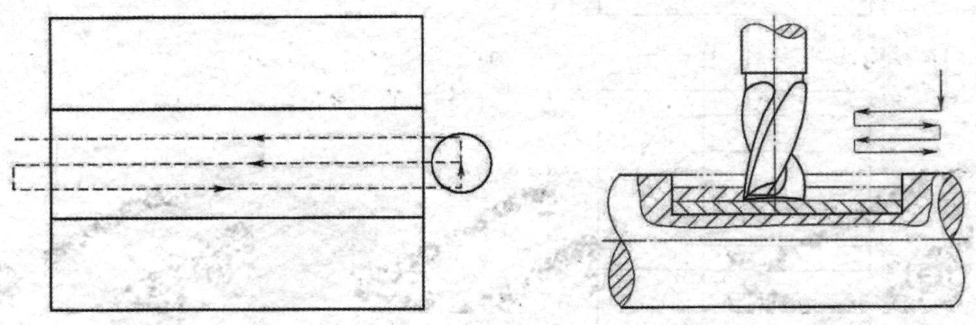

图 8-11 行切法　　图 8-12 分层铣削法

三、槽类零件的装夹

在数控铣床上铣削槽类零件时，一般根据零件的形状选用夹具，立方体零件选择机床用平口钳或压板装夹，轴类零件选择平口钳或 V 形架装夹。

1. 用平口钳装夹轴类零件

此类装夹方式简单、方便,适用于单件生产。若用于批量生产,当零件直径有变化时,零件中心 在上下和左右方向上都会产生变动,影响槽的对称度和深度。

2. 用 V 形架装夹轴类零件

在立式数控铣床上采用 V 形架装夹轴类零件时, 将轴类零件放入 V 形架内, 采用压板压紧来铣削键槽。其特点是零件中心位于 V 形面的角平分线上。当零件直径发生变化时, 键槽的深度会发生改变, 但不会影响键槽的对称度。

四、槽类零件加工实例

加工如图 8-13 所示的开口槽零件, 取工件毛坯为 90 mm × 60 mm × 20 mm 的长方体, 现要求在该零件上加工 U 形槽, 其宽度为 (12 ± 0.03) mm, 槽深为 $5^{+0.1}_{0}$ mm, 材料为 45 号钢。

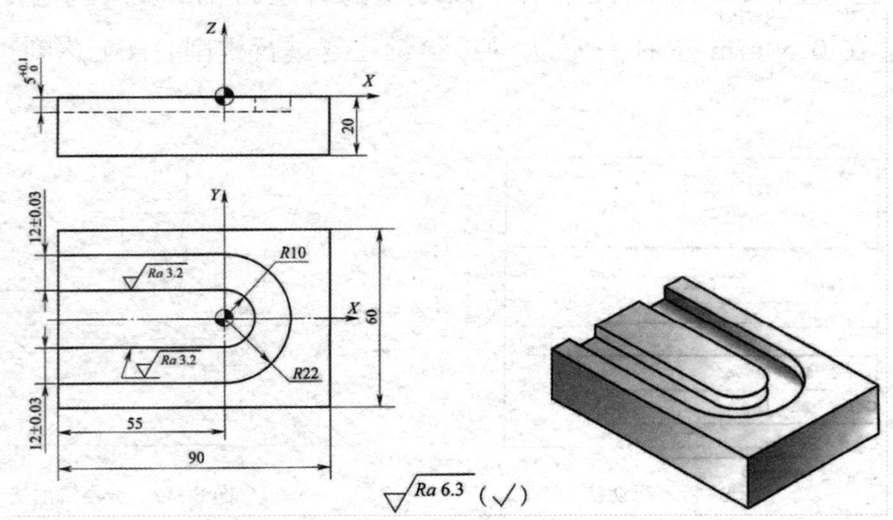

图 8-13　开口槽零件的加工

1. 工艺分析

(1) 选择夹具。

根据工件毛坯的形状特征, 本例采用平口钳装夹的方法, 底部用垫铁垫起, 将毛坯放置在夹具中央, 平正装夹。装夹工件时, 使用拉表方式校正工件基准面的平面度和垂直度，并确保夹紧后的定位精度。一次装夹即可完成所有加工内容。

（2）加工路线。

粗铣开口槽，*Z* 向留余量为 0.3 mm。精铣开口槽到所要求的尺寸。

（3）刀具的选用。

粗、精铣开口槽时都采用 ϕ 10 mm 的立铣刀。

（4）切削用量的选择。

①粗铣开口槽时留 0.3 mm 的余量，进给速度为 50 mm/min，主轴转速为 650 r/min。

②精铣开口槽至所要求的尺寸，进给速度为 60 mm/min，主轴转速为 650 r/min。

2. 编制程序

实例中的开口槽零件的加工程序如表 8-6 所示。

表 8-6　加工程序

程序	注释
O4201	程序文件名
%4201	程序号
G54 G80 G17 G49 G90	采用 G54 坐标系，取消各种功能
M03 S650	主轴正转，转速为 650 r/min
G00 X65.0 Y16.0	快速定位到（X65，Y16）的位置
Z10.0	高度定位到 Z10 的位置
G01 Z4.7 F50	下刀到 Z4.7 的位置，留 0.3 mm 的精加工余量
M08	切削液开
X0	粗加工槽
G03 Y16.0 R16	
G01 X60.0	粗加工完成
G00 Z10.0	抬刀
X65.0 Y16.0	定位到工件外一点（X65，Y16）的位置
Z10.0	高度定位到 Z10 的位置
G01Z-5.0 F60	下刀到 Z-5 的位置
G41 Y22.0 D02	建立刀具半径左补偿
X0.0	精加工槽
G03 Y22.0 R22.0	

续表

程序	注释
G01 X65.0	精加工完成
Y10.0	
X0.0	
G02 Y10.0 R10.0	
G01 X65.0	
G40 Y20.0	取消刀具半径补偿
G00 Z100.0 M09	抬刀，切削液关
M30	程序结束

任务四　圆柱体的加工

一、圆弧指令的编程

G02 为顺时针圆弧插补指令，G03 为逆时针圆弧插补指令，如图 8-14 所示。

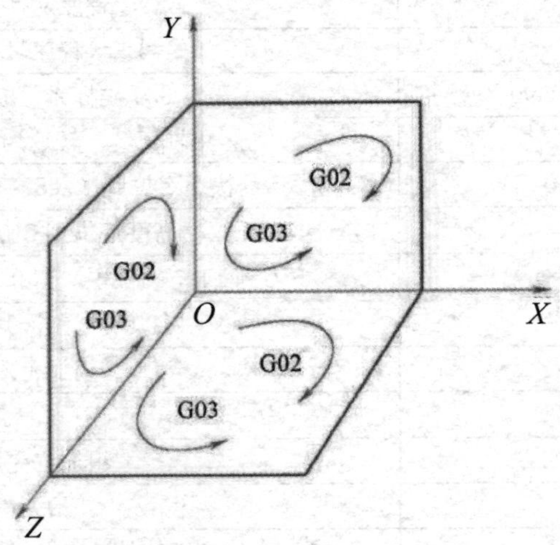

图 8-14　坐标系中 G02 与 G03 指令

1. 指令格式

G17/G18/G19　G02/G03 X_Y_R_；

①当圆弧角度 $\theta \leqslant 180°$ 时，R 为正值；

②当 180° < θ <360° 时，R 为负值。

③当 θ =360°，即整圆时，其指令格式为：

G02/G03 I_ 或 J_；

其中，I / J为圆心相对于圆弧起点的偏移值。

2. 说明

X、Y、Z：终点坐标位置；

R：圆弧半径，以半径值表示（以 R 表示者又称为半径法）；

I、J、K：从圆弧起点到圆心位置，在 X、Y、Z 轴上的分向量。

注意：圆弧编程的两个重点如下。

①圆弧的顺、逆判别；

②圆弧角度的判别。

二、任务实施

1. 加工准备

本任务选用华中系统数控铣床。选择 ϕ 60 mm 面铣刀（刀片材料为硬质合金）进行粗加工，选择 ϕ 10 mm 立铣刀（刀片材料为高速钢）进行精加工。切削用量推荐值如下：粗加工时，主轴转速 n=1 000 r/min，进给速度 v_f =300 mm/min，背吃刀量 a_P=1～3 mm；精加工时，主轴转速 n=1 200 r/min，进给速度 v_f =250 mm/min，背吃刀量 a_P=0.1～0.5 mm。

2. 编写加工程序

（1）设计粗加工路线 加工本例工件时，粗加工刀具 ϕ 60 mm 面铣刀的运动轨迹如图 8-15（a）所示（即 $A \rightarrow B \rightarrow B' \rightarrow C$）。由于零件 Z 向总切削深度为 6 mm，所以采用分层切削的方式进行加工，总背吃刀量取 6 mm，分两次加工，每次背吃刀量为 3 mm。刀具在加工过程中经过的各基点坐标分别为 A（−55.3，−80）、B（−55.3，0）、B'（−55.3，0）、C（−55.3，80）。

（2）设计精加工路线 加工本例工件时，精加工刀具 ϕ 10mm 立铣刀的运动轨迹如图 8-15（b）所示（即 $A \rightarrow B \rightarrow B' \rightarrow C$）。由于零件 Z 向总切削深度为 6 mm，所以采用一刀到底的方式进行加工，总背吃刀量取 6

mm，一次加工，背吃刀量为 6 mm。刀具在加工过程中经过的各基点坐标分别为 A（–30，–60）、B（–30，0）、B'（–30，0）、C（– 30，60）。

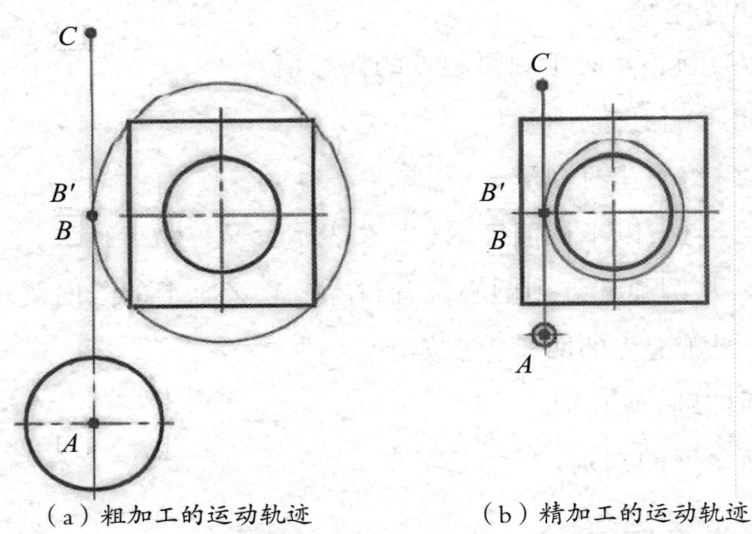

（a）粗加工的运动轨迹　　（b）精加工的运动轨迹

图 8–15　刀具运动轨迹

（3）编制数控加工程序。圆柱体零件数控铣粗、精加工的程序分别如表 8-7 与表 8-8 所示。

表 8–7　圆柱体零件数控铣粗加工程序

刀具	ϕ 60 mm 面铣刀	
程序段号	加工程序	程序说明
	O0022	程序号
N10	G90 G54 G17 G40 G80 G49	程序初始化
N20	G00 X-55.3 Y-80	快速移动到下刀点
N30	G00 Z100	Z 轴安全高度（测量）
N40	M03 S1000 F300	主轴转速为 1 000 r/min，进给速度为 300 mm/min
N50	Z10.0	刀具 Z 向快速定位
N60	G01Z-3.0 F50	第一次运行 Z 轴切削深度位置，第二次 Z 轴切削深度程序修改为 Z-6.0
N70	X-55.3 Y0	$A \rightarrow B$
N80	G02 I55.3	$B \rightarrow B'$
N90	G01 X-55.3 Y80	$B' \rightarrow C$
N100	G0 Z100	刀具 Z 向快速抬刀
N110	M05	主轴停转
N120	M30	程序结束

表 8-8　圆柱体零件数控铣精加工程序

刀具	ϕ 10 mm 立铣刀	
程序段号	加工程序	程序说明
	O0023	程序号
N10	G90 G54 G17 G40 G80 G49	程序初始化
N20	G00 X-30 Y-60	快速移动到下刀点
N30	G00 Z100	*Z* 轴安全高度（测量）
N40	M03 S1200 F300	主轴转速为 1 200 r/min，进给速度为 300 mm/min
N50	Z10.0	刀具 *Z* 向快速定位
N60	G01Z-6.0 F50	*Z* 轴切削深度位置
N70	X-30 Y0 F250	$A \to B$
N80	G02 I30	$B \to B'$
N90	G01 Y60	$B' \to C$
N100	G0 Z100	刀具 *Z* 向快速抬刀
N110	M05	主轴停转
N120	M30	程序结束

3. 数控加工

（1）程序自动运行前的准备。由教师完成刀具和工件的安装，找正安装好的工件，学生注意观察教师的动作。学生完成程序的输入和编辑工作，并校验程序是否正确。

（2）自动运行。

①粗加工程序每次背吃刀量为 3 mm，总背吃刀量 6 mm，所以第一次加工完毕之后，在程序中更改 *Z* 值，从 *Z*3 改到 *Z*6。

②精加工运行完毕之后进行测量，如果精度未达标，更改 *A*、*B*、*B*′ 点的坐标值。

三、任务评价

圆柱体零件加工的任务评价如表 8-9 所示。

表 8-9　圆柱体零件加工的任务评价表

项目与权重	序号	技术要求	配分/分	评分标准	检测记录	得分/分
加工操作（20%）	1	（ϕ 50 ± 0.05）mm	10	超差 0.01mm 处，扣 2 分		
	2	表面粗糙度值 Ra3.2 μm	10	超差处，每处扣 4 分		
程序与加工工艺（30%）	3	程序格式规范	10	不规范处，每处扣 2 分		
	4	程序正确、完整	10	不正确处，每处扣 2 分		
	5	工艺合理	5	不合理处，每处扣 1 分		
	6	程序参数合理	5	不合理处，每处扣 1 分		
机床操作（30%）	7	对刀及坐标系设定	10	不正确处，每处扣 2 分		
	8	机床面板操作正确	10	不正确处，每处扣 2 分		
	9	手摇操作不出错	5	不正确处，每处扣 2 分		
	10	意外情况处理合理	5	不合理处，每处扣 2 分		
安全文明生产（20%）	11	安全操作	10	不合格全扣		
	12	机床整理	10	不合格全扣		

四、知识拓展

在机器设计和制造中，公差是指允许变动量。它等于上极限尺寸与下极限尺寸的代数差的绝对值，也等于上极限偏差与下极限偏差的代数差的绝对值。

几何参数的公差有尺寸公差和几何公差，几何公差又包括形状公差、方向公差、位置公差和跳动公差。

（1）尺寸公差：指允许尺寸的变动量，等于上极限尺寸与下极限尺寸代数差的绝对值。

（2）形状公差：指单一实际要素的形状所允许的变动全量，包括直线度、平面度、圆度、圆柱度、线轮廓度和面轮廓度六个项目。

（3）方向公差：指关联实际要素对基准在方向上允许的变动全量，包括平行度、垂直度和倾斜度三个项目。

（4）位置公差：指关联实际要素对基准在位置所允许的变动全量，包括同轴度、对称度和位置度三个项目。

（5）跳动公差：指关联实际要素绕基准轴线回转一周或连续回转时所允许的最大跳动量，包括圆跳动和全跳动两个项目。

公差表示了零件的制造精度要求,反映了零件的加工难易程度。

公差等级分为 IT01、IT0、IT1、…、IT18 共 20 级,等级依次降低,公差值依次增大。IT 表示国际公差。

选择公差等级或公差数值的基本原则是: 应使机器零件制造成本和使用价值的综合经济效益最好, 一般配合尺寸用 IT5 ~ IT13, 特别精密零件的配合尺寸用 IT2 ~ IT5, 非配合尺寸用 IT12 ~ IT18, 原材料配合尺寸用 IT8 ~ IT14。

模块九　轮廓类零件的加工

任务一　刀具半径补偿

一、轮廓类零件的铣削刀具

外、内轮廓的加工刀具一般选用键槽铣刀、立铣刀或可转位立铣刀。如图 9-1 所示为高速钢立铣刀，齿数为 3～10。

可转位立铣刀是由刀体和刀片组成的，如图 9-2 所示。由于刀片工作寿命高，极大地提高了切削效率，是高速钢立铣刀的 2～4 倍。另外，刀片的切削刃磨钝后，无须刃磨刀片，只需更换新刀片，因此在数控加工中得到了广泛的应用。

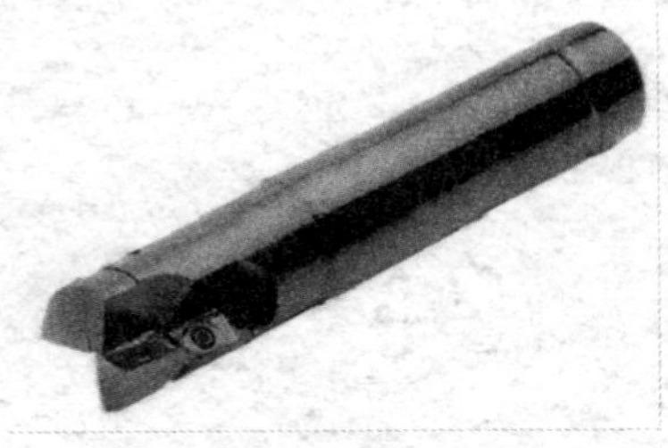

图 9-1　高速钢立铣刀

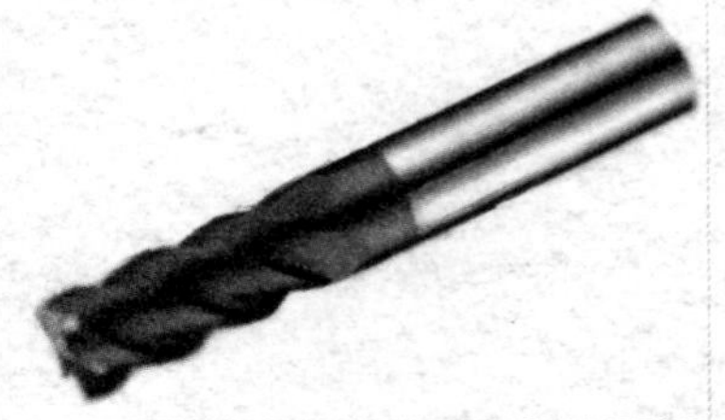

图 9-2　可转位立铣刀

立铣刀的刀具形状与键槽铣刀大致相同，不同之处在于刀具底面中心没有切削刃，用立铣刀加工型腔类零件时，不能直接沿着刀轴的轴向下刀，只能采用斜插式或螺旋式下刀，如图 9-3 所示。

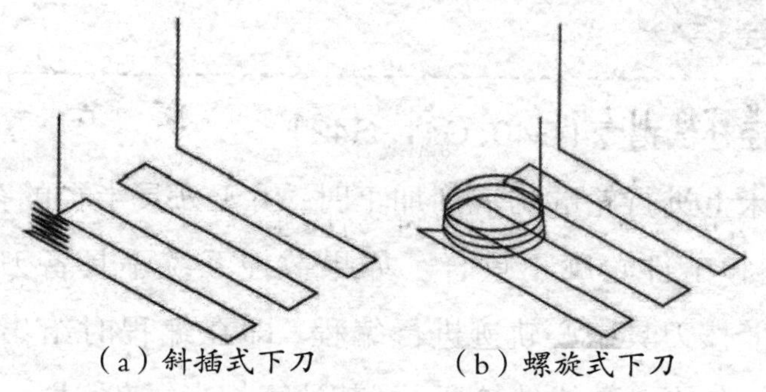

图 9-3　用立铣刀加工型腔类零件的下刀方式

二、轮廓加工路线

加工路线是指刀具的刀位点相对于零件运动的轨迹和方向。铣削平面轮廓时，一般采用立铣刀的圆周刃进行切削。在切入和切出零件轮廓时，为了减少切入和切出痕迹，保证零件表面质量，应对切入和切出的路线进行合理设计。其主要确定原则如下：

（1）加工路线的设计应保证零件的精度和表面质量，如加工轮廓时，应首先选用顺铣方式；

（2）减少进刀、退刀时间和其他辅助时间，在保证加工质量的前提下尽量缩短加工路线；

（3）方便数值计算，尽量减少程序段数，减少编程工作量；

（4）进刀、退刀时，应根据零件轮廓的形状选择以直线或圆弧的方式切入或切出，以保证零件表面质量。如图 9-4 所示为加工零件外轮廓时的几种切入、切出方式。

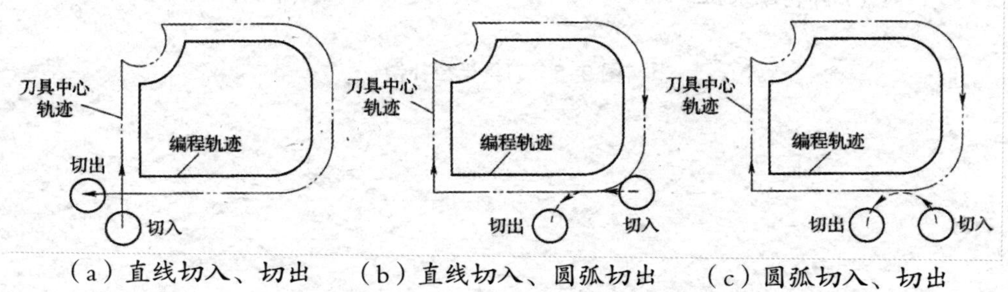

图 9-4　加工零件外轮廓时的切入、切出方式

三、编程指令

1. 刀具半径补偿指令（G40、G41、G42）

在数控铣床上进行轮廓的铣削加工时，由于刀具半径的存在，刀具中心（刀位点）轨迹和工件轮廓不重合。如果数控系统不具备刀具半径自动补偿功能，则只能按刀具中心轨迹进行编程，即在编程时给出刀具中心运动轨迹，如图 9-5 中的点画线轨迹所示，其计算相当复杂，尤其当刀具磨损、重磨或换新刀而使刀具直径变化时，必须重新计算刀具中心轨迹、修改程序，这样既烦琐又不易保证加工精度。当数控系统具备刀具半径补偿功能时，只需按工件轮廓进行编程，如图 9-5 中的粗实线轨迹所示，数控系统会自动计算刀具中心轨迹，使刀具偏离工件轮廓一个半径值，即进行刀具半径补偿。数控系统的这种编程功能称为刀具半径补偿功能，可以实现简化编程的目的。

刀具半径补偿指令共有三个：G41 为刀具半径左补偿[见图 9-6（a）]，G42 为刀具半径右补偿[见图 9-6（b）]，G40 为取消刀具半径补偿。

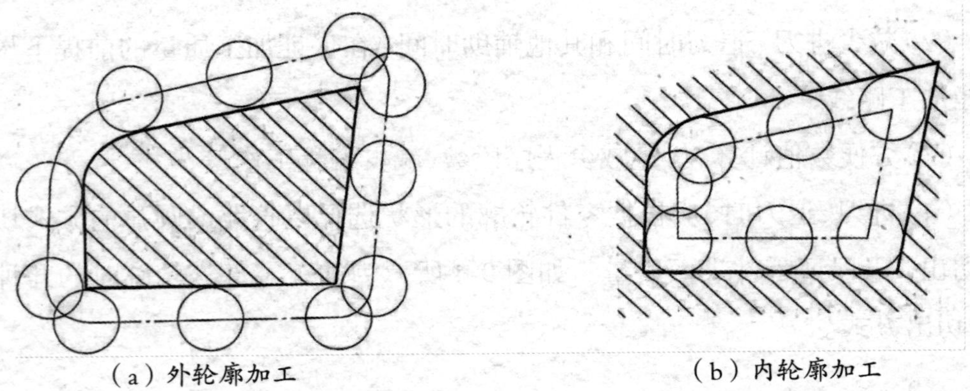

（a）外轮廓加工　　（b）内轮廓加工

图 9-5　刀具半径补偿

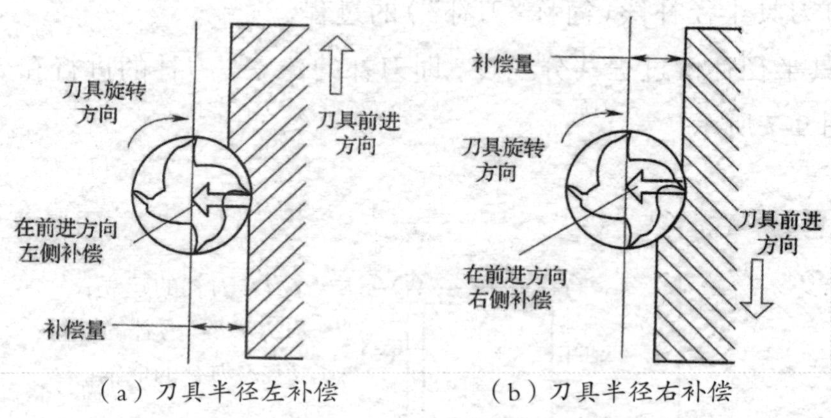

（a）刀具半径左补偿　　（b）刀具半径右补偿

图 9-6　刀具半径补偿方向的判别

（1）指令格式。

①建立刀具半径补偿的指令如下：

G17 G41/G42 G00/G01 X_Y_D_

G18 G41/G42 G00/G01 X_Z_D_

G19 G41/G42 G00/G01 Y_Z_D_

其中，D_ 用于存放刀具半径补偿值的存储器号。

②取消刀具半径补偿的指令如下：

G40 G00/G01 X_Y_

G40 G00/G01 X_Z_

G40 G00/G01 Y_Z_

（2）指令说明。

G41 与 G42 的判断方法是：处于补偿平面外另一根轴的正方向，沿刀具的前进方向看，当刀具处于切削轮廓左侧时，称为刀具半径左补偿；当刀具处于切削轮廓右侧时，称为刀具半径右补偿，如图 9-6 所示。

地址 D 所对应的刀具偏置存储器中存入的偏置值通常指刀具半径值。与刀具长度补偿一样，刀具号与刀具偏置存储器号可以相同，也可以不同。一般情况下，为防止出错，最好采用相同的刀具号与刀具偏置号。

G41、G42 为模态指令，可以在程序中保持连续有效。G41、G42 的撤销可以使用 G40 进行。

（3）刀具半径补偿（简称“刀补”）的过程。

刀具半径补偿过程共分三步，即刀补的建立、刀补的进行和刀补的取消，如图 9-7 所示。

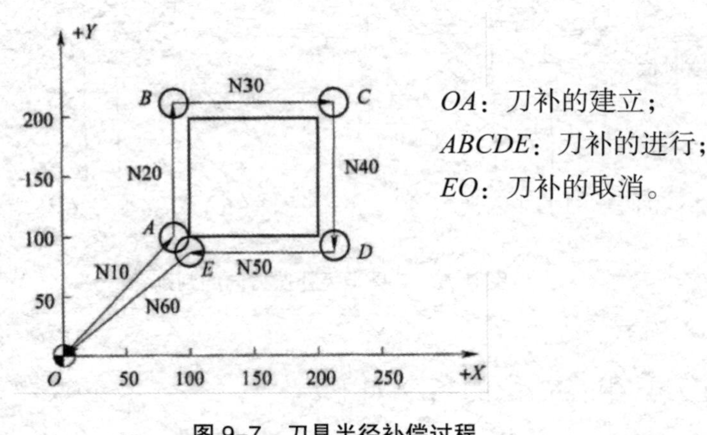

图 9-7　刀具半径补偿过程

刀具半径补偿过程的程序指令如下：

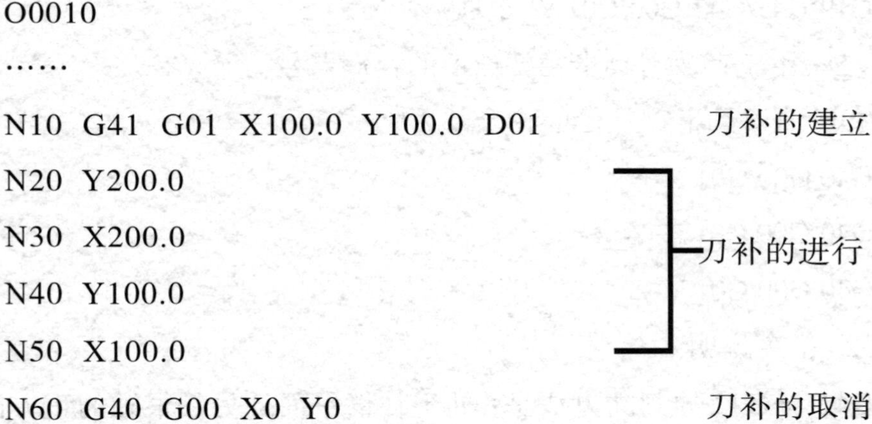

```
O0010
……
N10  G41  G01  X100.0  Y100.0  D01          刀补的建立
N20  Y200.0                                 ┐
N30  X200.0                                 │
N40  Y100.0                                 ├刀补的进行
N50  X100.0                                 ┘
N60  G40  G00  X0  Y0                       刀补的取消
```

①刀补的建立。刀补的建立是指刀具从起点接近工件时，刀具中心从与编程轨迹重合过渡到与编程轨迹偏离一个偏置量的过程。该过程的实现必须有 G00 或 G01 功能才有效。

刀具补偿过程通过 N10 程序段建立。当执行 N10 程序段时，机床刀具的坐标位置由以下方法确定：预读包含 G41 语句的下边两个程序段（N20、N30），连接在补偿平面内最近两个移动语句的终点坐标（即图 9-7 中的 *AB* 连线），其连线的垂直方向为偏置方向，根据 G41 或G42 来确定偏向哪一边，偏置的大小由偏置号 D01 地址中的数值决定。经补偿后，刀具中心位于图 9-7 中 A 点处，即坐标点[（100− 刀具半径），100]处。

②刀补的进行。在 G41 或G42 程序段后，程序进入补偿模式，此时刀具中心与编程轨迹始终相距一个偏置量，直到刀补取消。

在补偿模式下，数控系统要预读两段程序，找出当前程序段刀位点轨迹与下一程序段刀位点轨迹的交点，以确保机床把下一个工件轮廓向外补偿一个偏置量，如图 9-7 中的 B 点、C 点等。

③刀补的取消。刀具离开工件，刀具中心轨迹过渡到与编程轨迹重合的过程称为刀补的取消，如图 9-7 中的 EO 程序段。

刀补的取消用 G40 或 D00 来执行，要特别注意的是：G40 必须与G41 或 G42 成对使用。

（4）刀具半径补偿的注意事项。

在刀具半径补偿过程中要注意以下几个方面的问题：

①刀具半径补偿模式的建立与取消程序段只能在 G00 或 G01 移动指令模式下才有效。

②为保证刀补建立与刀补取消时刀具与工件的安全，通常采用 G01 运动方式来建立或取消刀补。如果采用 G00 运动方式来建立或取消刀补，则要采取先建立刀补再下刀和先退刀再取消刀补的编程加工方法。

③为了便于计算坐标，采用切线切入方式或法线切入方式来建立或取消刀补。对于不便于沿工件轮廓线方向切向或法向切入、切出时，可根据情况增加一个圆弧辅助程序段。

④为了防止在刀具半径补偿建立与取消过程中产生过切现象[如图 9-8（a）中的 OM 和图 9-8（b）中的 AM]，刀具半径补偿建立与取消程序段的起始位置和终点位置最好与补偿方向在同一侧，如图 9-8（a）中的 OA 和图 9-8（b）中的 AN 所示。

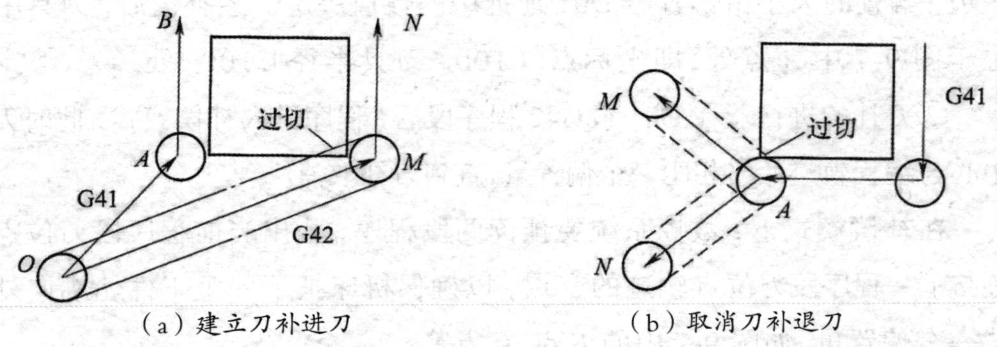

图 9-8　刀补建立与取消时的起始位置和终点位置

⑤在刀具半径补偿模式下，一般不允许存在连续两段以上的非补偿平面移动指令，否则刀具也会出现过切等危险动作。

非补偿平面移动指令通常包括：只有 G、M、S、F、T 代码的程序段（如 G90 和 M05 等）；程序暂停程序段（如 G04 X10.0 等）；G17（G18、G19）平面内的 *Z*（*Y*、*X*）轴移动指令等。

（5）刀具半径补偿的应用。

刀具半径补偿功能除了简化了编程工作外，在实际加工中还有许多其他方面的应用。

【例 9-1】采用同一段程序对零件进行粗、精加工。

如图 9-9（a）所示，编程时按实际轮廓 *ABCD* 编程，在粗加工中，将偏置量设为 $D=R+\varDelta$，其中 R 为刀具的半径，$\varDelta$ 为精加工余量，这样在粗加工完成后，形成的工件轮廓的加工尺寸要比实际轮廓 *ABCD* 每边都大 $\varDelta$。在精加工时，将偏置量设为 $D=R$，这样，工件加工完成后，即得到实际加工轮廓 *ABCD*。同理，当工件加工后，如果测量尺寸比图样要求尺寸大时，也可用同样的方法进行修整。

【例 9-2】采用同一段程序加工同一公称直径的凹、凸型面。

如图 9-9（b）所示，对于同一公称直径的凹、凸型面，内、外轮廓可编写成同一程序。在加工外轮廓时，将偏置值设为 $+D$，刀具中心将沿轮廓的外侧切削；当加工内轮廓时，将偏置值设为 $-D$，这时刀具中心将沿轮廓的内侧切削。这种编程加工方法在模具加工中运用较多。

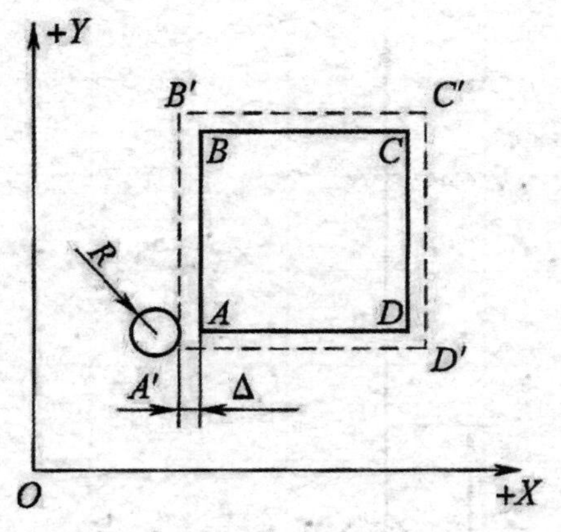

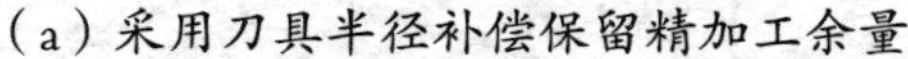

（a）采用刀具半径补偿保留精加工余量

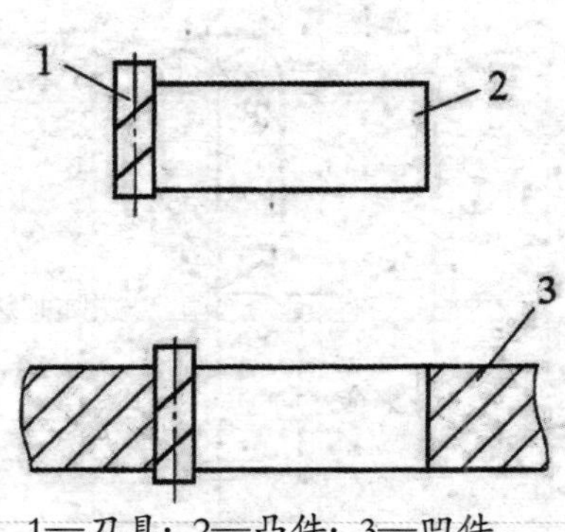

1—刀具；2—凸件；3—凹件。

（b）采用刀具半径补偿加工同尺寸凹、凸型面

图 9-9　刀具半径补偿的应用

2. 刀具长度补偿指令（G43、G44、G49）

刀具长度补偿指令是用来补偿假定刀具长度与实际刀具长度之间差值的指令。系统规定所有轴都可采用刀具长度补偿，但同时规定刀具长度补偿只能加在一个轴上，要对补偿轴进行切换，必须先取消前面轴的刀具长度补偿。当使用不同类型及规格的刀具或刀具磨损时，可在程序中重新用刀具长度补偿指令补偿刀具尺寸的变化，而不必重新调整刀具或重新对刀。

（1）指令格式。

G43　G00/G01 Z_H_

G44　G00/G01 Z_H_

G49

（2）指令说明。

① G43 为刀具长度正补偿，G44 为刀具长度负补偿，如图 9-10 所示；G49 为刀具长度补偿取消；*Z* 值为刀具移动量；*H* 为刀具长度补偿值设定代码，可由 MDI 操作面板预先设在刀补表中。

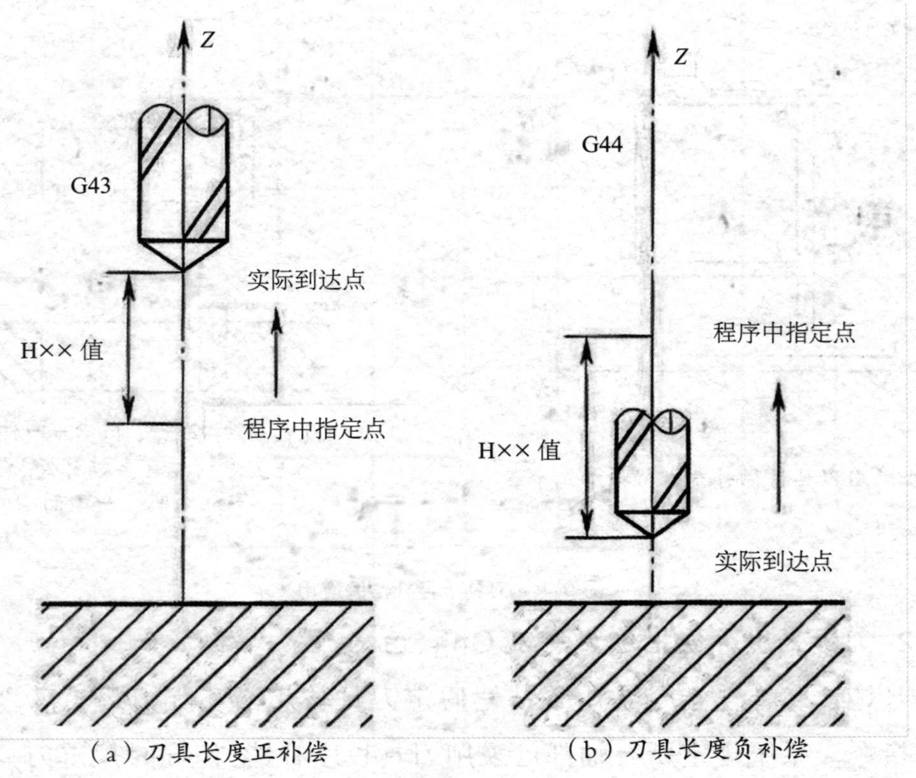

（a）刀具长度正补偿　　（b）刀具长度负补偿

图 9-10　刀具长度补偿

②使用 G43、G44 指令时，无论用绝对值还是增量值编程，程序中指定的 Z 轴移动的终点坐标值，都要与 H 所指定刀补表中的偏移量进行运算，G43 时相加，G44 时相减，然后把运算结果作为终点坐标值进行加工。G43、G44 均为模态代码。

执行 G43 时：Z 实际值 =Z 指令值 +（H × ×）

执行 G44 时：Z 实际值 =Z 指令值 −（H × ×）

式中，H × × 是指编号为 × × 刀补表中的刀具长度补偿量。

③采取取消刀具长度补偿指令 G49 或用“G43 H00”“G44 H00”可以撤销刀具长度补偿。

（3）编程举例。

【例 9-3】如图 9-11 所示，采用 G43 指令进行编程，计算刀具从当前位置移动至工件表面的实际移动量（已知：假定的刀具长度为 0，则 H01 中的偏置值为 20.0；H02 中的偏置值为 60.0；H03 中的偏置值为 -40.0）。

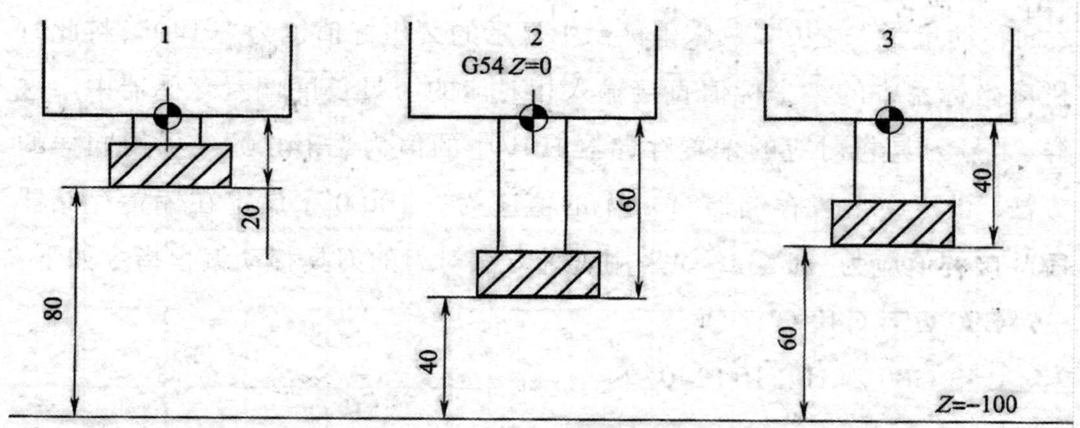

图 9-11 刀具长度补偿值

刀具 1:

G43 G01 Z-100.0 H01 F100

刀具的实际移动量 =-100+20=-80,刀具向下移 80 mm。

刀具 2:

G43 G01 Z-100.0 H02 F100

刀具的实际移动量 =-100+60=-40,刀具向下移 40 mm。

刀具 3:

刀具 3 如果采用 G44 编程,则输入 H03 中的偏置值应为 -40.0,则其编程指令及对应的刀具实际移动量如下:

G44 G01 Z-100.0 H03 F100

刀具的实际移动量 =-100-(-40)=-60,刀具向下移 60 mm。

(4)刀具长度补偿的应用。

①将 *Z* 向对刀值设为刀具长度。对于立式加工中心,刀具长度补偿常被辅助用于工件坐标系零点偏置的设定。即用 G54 设定工件坐标系时,仅在 *X*、*Y* 方向偏置坐标原点的位置,而 *Z* 方向不偏置,*Z* 方向刀位点与工件坐标系 *Z*0 平面之间的差值全部通过刀具长度补偿值来解决。

如图 9-12 所示,假设用一标准刀具进行对刀,该刀具的长度等于机床坐标系原点与工件坐标系原点之间的距离。对刀后采用 G54 设定工件坐标系,则 *Z* 向偏置值设定为“0”。

1 号刀具对刀时，将刀具的刀位点移动到工件坐标系的 Z0 处，则刀具 Z 向移动量为“-140”，机床坐标系中显示的 Z 坐标值也为“-140”，将此时机床坐标系中的 Z 坐标值直接输入相对应的刀具长度偏置存储器中。这样，1 号刀具相对应的偏置存储器 H01 中的值为“-140.0”。采用同样的方法，设定在偏置存储器 H02 中的值应为“-100.0”；设定在偏置存储器 H03 中的值应为“-120.0”。采用这种方法对刀的刀具移动编程指令如下：

```
G90 G54 G49 G94
G43 G00 Z_H_F100 M03 S_
……
G49 G91 G28 Z0
……
```

注意：采用以上方法加工时，显示的 Z 坐标始终为机床坐标系中的 Z 坐标，而非工件坐标系中的 Z 坐标，也就无法直观了解刀具当前的加工深度。

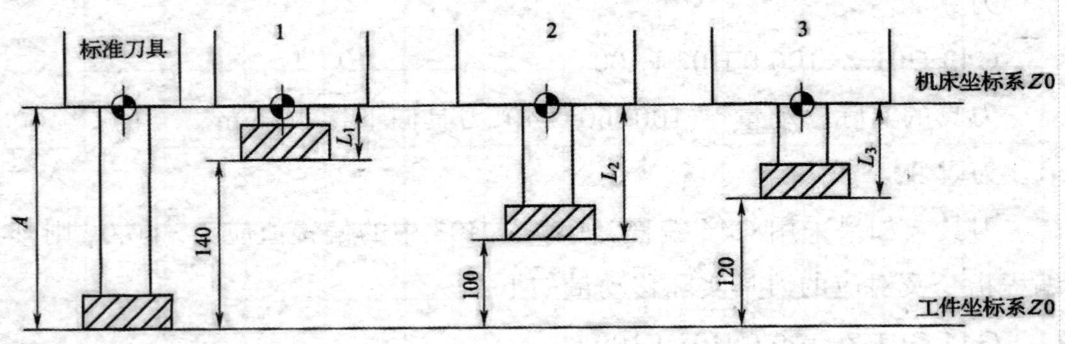

图 9-12　刀具长度补偿的应用

②机外对刀后的设定。当采用机外对刀时，通常选择其中的一把刀具作为标准刀具，也可将所选择的标准刀具的长度设为“0”，则直接将图 9-12 中测得的机床坐标值 A（通常为负值）输入 G54 的 Z 偏置存储器中，而将不同的刀具长度输入对应的刀具长度补偿存储器中。

另外，也可以 1 号刀具作为标准刀具，则以 1 号刀具对刀后在 G54 存储器中设定的 Z 坐标值为“-140.0”。设定在刀补表长度偏置存储器中的值依次为：H01=0；H02=40；H03=20。

任务二　直线轮廓的加工

一、基础知识

1. 快速定位指令（G00）

快速定位是指刀具从当前位置快速移动到切削开始前的位置或者在切削完成之后快速离开工件。G00 指令只能在刀具非加工状态时使用，即空行程，绝对不能在切削时使用。进给速度由机床本身设置。

指令格式：G00X_Y_Z_

说明：*X*、*Y*、*Z* 为目标点的坐标值。

【例 9-3】 在图 9-13 中，刀具从 *A* 点快速移动到 *B* 点的程序如下：

G90 G00 X60 Y50

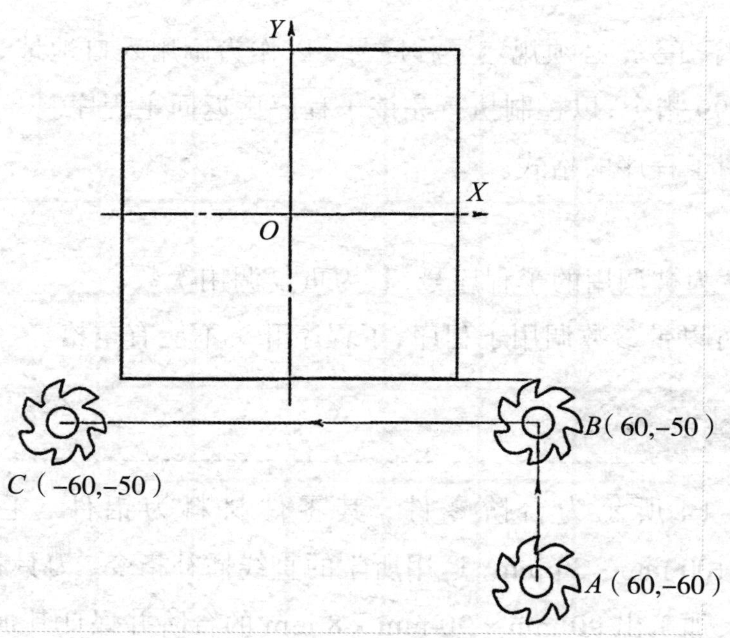

图 9-13　铣削轨迹

2. 线性进给指令（G01）

G01 是直线插补指令，表示从当前位置以设定的速度 *F* 沿直线切削到指定的位置。

指令格式：G01 X_Y_F_

说明：G01 是模态指令，可由 G00、G02、G03 或 G34 指令注销。

【例 9-4】在图 9-13 中，刀具从 *B* 点移动到 *C* 点的程序如下：

G90 G01 X-60 Y-50 F150

3. 子程序的调用

子程序调用指令 M98 及从程序返回指令 M99：在子程序中调用 M99 指令使控制返回主程序；在主程序中调用 M99 指令，则又返回程序的开头继续执行，且会一直反复执行下去，直到用户干预为止。

(1) 子程序的格式。

O****　　　此行开头不能有空格

……

……

……

M99

在子程序开头，必须规定子程序号，以作为调用入口地址。在子程序的结尾用 M99 指令，以控制执行完该子程序后返回主程序。

(2) 调用子程序的格式。

M98 P_ L_

说明：P 为被调用的子程序号，L 为重复调用次数。

注意：可以带参数调用子程序，子程序开头不能有空格。

二、任务实施

如图 9-14 所示为台阶零件，其零件材料为铝件，毛坯尺寸为 100 mm × 100 mm × 30 mm，运用所学的直线插补指令、刀具补偿指令编写加工程序，加工出 90 mm × 90 mm × 8 mm 的台阶并保证其加工精度。

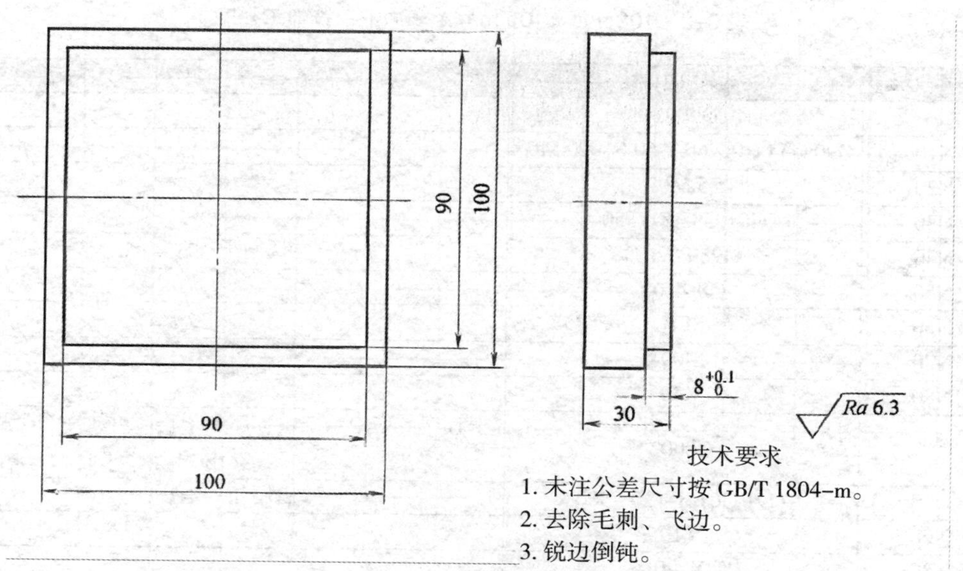

图 9–14　台阶零件

1. 加工准备

本任务选用华中系统数控铣床，使用的工、量、刀具见表 9-1。

表 9–1　工、量、刀具

种类	序号	名称	规格 /mm	分度值 /mm	数量	单位
工具	1	机用平口钳			1	个
	2	六角扳手			1	个
	3	平行垫块			1	副
	4	橡胶锤			1	个
量具	5	钢直尺	0 ~ 150		1	把
	6	游标卡尺	0 ~ 150	0.02	1	把
	7	外径千分尺	75 ~ 100	0.01	1	套
刀具	8	三刃立铣刀	ϕ 12		1	把

2. 编制数控加工程序

100 mm × 100 mm 上表面的数控铣加工程序见表 9-2。

表 9-2　100 mm × 100 mm 上表面数控铣加工程序

程序段号	程序内容	程序说明
	O0001	程序号
N10	G90 G54 G0 X60 Y-50 S1000 M03	
N20	Z5 M07	
N30	G01 G95 Z-1F50	
N40	M98 P02 L5	调用子程序
N50	G0 Z100	
N60	M05	
N70	M09	
N80	M30	
	O0002	子程序。华中系统主程序和子程序可放在一个程序名中
N10	G91 G01 X-120 F300	启用相对坐标
N20	Y10	
N30	X120	
N40	Y10	
N50	M99	返回主程序

90 mm × 90 mm × 8 mm 台阶切入方式及实体造型如图 9-15 所示，其数控铣加工程序见表 9-3。

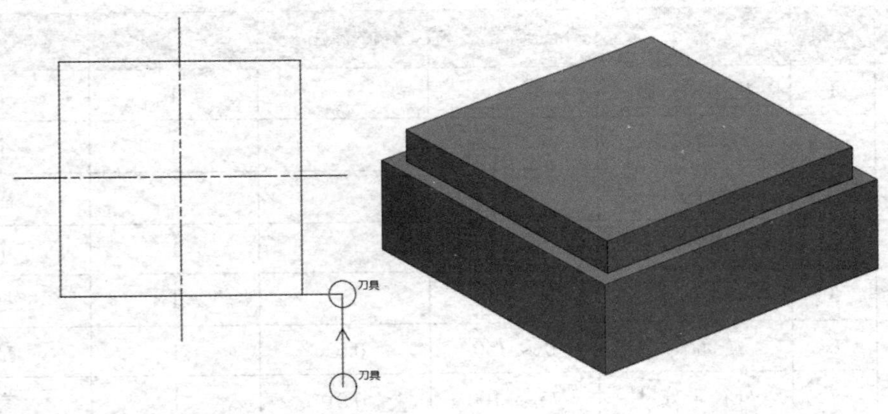

图 9-15　90 mm × 90 mm × 8 mm 台阶切入方式及实体造型

表 9-3　90 mm × 90 mm × 8 mm 台阶数控铣加工程序

程序段号	程序内容	程序说明
	O0003	程序号
N10	G90 G54 G00 X60 Y-60 S1000 M03	定位点，主轴正转，程序开始
N20	Z5 M07	
N30	G01 G95 Z-9 F50	确定切削深度（根据实际情况可分层加工，平面铣削 1 mm）
N40	G01 G41 Y-450 D01 F300	建立刀具半径补偿
N50	X-45	定位加工点
N60	Y45	
N70	X45	
N80	Y-60	
N90	G01 G40 X60	取消刀具半径补偿
N100	G00 Z100	刀具 Z 向快速抬刀
N110	M05	主轴停转
N120	M09	切削液关
N130	M30	程序结束

3. 数控加工

（1）零件加工前的准备。学生安装好教师配发的刀具和工件，并找正安装好的工件，完成程序的输入和编辑工作，采用机床锁住、空运行和图形显示功能进行程序校验。

（2）自动运行。自动运行的操作步骤如下：

①按“F1”键，调用刚才输入的程序 O0001；

②按“程序校验”键进行模拟轨迹仿真；

③按“自动”键，再按“循环启动”键，开始加工零件。

提示：在首件自动运行加工时，操作者通常是一手放在“循环启动”键上，另一手放在“循环停止”键上，眼睛时刻观察刀具运行轨迹和加工程序，加工过程中保持机床门关闭，以保证加工安全。

三、任务评价

台阶零件加工的任务评价见表 9-4。

表 9-4　台阶零件加工的任务评价表

项目与权重	序号	技术要求	配分/分	评分标准	检测记录	得分/分
机床操作（20%）	1	对刀及坐标系设定	5	不正确处，每处处 2 分		
	2	机床面板操作正确	5	不正确处，每处扣 1 分		
	3	手摇操作熟练	5	不正确处，每处扣 1 分		
	4	意外情况处理合理	5	不合理处，每处扣 1 分		
工艺制订与程序（30%）	5	工艺合理	5	不合理处，每处扣 2 分		
	6	程序格式规范	5	不规范处，每处扣 2 分		
	7	程序正确、完整	10	不正确处，每处扣 1 分		
	8	程序参数合理	10	不合理处，每处扣 2 分		
零件质量（30%）	9	表面粗糙度值 *Ra*6.3 μm	10	不正确处，每处扣 2 分		
	10	90 mm（两处）	10	超差 0.01 mm 扣 2 分		
	11	90 mm	10	超差 0.01 mm 扣 2 分		
安全文明生产（20%）	12	安全操作	10	不合格全扣		
	13	机床整理	10	不合格全扣		

任务三　圆弧轮廓的加工

一、基础知识

1. 圆弧进给指令（G02/G03）

G02/G03 为圆弧插补指令，其指令格式：

G17/G18/G19 G02/G03X_Y_R_F_

G17/G18/G19 G02/G03I_J_F_

其中，G02：顺时针圆弧插补（见图 9-16）；

G03：逆时针圆弧插补（见图 9-16）；

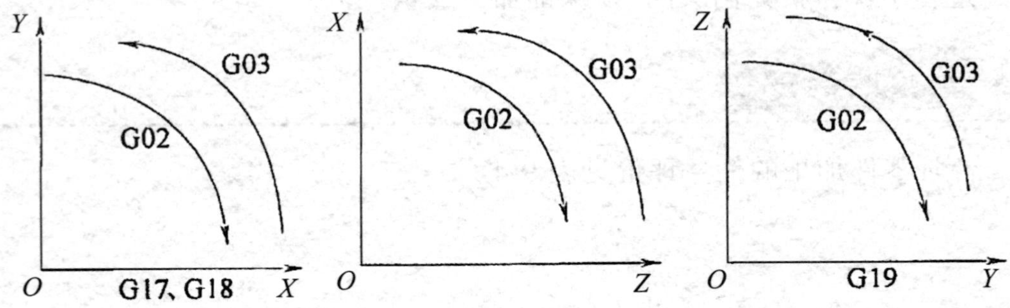

图 9-16　不同平面 G02、G03 指令的选择

R：当 *R* 弧大于半个圆弧时取负值；

G17：*XOY* 平面的圆弧；

G18：*ZOX* 平面的圆弧；

G19：*YOZ* 平面的圆弧；

X、*Y*、*Z*：G90 时为圆弧终点在工件坐标系中的坐标；G91 时为圆弧终点相对于圆弧起点的位移量；

I、*J*、*K*：圆心相对于圆弧起点的有向距离（见图 9-17），无论绝对编程还是增量编程，都以增量方式指定；整圆编程时，不可以使用 *R*，只能用 *I*、*J*；

F：被编程的两个轴的合成进给速度。

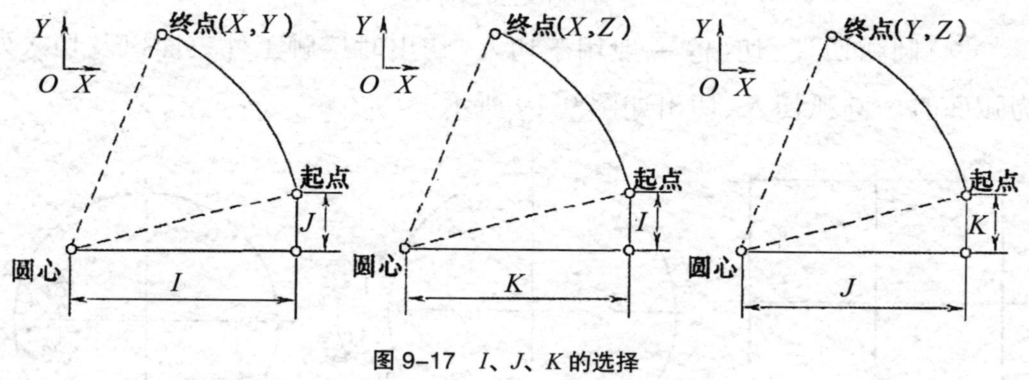

图 9-17 *I*、*J*、*K* 的选择

2. 切入、切出技巧

（1）直线切入、切出：一般用于切入、切出时不直接接触加工工件表面，切入、切出点在直线轮廓处（见图 9-18）。当切入、切出直接接触工件时，为保证加工质量，不留进刀痕迹，一般采用圆弧切入、切出。

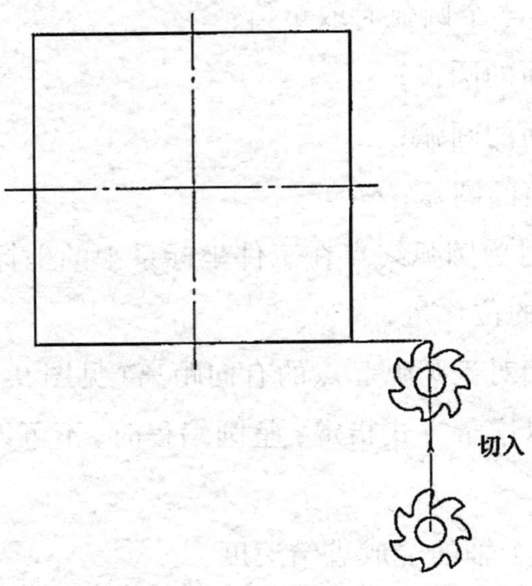

图 9-18　直线切入

（2）圆弧切入、切出：一般用于切入、切出时接触工件表面以及切入处为弧面时。圆弧切入、切出如图 9-19 所示。

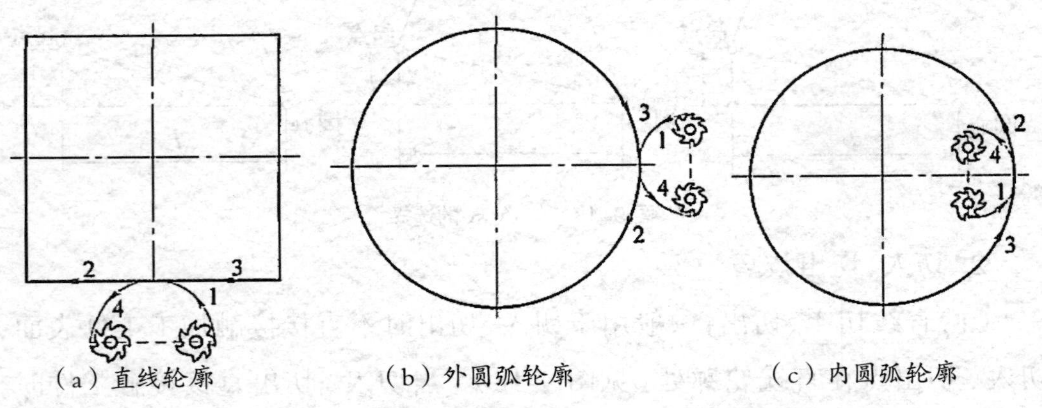

（a）直线轮廓　（b）外圆弧轮廓　（c）内圆弧轮廓

图 9-19　圆弧切入、切出

二、任务实施

如图 9-20 所示的八卦零件的材料为硬铝，毛坯尺寸为 ϕ 100 mm × 25 mm，运用所学的切入、切出技巧和圆弧指令编写其加工程序，加工出该零件并保证其加工精度。

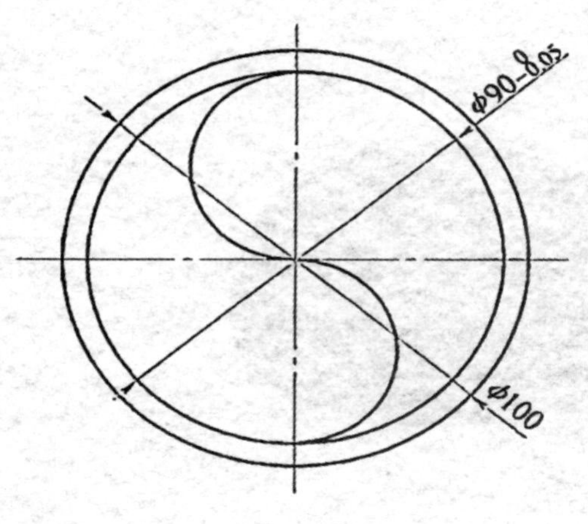

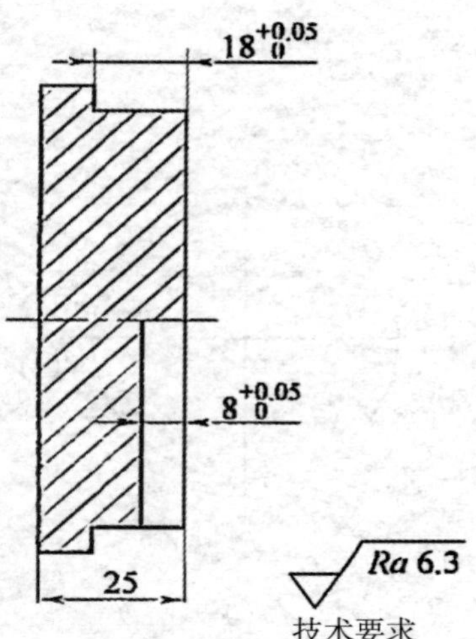

技术要求

1. 未注公差尺寸按 GB/T 1804–m。
2. 去除毛刺、飞边。
3. 锐边倒钝。

图 9–20　八卦零件

1. 加工准备

本任务选用华中系统数控铣床。需使用的工、量、刀具见表 9-5。

表 9–5　工、量、刀具

种类	序号	名称	规格 /mm	分度值 /mm	数量	单位
工具	1	机用平口钳			1	个
	2	六角扳手			1	个
	3	平行垫块			1	副
	4	橡胶锤			1	个
量具	5	钢直尺	0 ~ 150		1	把
	6	游标卡尺	0 ~ 150	0.02	1	把
	7	外径千分尺	75 ~ 100	0.01	1	把
	8	深度千分尺	0 ~ 25	0.01	1	把
刀具	9	三刃立铣刀	ϕ 12		1	把

2. 编制数控加工程序

ϕ 90 mm 外圆切入、切出方式及实体造型如图 9-21 所示，其加工程序见表 9-6。

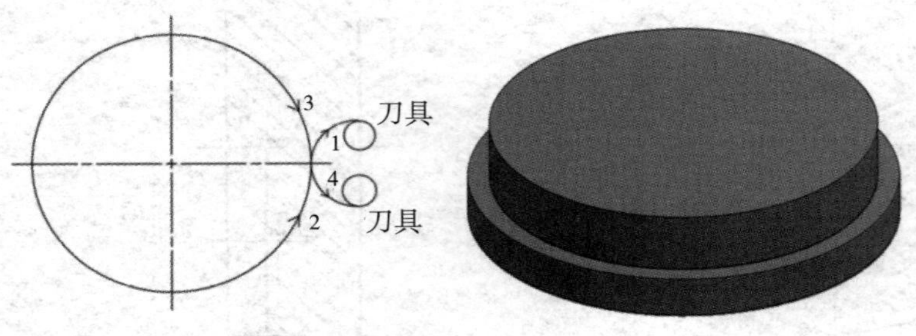

图 9-21 ϕ 90 mm 外圆切入、切出方式及实体造型

表 9-6 ϕ 90 mm 外圆加工程序

程序段号	程序内容	程序说明
	O0001	程序号
N10	G90 G54 GO X55 YOS1000 M03	
N20	Z5 M07	
N30	G01 G95 Z-5 F50	确定加工深度（根据实际可分层加工到 18 mm 深）
N40	G01 G41 X55 Y10 D01 F30	建立刀具半径补偿
N50	G03 X45 YO R10	圆弧切入
N60	G02 I-45	加工整圆轮廓
N70	G03 X55 Y-10 R10	圆弧切出
N80	G01 G40 X55 YO	取消刀具半径补偿
N90	G0 Z100	
N100	M05	主轴停转
N110	M09	切削液关
N120	M30	程序结束

八卦圆弧轮廓切入、切出方式及实体造型如图 9-22 所示，其加工程序见表 9-7。

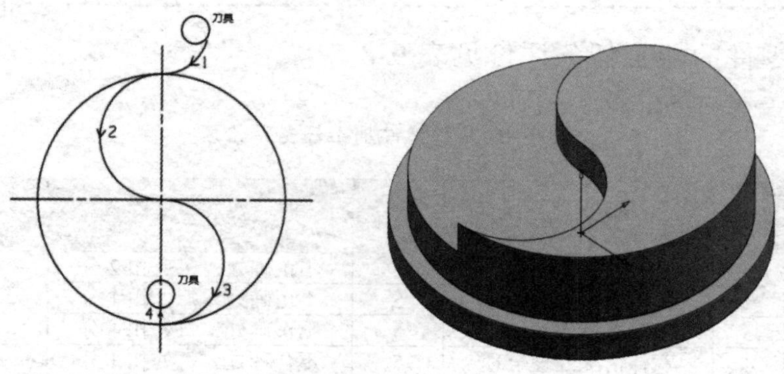

图 9–22　八卦圆弧轮廓切入、切出方式及实体造型

表 9–7　八卦圆弧轮廓加工程序

程序段号	程序内容	程序说明
	O0002	程序号
N10	G90 G54 C0 X0 Y55 S1000 M03	定位点，主轴正转，程序开始
N20	Z5 M07	
N30	G01 G95 Z-5 F50	确定加工深度(根据实际可分层加工到 8 mm 深)
N40	G01 G41 X10 Y55 D01 F300	建立刀具半径补偿
N50	G02 X0 Y45 R10	圆弧切入（图 9-22）
N60	G03 X0 Y0 R22.5	加工八卦圆弧
N70	G02 X0 Y-45 R22.5	
N80	G01 G40 Y-35	取消刀具半径补偿
N90	G0 Z100	刀具 Z 向快速抬刀
N100	M05	主轴停转
N110	M09	切削液关
N120	M30	程序结束

3. 数控加工

（1）零件加工前的准备。教师配发刀具和工件，学生安装并找正工件，完成程序的输入和编辑工作，采用机床锁住、空运行和图形显示功能进行程序校验。

（2）自动运行。自动运行操作的步骤如下：

①按“F1”键，调用刚才输入的程序 O0001 和 O0002；

②按“程序校验”键进行模拟轨迹仿真；

③按“自动”键，再按“循环启动”键，开始加工零件。

三、任务评价

八卦零件的加工任务评价见表 9-8。

表 9-8 八卦零件加工任务评价表

项目与权重	序号	技术要求	配分/分	评分标准	检测记录	得分/分
机床操作（20%）	1	对刀及坐标系设定	5	不正确处，每处扣 2 分		
	2	机床面板操作正确	5	不正确处，每处扣 1 分		
	3	手摇操作熟练	5	不正确处，每处扣 1 分		
	4	意外情况处理合理	5	不合理处，每处扣 1 分		
工艺制订与程序（20%）	5	工艺合理	5	不合理处，每处扣 2 分		
	6	程序格式规范	5	不规范处，每处扣 2 分		
	7	程序正确、完整	5	不正确处，每处扣 1 分		
	8	程序参数合理	5	不合理处，每处扣 2 分		
零件质量（40%）	9	表面粗糙度值 *Ra* 6.3μm	10	不正确处，每处扣 2 分		
	10	ϕ 50 mm	10	超差 0.01 mm 扣 2 分		
	11	ϕ 60 mm	10	超差 0.01 mm 扣 2 分		
	12	ϕ 70 mm	10	超差 0.01 mm 扣 2 分		
安全文明生产（20%）	13	安全操作	10	不合格全扣		
	14	机床整理	10	不合格全扣		

任务四　外轮廓的加工

一、基础知识

外轮廓加工的原则如下：

①由上到下加工；

②由大轮廓到小轮廓加工。

二、任务实施

如图 9-23 所示的风叶外轮廓零件的材料为硬铝，毛坯尺寸为 100 mm × 100 mm × 30 mm，运用所学知识编写其加工程序，加工出该零件并保证其加工精度。

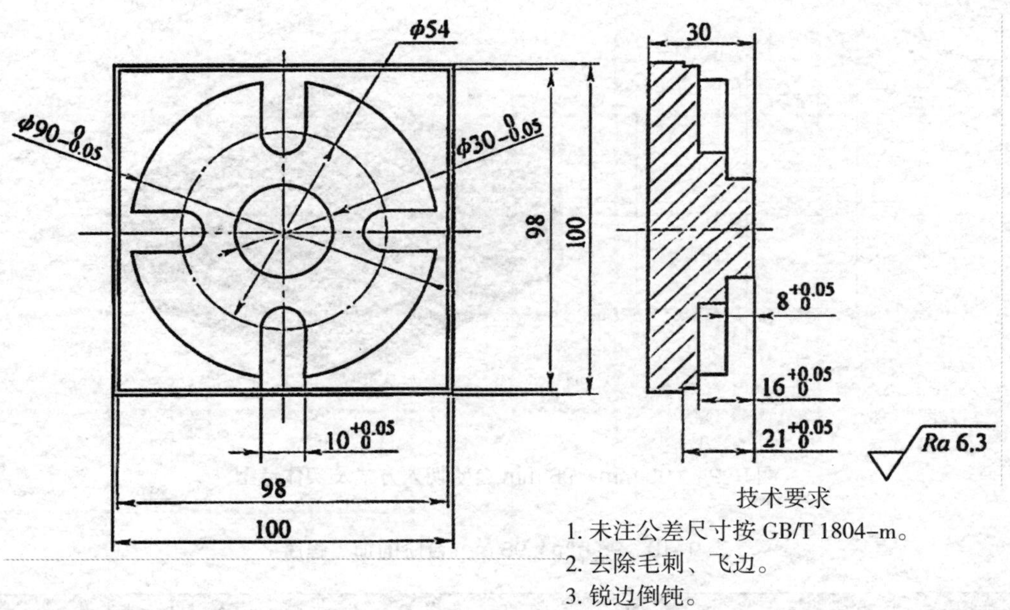

图 9-23　风叶外轮廓零件

1. 加工准备

本任务选用华中系统数控铣床。需使用的工、量、刀具见表 9-9。

表 9-9　工、量、刀具

种类	序号	名称	规格 /mm	分度值 /mm	数量	单位
工具	1	机用平口钳			1	个
	2	六角扳手			1	个
	3	平行垫块			1	副
	4	橡胶锤			1	个
量具	5	钢直尺	0 ~ 150		1	把
	6	游标卡尺	0 ~ 150	0.02	1	把
	7	外径千分尺	75 ~ 100	0.01	1	把
	8	深度千分尺	0 ~ 25	0.01	1	把
刀具	9	三刃立铣刀	φ 12		1	把
	10	三刃立铣刀	φ 8		1	把

2. 编制数控加工程序

98 mm × 98 mm 台阶的切入方式及实体造型如图 9-24 所示，其加工程序见表 9-10。

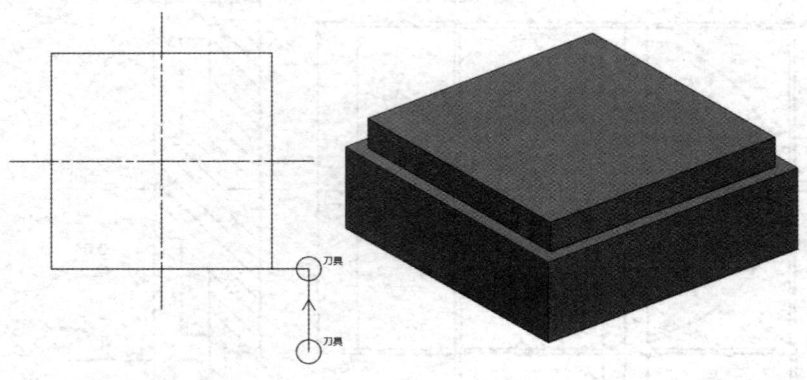

图 9-24　98 mm × 98 mm 台阶切入方式及实体造型

表 9-10　98 mm × 98 mm 台阶的加工程序

程序段号	程序内容	程序说明
	O0001	程序号
N10	G90 G54 G0 X60 Y-60 S1000 M03	定位点，主轴正转，程序开始
N20	Z5 M07	
N30	G01 G95 Z-21 F50	确定加工深度（根据实际可分层加工）
N40	G01 G41 Y-49 D01 F300	建立刀具半径补偿
N50	X-49	定位加工点
N60	Y49	
N70	X49	
N80	Y-60	
N90	G01 G40 X60	取消刀具半径补偿
N100	G0 Z100	刀具 Z 向快速抬刀
N110	M05	主轴停转
N120	M09	切削液关
N130	M30	程序结束

圆柱外轮廓的切入、切出方式及实体造型如图 9-25 所示，其加工程序见表 9-11 和表 9-12。

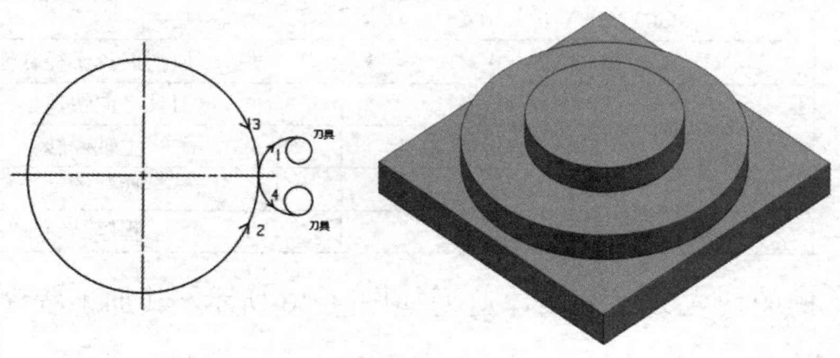

图 9-25　圆柱外轮廓切入、切出方式及实体造型

表 9-11　ϕ 90 mm 圆柱的加工程序

程序段号	程序内容	程序说明
	O0002	程序号
N10	G90 G54 G0 X60 Y0 S1000 M03	定位点，主轴正转，程序开解
N20	Z5 M07	
N30	G01 G95 Z-16 F50	确定切削深度（根据实际可分层加工）
N40	G01 X55 Y0 F300	
N50	G01 G41 X55 Y10 D01	建立刀具半径补偿
N60	G03 X45 Y0 R10	
N70	G02 I-45	
N80	G03 X55 Y-10 R10	
N90	G01 G40 X55 Y0	取消刀具半径补偿
N100	G0 Z100	刀具 Z 向快速抬刀
N110	M05	主轴停转
N120	M09	切削液关
N130	M30	程序结束

表 9-12　ϕ 30 mm 圆柱的加工程序

程序段号	程序内容	程序说明
	O0003	程序号
N10	G90 G54 G00 X25 Y0 S1000 M03	定位点，主轴正转，程序开始
N20	Z5 M07	
N30	G01 G95 Z-8 F50	确定切削深度（根据实际可分层加工）
N40	G01 G41 X25 Y10 D01 F300	建立刀具半径补偿
N50	G03 X15 Y0 R10	
N60	G02 I-15	

续表

程序段号	程序内容	程序说明
N70	G03 X25 Y-10 R10	
N80	G01 G40 X25 Y0	取消刀具半径补偿
N90	G0 Z100	刀具 Z 向快速抬刀
N100	M05	主轴停转
N110	M09	切削液关
N120	M30	程序结束

风叶槽的切入方式及实体造型如图 9-26 所示，其加工程序见表 9-13 和表 9-14。

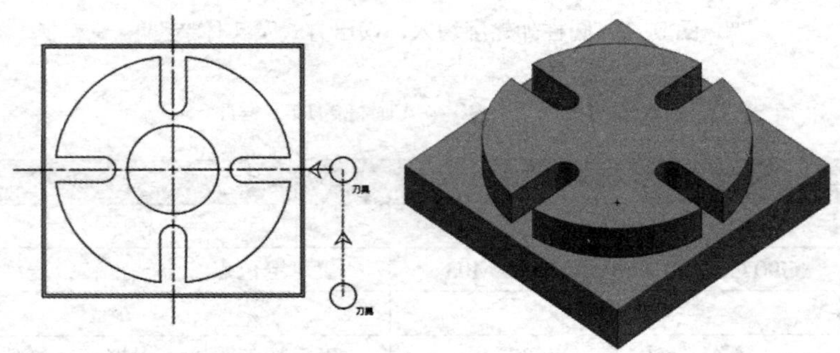

图 9-26 风叶槽切入方式及实体造型

表 9-13 第一个风叶槽的加工程序

程序段号	程序内容	程序说明
	O0004	程序号
N10	G90 G54 G00 X55 Y-10 S1000 M03	定位点，主轴正转，程序开始
N20	Z5 M07	
N30	G01 G95 Z-16 F50	确定切削深度（根据实际可分层加工）
N40	G01 G41 X55 Y0 D01 F300	建立刀具半径补偿
N50	G01 X30 Y6.5	
N60	G03 X30 Y-6.5 R5	
N70	G01 X55 Y-6.5	
N80	G01 G40 Y-10	取消刀具半径补偿
N90	G0 Z100	刀具 Z 向快速抬刀
N100	M05	主轴停转
N110	M09	切削液关
N120	M30	程序结束

表 9-14　其余三个风叶槽的加工程序

程序段号	程序内容	程序说明
	O0005	程序号
N10	G90 G54 G00 X0 Y0 S1000 M03	定位点，主轴正转，程序开始
N20	Z5 M07	
N30	G68 X0 Y0 P90	旋转加工其余三个风叶槽（90°、180°、270°）
N40	G01X55 Y-10 F300	
N50	G01 G95 Z-16 F50	确定切削深度（根据实际可分层加工）
N60	G01 G41 X55 Y0 D01 F300	建立刀具半径补偿
N70	G01 X30 Y6.5	
N80	G03 X30 Y-6.5 R5	
N90	G01 X55 Y-6.5	
N100	G01 G40 Y-10	取消刀具半径补偿
N110	G69	取消旋转
N120	G0 Z100	刀具 Z 向快速抬刀
N130	M05	主轴停转
N140	M09	切削液关
N150	M30	程序结束

3. 数控加工

（1）零件加工前的准备。教师配发刀具和工件，学生安装并找正工件，完成程序的输入和编辑工作，采用机床锁住、空运行和图形显示功能进行程序校验。

（2）自动运行。

自动运行操作的步骤如下：

①按“F1”键，调用刚才输入的程序；

②按“程序校验”键进行模拟轨迹仿真；

③按“自动”键，再按“循环启动”键，开始加工零件。

三、任务评价

风叶外轮廓零件的加工任务评价见表 9-15。

表 9-15　风叶外轮廓零件加工任务评价表

项目与权重	序号	技术要求	配分/分	评分标准	检测记录	得分/分
机床操作（20%）	1	对刀及坐标系设定	5	不正确处，每处扣 2 分		
	2	机床面板操作正确	5	不正确处，每处扣 1 分		
	3	手摇操作熟练	5	不正确处，每处扣 1 分		
	4	意外情况处理合理	5	不合理处，每处扣 1 分		
工艺制订与程序（20%）	5	工艺合理	5	不合理处，每处扣 2 分		
	6	程序格式规范	5	不规范处，每处扣 2 分		
	7	程序正确、完整	5	不正确处，每处扣 1 分		
	8	程序参数合理	5	不合理处，每处扣 2 分		
零件质量（40%）	9	表面粗糙度值 *Ra*6.3 μm	2	不合格不得分		
	10	40 mm	6	超差 0.01 mm 每处扣 2 分		
	11	66 mm（四处）	16	超差 0.01 mm 每处扣 2 分		
	12	98 mm（两处）	4	超差不得分（每处 2 分）		
	13	80 mm	12	超差 0.01 mm 每处扣 2 分		
安全文明生产（20%）	14	安全操作	10	不合格全扣		
	15	机床整理	10	不合格全扣		

任务五　内轮廓的加工

一、基础知识

加工内轮廓时的下刀方式如下：

（1）慢速垂直下刀方式：加工刀具垂直慢速下切到加工深度；

（2）螺旋下刀方式：加工刀具沿螺旋线逐渐下切到加工深度；

（3）渐切下刀方式：加工刀具沿加工轨迹边缘逐渐下切到加工深度。

二、任务实施

如图 9-27 所示风叶内轮廓零件的材料为硬铝，毛坯尺寸为 100 mm × 100 mm × 30 mm，运用所学知识编写其加工程序，加工出该零件并保证其加工精度。

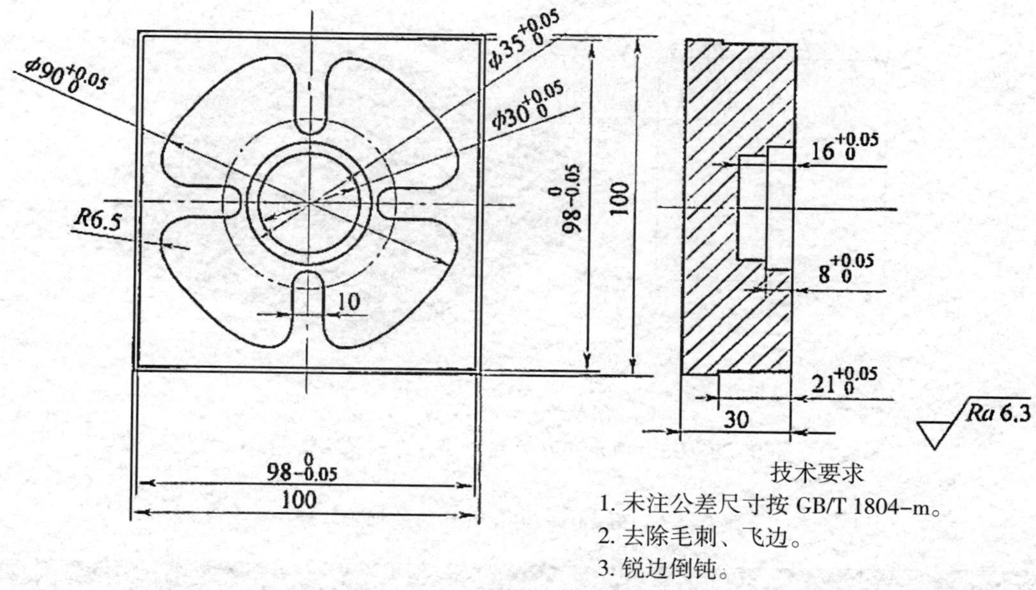

图 9–27　风叶内轮廓零件

1. 加工准备

本任务选用华中系统数控铣床。需使用的工、量、刀具见表 9-16。

表 9–16　工、量、刀具

种类	序号	名称	规格 /mm	分度值 /mm	数量	单位
工具	1	机用平口钳			1	个
	2	六角扳手			1	个
	3	平行垫块			1	副
	4	橡胶锤			1	个
量具	5	钢直尺	0 ~ 150		1	把
	6	游标卡尺	0 ~ 150	0.02	1	把
	7	外径千分尺	75 ~ 100	0.01	1	把
	8	深度千分尺	0 ~ 25	0.01	1	把
刀具	9	三刃立铣刀	ϕ 12		1	把

2. 编制数控加工程序

98 mm × 98 mm 台阶的切入方式及实体造型如图 9-28 所示，其加工程序见表 9-17。

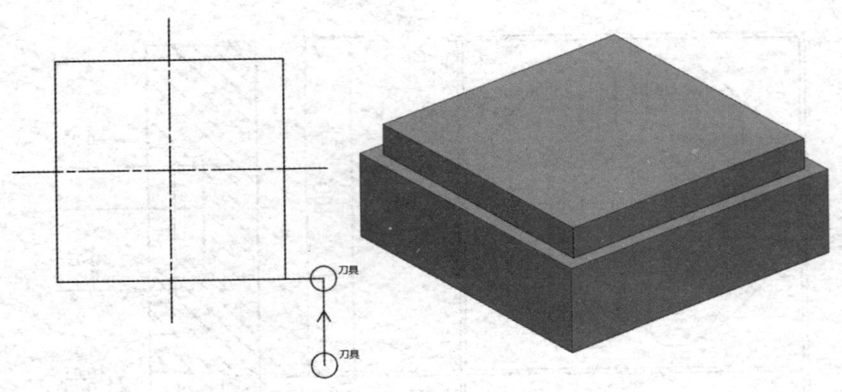

图 9-28　98 mm × 98 mm 台阶切入方式及实体造型

表 9-17　98 mm × 98 mm 台阶的加工程序

程序段号	程序内容	程序说明
	O0001	程序号
N10	G90 G54 G00 X60 Y-60 S1000 M03	定位点，主轴正转，程序开始
N20	Z5 M07	
N30	G01 G95 Z-8 F50	确定切削深度（根据实际可分层加工）
N40	G01 G41 Y-49 D01 F300	建立刀具半径补偿
N50	X-49	定位加工点
N60	Y49	
N70	X49	
N80	Y-60	
N90	G01 G40 X60	取消刀具半径补偿
N100	G0 Z100	刀具 Z 向快速抬刀
N110	M05	主轴停转
N120	M09	切削液关
N130	M30	程序结束

圆孔的螺旋下刀方式及实体造型如图 9-29 所示，其加工程序见表 9-18。

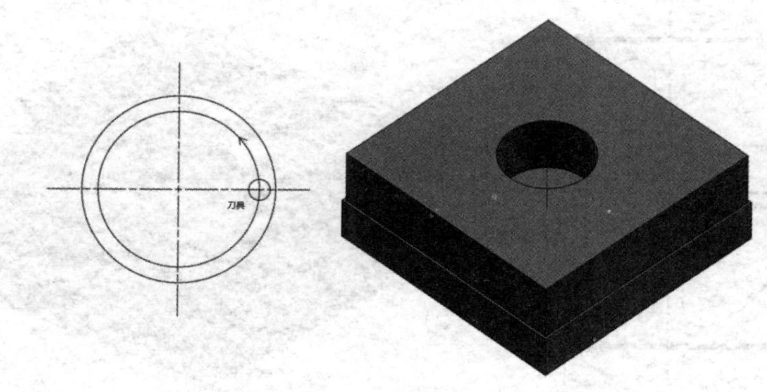

图 9-29　圆孔螺旋下刀方式及实体造型

表 9-18　圆孔加工程序

程序段号	程序内容	程序说明
	O0002	程序号
N10	G90 G54 G00 X0 Y0 S1000 M03	定位点，主轴正转，程序开始
N20	Z5 M07	
N30	G01 G95 Z1 F50	孔的安全高度
N40	G01 G41 X15 Y0 D01 F300	建立刀具半径补偿
N50	G03 I-15 Z-3	螺旋下刀
N60	G03 I-15 Z-6	
N70	G03 I-15 Z-9	
N80	G03 I-15 Z-12	
N90	G03 I-15Z-16	
N100	G03 I-15	
N110	G01 G40 X0	取消刀具半径补偿
N120	G0 Z100	刀具 *Z* 向快速抬刀
N130	M05	主轴停转
N140	M09	切削液关
N150	M30	程序结束

风叶内轮廓的螺旋下刀方式及实体造型如图 9-30 所示，其加工程序见表 9-19。

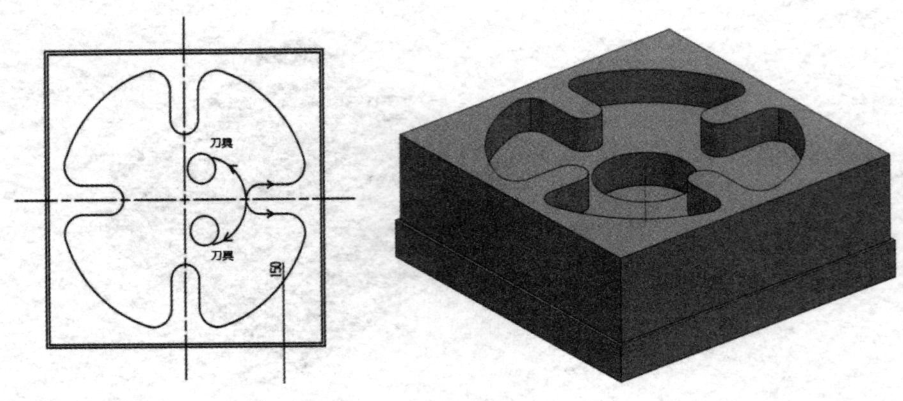

图 9-30　风叶内轮廓螺旋下刀方式及实体造型

表 9-19　风叶内轮廓的加工程序

程序段号	程序内容	程序说明
	O0003	程序号
N10	G90 G54 G00 X0 Y0 S1000 M03	定位点，主轴正转，程序开始
N20	Z5 M07	
N30	G01 G95 Z-8 F50	
N40	G01 X10 F300	
N50	G01 G41 X10 Y-10 D01	螺旋切削到加工深度
N60	G03 X20 Y0 R10	建立刀具半径补偿
N70	G02 X25 Y5 R5	铣风叶内轮廓
N80	G01 X36.742 Y5	
N90	G03 X42.946 Y13.442 R6.5	
N100	G03 X13.442 Y42.946 R45	
N110	G03 X5 Y36.742 R6.5	
N120	G01 X5 Y25	
N130	G02 X-5 Y25 R5	
N140	G01 X-5 Y36.742	
N150	G03 X-13.442 Y42.946 R6.5	
N160	G03 X-42.946 Y13.442 R45	
N170	G03 X-36.742 Y5 R6.5	
N180	G01 X-25 Y5	
N190	G02 X-25 Y-5 R5	
N200	G01 X-36.742Y-5	
N210	G03 X-42.946 Y-13.442 R6	
N220	G03 X-13.442 Y-42.946 R45	
N230	G03 X-5 Y-36.742 R6.5	

续表

程序段号	程序内容	程序说明
N240	G01 X-5 Y-25	
N250	G02 X5 Y-25 R6.5	
N260	G01 X5 Y-36.742	
N270	G03 X13.442 Y-42.946 R6.5	
N280	G03 X42.946 Y-13.442 R45	
N290	G03 X36.742 Y-5 R6.5	
N300	G01 X25 Y-5	
N310	G02 X20 Y0	
N320	G03 X10 Y10 R10	
N330	G01 G40 X10 Y0	取消刀具半径补偿
N340	G0 Z100	刀具 Z 向快速抬刀
N350	M05	主轴停转
N360	M09	切削液关
N370	M30	程序结束

3. 数控加工

（1）零件加工前的准备。教师配发刀具和工件，学生安装并找正工件，完成程序的输入和编辑工作，采用机床锁住、空运行和图形显示功能进行程序校验。

（2）自动运行。自动运行操作的步骤如下：

①按“F1”键，调用刚才输入的程序；

②按“程序校验”键进行模拟轨迹仿真；

③按“自动”键，再按“循环启动”键，开始加工零件。

三、任务评价

风叶内轮廓零件的加工任务评价见表 9-20。

表 9-20 风叶内轮廓零件加工任务评价表

项目与权重	序号	技术要求	配分/分	评分标准	检测记录	得分/分
机床操作（20%）	1	对刀及坐标系设定	5	不正确处，每处扣 2 分		
	2	机床面板操作正确	5	不正确处，每处扣 1 分		
	3	手摇操作熟练	5	不正确处，每处扣 1 分		
	4	意外情况处理合理	5	不合理处，每处扣 1 分		
工艺制订与程序（20%）	5	工艺合理	5	不合理处，每处扣 2 分		
	6	程序格式规范	5	不规范处，每处扣 2 分		
	7	程序正确、完整	5	不正确处，每处扣 1 分		
	8	程序参数合理	5	不合理处，每处扣 2 分		
零件质量（40%）	9	表面粗糙度值 *Ra*6.3 μm	2	不合格不得分		
	10	12 mm	6	超差 0.01 mm 每处扣 2 分		
	11	10 mm（四处）	16	超差 0.01 mm 每处扣 2 分		
	12	*R*6.5 mm（八处）	4	不合格不得分（每处 0.5 分）		
	13	15 mm	12	超差 0.01 mm 每处扣 2 分		
安全文明生产（20%）	14	安全操作	10	不合格全扣		
	15	机床整理	10	不合格全扣		

任务六 复合轮廓的加工

一、任务实施

如图 9-31 所示零件的材料为铝，毛坯尺寸为 100 mm × 100 mm × 30 mm，运用所学知识编写其加工程序，加工出该零件并保证其加工精度。

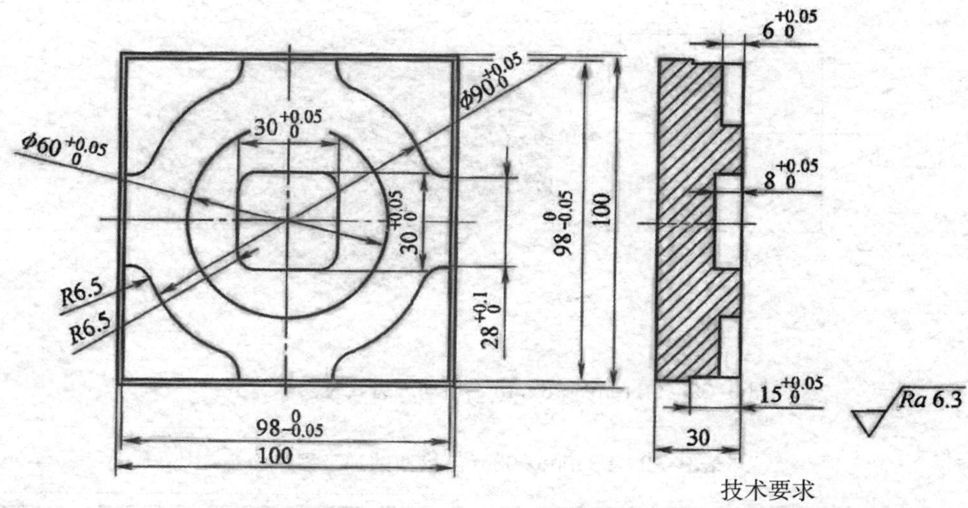

技术要求

1. 未注公差尺寸按 GB/T 1804-m。
2. 去除毛刺、飞边。
3. 锐边倒钝。

图 9-31　复合轮廓零件

1. 加工准备

本任务选用华中系统数控铣床。需使用的工、量、刀具见表 9-21。

表 9-21　工、量、刀具

种类	序号	名称	规格 /mm	分度值 /mm	数量	单位
工具	1	机用平口钳			1	个
	2	六角扳手			1	个
	3	平行垫块			1	副
	4	橡胶锤			1	个
量具	5	钢直尺	0 ~ 150		1	把
	6	游标卡尺	0 ~ 150	0.02	1	把
	7	外径千分尺	25 ~ 50	0.01	1	把
	8	外径千分尺	50 ~ 75	0.01	1	把
	9	外径千分尺	75 ~ 100	0.01	1	把
	10	深度千分尺	0 ~ 25	0.01	1	把
刀具	11	三刃立铣刀	ϕ 12		1	把

2. 编制数控加工程序

98 mm × 98 mm 台阶的切入方式及实体造型如图 9-32 所示，其加工程序见表 9-22。

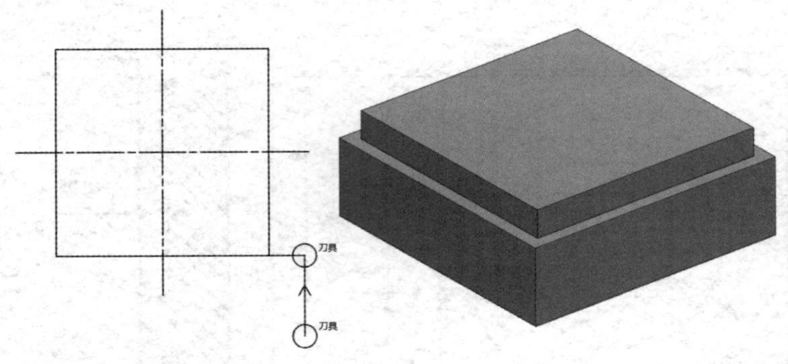

图 9-32　98 mm × 98 mm 台阶切入方式及实体造型

表 9-22　98 mm × 98 mm 台阶的加工程序

程序段号	程序内容	程序说明
	O0001	程序号
N10	G90 G54 G00 X60 Y-60 S1000 M03	定位点，主轴正转，程序开始
N20	Z5 M07	
N30	G01 G95 Z-8 F50	确定切削深度（根据实际可分层加工）
N40	G01 G41Y-49 D01 F300	建立刀具半径补偿
N50	X-49	定位加工点
N60	Y49	
N70	X49	
N80	Y-60	
N90	G01 G40 X60	取消刀具半径补偿
N100	G00 Z100	刀具 Z 向快速抬刀
N110	M05	主轴停转
N120	M09	切削液关
N130	M30	程序结束

一个小凸台的切入方式及实体造型如图 9-33 所示，其加工程序见表 9-23。

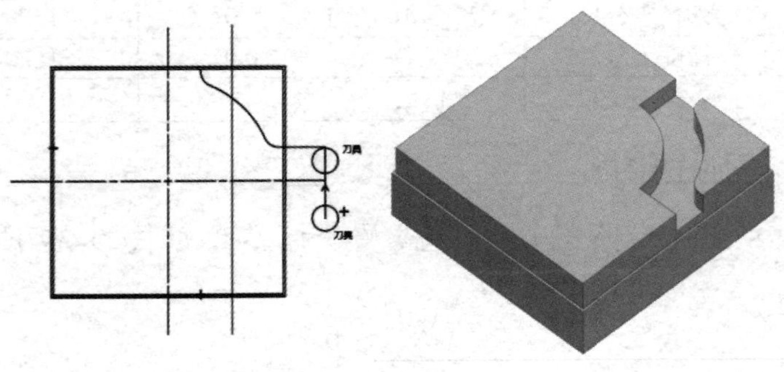

图 9-33　一个小凸台切入方式及实体造型

表 9-23　一个小凸台切入加工程序

程序段号	程序内容	程序说明
	O0002	程序号
N10	G90 G54 G00 X0 Y0 S1000 M03	定位点，主轴正转，程序开始
N20	Z5 M07	
N30	X60 Y0	
N40	G01 G95 Z-6 F50	
N50	G01 G41 X60 Y14 D01 F30	建立刀具半径补偿
N60	G01 X47.025 Y14	
N70	G02 X41.066 Y17.902 R6.5	一个小凸台
N80	G03 X17.902 Y41.066 R45	
N90	G02 X14 Y47.025 R6.5	
N100	G01 X14 Y60	
N110	G01 G40 X30	取消刀具半径补偿
N120	G0 Z100	刀具 *Z* 向快速抬刀
N130	M05	主轴停转
N140	M09	切削液关
N150	M30	程序结束

其他三个小凸台的切入方式及实体造型如图 9-34 所示，其加工程序见表 9-24。

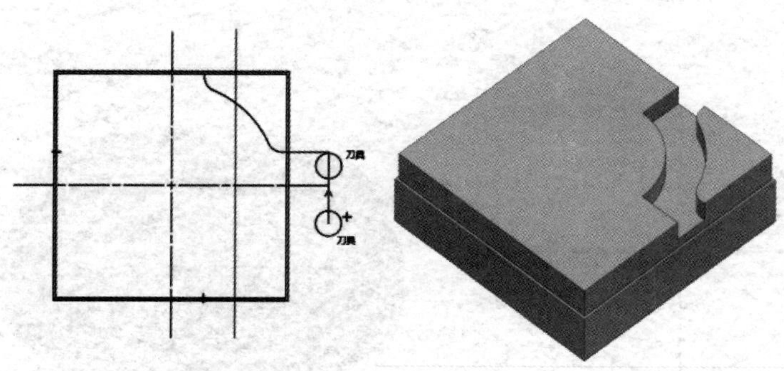

图 9-34　其他三个小凸台切入方式及实体造型

表 9-24　其他三个小凸台的加工程序

程序段号	程序内容	程序说明
	O0003	程序号
N10	G90 G54 G00 X0 Y0 S1000 M03	定位点，主轴正转，程序开始
N20	Z5 M07	
N30	G68 X0 Y0 P90	第二个小凸台（旋转 90°），依此类推分别选择 180°、270° 加工出其余两个小凸台
N40	X60 Y0	
N50	G01 G95 Z-6 F50	
N60	G01 G41 X60 Y14 D01 F300	建立刀具半径补偿
N70	G01 X47.025 Y14	
N80	G02 X41.066 Y17.902 R6.5	
N90	G03 X17.902 Y41.066 R45	
N100	G02 X14 Y47.025 R6.5	
N110	G01 X14 Y60	
N120	G01 G40 X30	取消刀具半径补偿
N130	G69	取消旋转
N140	G0 Z100	刀具 *Z* 向快速抬刀
N150	M05	主轴停转
N160	M09	切削液关
N170	M30	程序结束

ϕ 60 mm 圆柱的切入、切出方式及实体造型如图 9-35 所示，其加工程序见表 9-25。

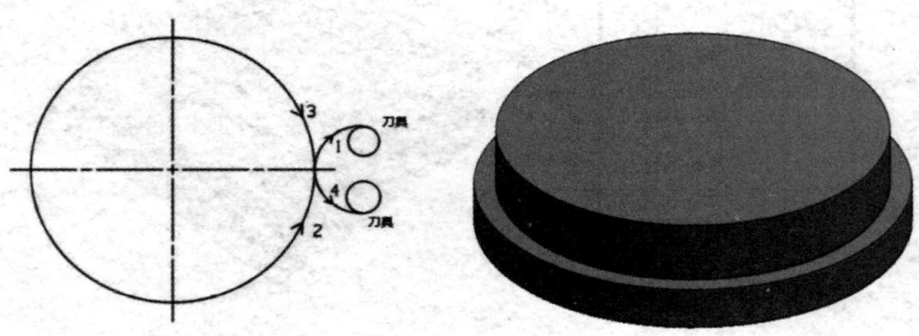

图 9-35　ϕ 60mm 圆柱的切入、切出方式及实体造型

表 9–25　ϕ 60mm 圆柱的加工程序

程序段号	程序内容	程序说明
	O0004	程序号
N10	G90 G54 G00 X60 Y0 S1000 M03	定位点，主轴正转，程序开始
N20	Z5M07	
N30	G01 G95 Z-6 F50	确定加工深度
N40	X38 Y0	
N50	G01 G41 X38 Y8 D01 F300	建立刀具半径补偿
N60	G02 X30 Y0 R8	圆弧切入
N70	G02 I-30	加工圆
N80	G03 X38 Y-8R8	
N90	G01 G40 Y0	取消刀具半径补偿
N100	G0 Z100	刀具 Z 向快速抬刀
N110	M05	主轴停转
N120	M09	切削液关
N130	M30	程序结束

30 mm × 30 mm 方槽的螺旋下刀方式及实体造型如图 9-36 所示，其加工程序见表 9-26。

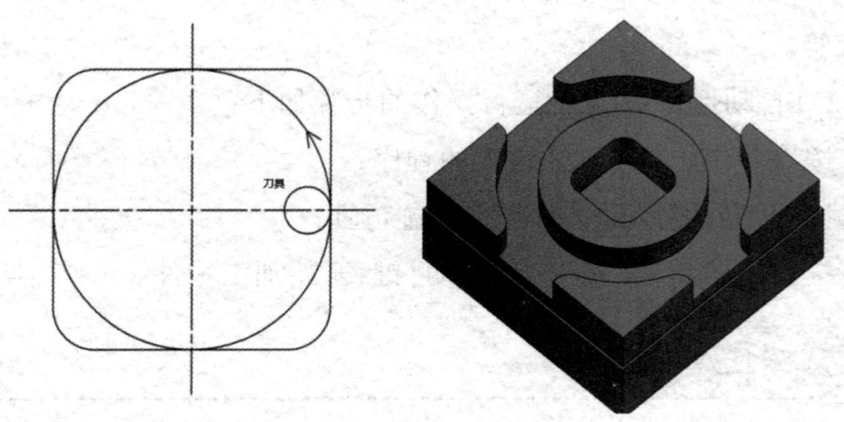

图 9–36　30 mm × 30 mm 方槽螺旋下刀方式及实体造型

表 9-26　30 mm × 30 mm 方槽的加工程序

程序段号	程序内容	程序说明
	O0005	程序号
N10	G90 G54 G00 X0 Y0 S1000 M03	定位点，主轴正转，程序开始
N20	Z5 M07	
N30	G01 G95 Z1 F50	螺旋下刀至安全位置
N40	G01 G41 X15 D01 F300	建立刀具半径补偿
N50	G03 I-15 Z-8	螺旋切削到加工深度
N60	G01 X15 Y15 R6.5	铣方槽
N70	G01 X-15 Y15 R6.5	
N80	G01 X-15 Y-15 R6.5	
N90	G01 X15 Y-15 R6.5	
N100	G01 X15 Y0	
N110	G01 G40 X0	取消刀具半径补偿
N120	G0 Z100	刀具 Z 向快速抬刀
N130	M05	主轴停转
N140	M09	切削液关
N150	M30	程序结束

3. 数控加工

（1）零件加工前的准备。教师配发刀具和工件，学生安装并找正工件，完成程序的输入和编辑工作，采用机床锁住、空运行和图形显示功能进行程序校验。

（2）自动运行。自动运行操作的步骤如下：

①按“F1”键，调用刚才输入的程序；

②按“程序校验”键进行模拟轨迹仿真；

③按“自动”键，再按“循环启动”键，开始加工零件。

二、任务评价

复合轮廓零件的加工任务评价见表 9-27。

表 9-27　复合轮廓加工任务评价表

项目与权重	序号	技术要求	配分 / 分	评分标准	检测记录	得分
机床操作（20%）	1	对刀及坐标系设定	5	不正确处，每处扣 2 分		
	2	机床面板操作正确	5	不正确处，每处扣 1 分		
	3	手摇操作熟练	5	不正确处，每处扣 1 分		
	4	意外情况处理合理	5	不合理处，每处扣 1 分		
工艺制订与程序（20%）	5	工艺合理	5	不合理处，每处扣 2 分		
	6	程序格式规范	5	不规范处，每处扣 2 分		
	7	程序正确、完整	5	不正确处，每处扣 1 分		
	8	程序参数合理	5	不合理处，每处扣 2 分		
零件质量（40%）	9	表面粗糙度值 *Ra*6.3 μm	4	不合格不得分		
	10	50 mm	4	超差 0.01 mm 每处扣 2 分		
	11	40 mm（2 处）	2	超差 0.01 mm 每处扣 2 分		
零件质量（40%）	12	45 mm（4 处）	8	超差 0.01 mm 每处扣 2 分		
	13	10 mm（12 处）	12	不合格不得分（每处 1 分）		
	14	60 mm（2 处）	4	超差 0.01 mm 每处扣 2 分		
	15	35 mm	6	超差 0.01 mm 每处扣 2 分		
安全文明生产（20%）	16	安全操作	10	不合格全扣		
	17	机床整理	10	不合格全扣		

模块十　孔的加工

任务一　孔加工的固定循环

孔在机械加工中所占的比例很大，几乎所有的机械产品都有孔，如轴类零件、盘类零件、壳体类零件和箱体类零件等。

钻削加工是用钻头在工件上加工孔的一种方法。数控铣床钻孔时，工件固定不动，刀具做旋转运动(主运动)的同时沿轴向移动(进给运动)。由于钻削的精度较低，表面较粗糙，一般加工精度在 IT10 以下，表面粗糙度值大于 12.5μm，生产效率也比较低，因此，钻孔主要用于粗加工。例如，精度和表面粗糙度要求不高的螺钉孔、油孔和螺纹底孔等。但精度和表面粗糙度要求较高的孔，也要以钻孔作为预加工工序。表面粗糙度要求较高的中小直径孔，在钻削后，常采用扩孔和铰孔来进行半精加工和精加工。

一、孔的加工方法

孔的加工方法比较多，有钻削、扩削、铰削和镗削等。大直径孔还可采用圆弧插补方式进行铣削加工。

二、钻孔刀具

麻花钻是应用最广的孔加工刀具，通常用高速钢或硬质合金材料制成，采用整体式结构。麻花钻的柄部有直柄和锥柄两种，如图 10-1 所示。直柄主要用于小直径麻花钻，锥柄用于直径较大的麻花钻。

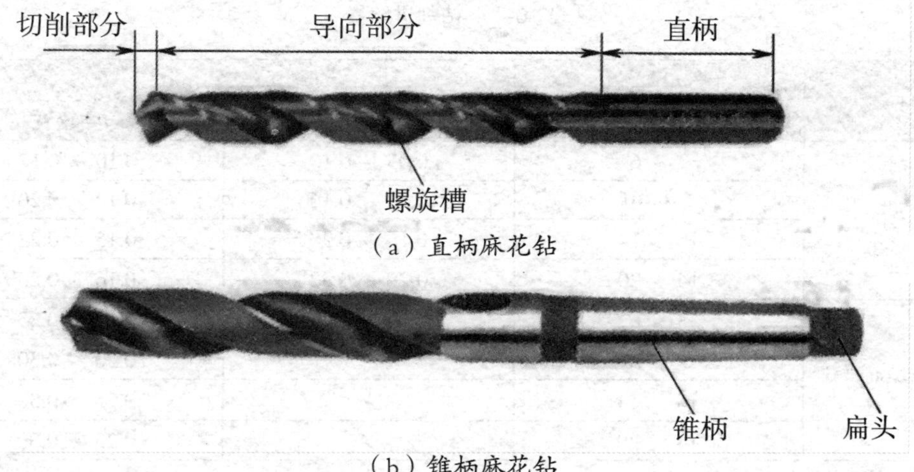

（a）直柄麻花钻

（b）锥柄麻花钻

图 10–1　直柄、锥柄麻花钻

三、钻削用量的选择

钻削用量主要是指钻头的切削用量，其切削参数包括背吃刀量、进给量和切削速度。

1. 背吃刀量

背吃刀量即为钻削时的钻头半径。

2. 进给量

钻削的进给量有如下三种表示方式。

（1）每齿进给量（f_z）：指钻头每转一个刀齿，钻头与工件间的相对轴向位移量，单位为 mm/z。

（2）每转进给量（f）：指钻头或工件每转一转，它们之间的轴向位移量，单位为 mm/r。

（3）进给速度（v_f）：指在单位时间内钻头相对于工件的轴向位移量，单位为 mm/min 或 mm/s。

每齿进给量、每转进给量和进给速度之间的关系为

$$v_f=n\times f=z\times n\times f_z$$

式中，n 表示主轴转速；z 表示刀具齿数。

高速钢钻头和硬质合金钻头的每转进给量可参考表 10-1 进行确定。

表 10–1　钻削进给量

工件材料	钻头直径 D/mm	钻削进给量 /mm · r^{-1}	
		高速钢钻头	硬质合金钻头
钢	3 ~ 6	0.05 ~ 0.10	0.10 ~ 0.17
	6 ~ 10	0.10 ~ 0.16	0.13 ~ 0.20
	10 ~ 14	0.16 ~ 0.20	0.15 ~ 0.22
	14 ~ 20	0.20 ~ 0.32	0.16 ~ 0.28
铸铁	3 ~ 6	-	0.15 ~ 0.25
	6 ~ 10	-	0.20 ~ 0.30
	10 ~ 14	-	0.25 ~ 0.50
	14 ~ 20	-	0.25 ~ 0.50

3. 切削速度 v_c。

采用高速钢麻花钻对钢铁材料进行钻孔时，切削速度常取 10 ~ 40 m/min，用硬质合金钻头钻孔时速度可提高 1 倍。表 10-2 列出了钻削时的切削速度，供选择时参考。

在选择切削速度时：钻头直径较小取大值，钻头直径较大取小值；工件材料较硬取小值，工件材料较软取大值。

表 10–2　钻削时的切削速度

工件材料	切削速度 /m · min^{-1}	
	高速钢钻头	硬质合金钻头
钢	20 ~ 30	60 ~ 110
不锈钢	15 ~ 20	35 ~ 60
铸铁	20 ~ 25	60 ~ 90

四、孔加工的固定循环指令

在数控加工中，某些加工动作已经典型化，例如，钻孔、镗孔的动作顺序是孔位平面定位、快速引进、切削进给、快速退回等顺序动作，这一系列动作在数控系统中已经预先编好程序，并存储在内存中，可用包含 G 代码的一个程序调用，从而简化编程工作，这种包含了典型动作循环的 G 代码称为“循环指令”。孔加工的固定循环指令见表 10-3。

表 10–3　孔加工固定循环指令

G 代码		加工运动（Z 轴运动）	孔底动作	返回运动（Z 轴运动）	应用
钻孔指令	G81	切削进给		快速移动	普通钻孔循环
	G82	切削进给	暂停	快速移动	钻孔、锪镗循环
	G83	间歇切削进给		快速移动	深孔钻削循环
	G73	间歇切削进给		快速移动	高速深孔钻削循环
攻螺纹指令	G84	切削进给	暂停，主轴反转	切削进给	攻右旋螺纹循环
	G74	切削进给	暂停，主轴正转	切削进给	攻左旋螺纹循环
镗孔指令	G76	切削进给	主轴定向，让刀	快速移动	精镗循环
	G85	切削进给		切削进给	铰孔、粗镗循环
	G86	切削进给	主轴停	快速移动	镗削循环
	G87	切削进给	主轴正转	快速移动	反镗削循环
	G88	切削进给	暂停，主轴停	手动或快速	镗削循环
	G89	切削进给	暂停	切削进给	铰孔、粗镗循环
G80					取消固定循环

1. 孔加工固定循环的动作组成

如图 10-2 所示，以立式数控铣床加工为例，钻、镗孔的固定循环动作顺序可分解为：

动作 1：快速定位至初始点，X、Y 表示初始点在初始平面的位置；

动作 2：Z 轴快速定位至 R 点；

动作 3：孔加工，以切削进给的方式进行孔加工的动作；

动作 4：孔底动作，包括暂停、主轴准停、刀具移位等动作；

动作 5：继续孔加工时，刀具返回至 R 点平面；

动作 6：孔加工完成后，刀具快速返回初始平面。

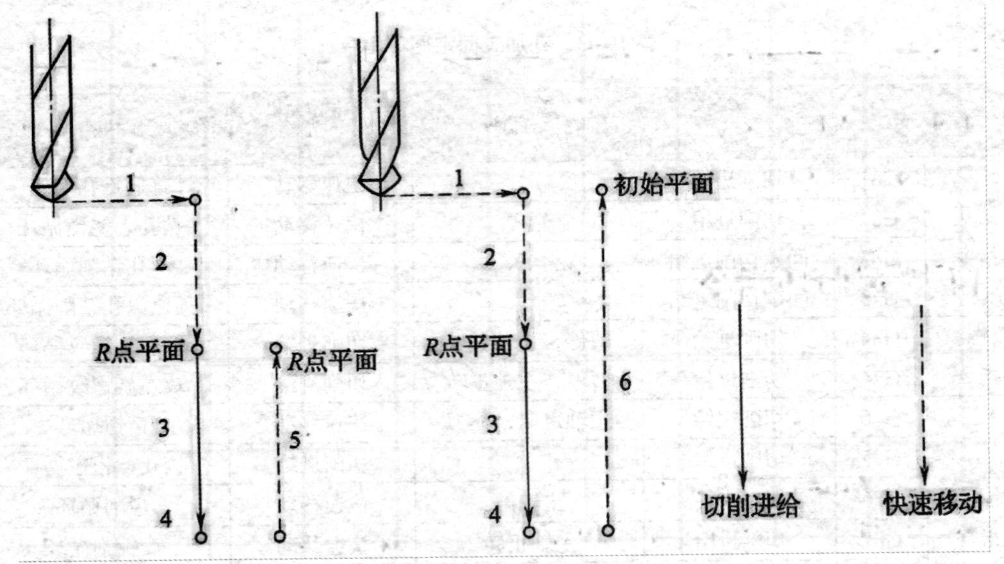

图 10-2　钻、镗孔的固定循环动作分解

2. 孔加工固定循环的平面

(1)初始平面。

初始平面是为安全下刀而规定的一个平面。初始平面可以设定在任意一个安全高度上。当使用同一把刀具加工多个孔时,刀具在初始平面内的任意移动将不会与夹具、工件凸台等发生干涉。

(2)R 点平面。

R 点平面又叫 R 参考平面。这个平面是刀具下刀时,由快进转为工进的高度平面,它距工件表面的距离主要根据工件表面的尺寸来定,一般情况下取 2 ~ 5 mm,如图 10-3 所示。

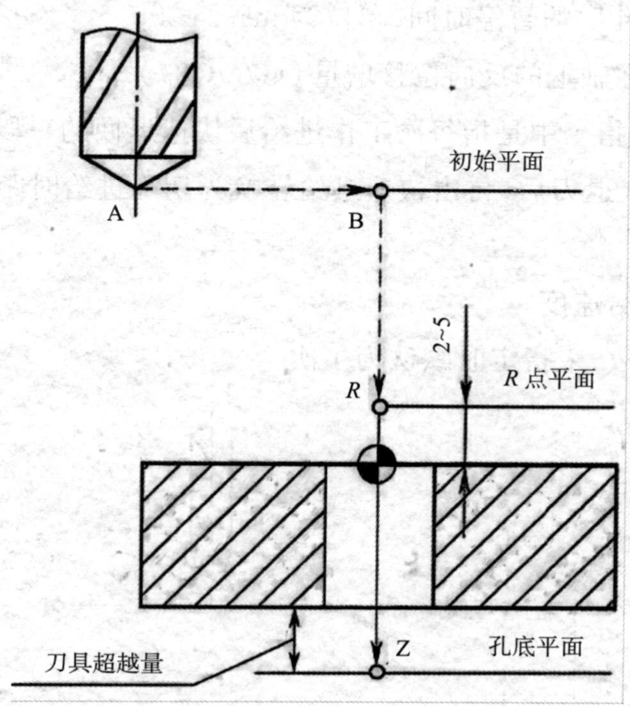

图 10-3　孔加工的几个平面

（3）孔底平面。

加工不通孔时，孔底平面就是孔底的 *Z* 轴深度所在的平面。而加工通孔时，除要考虑孔底平面的位置外，还要考虑刀具超越量（如图 10-3 中 *Z* 点），以保证所有孔深都加工到要求的尺寸。

3. 孔加工固定循环指令格式

（1）指令格式。

G98/G99 G73 ~ G89 X_ Y_ Z_ R_ Q_ P_ I_ J_ K_ F_ L_

G98/G99：如图 10-4 所示，G98 和 G99 指令的区别在于 G98 是孔加工完成后返回初始平面，为默认方式，G99 是孔加工完成后返回 *R* 点平面。

G73 ~ G89：孔加工指令。

X、*Y*：孔的位置。

Z：孔底位置。

R：参考平面的高度。

Q：每次进给深度（G73/G83）。

P：刀具在孔底的暂停时间，单位为 ms。

I、J：刀具在轴上的反向位移增量（G76/G87）。

K：在 G73 指令中是指每次工作进给后快速退回的一段距离；在 G83 指令中是指每次退刀后，再由快速进给转换为切削进给时距上次加工面的距离。

F：切削进给速度。

L：循环次数，未指定时默认为 1 次。

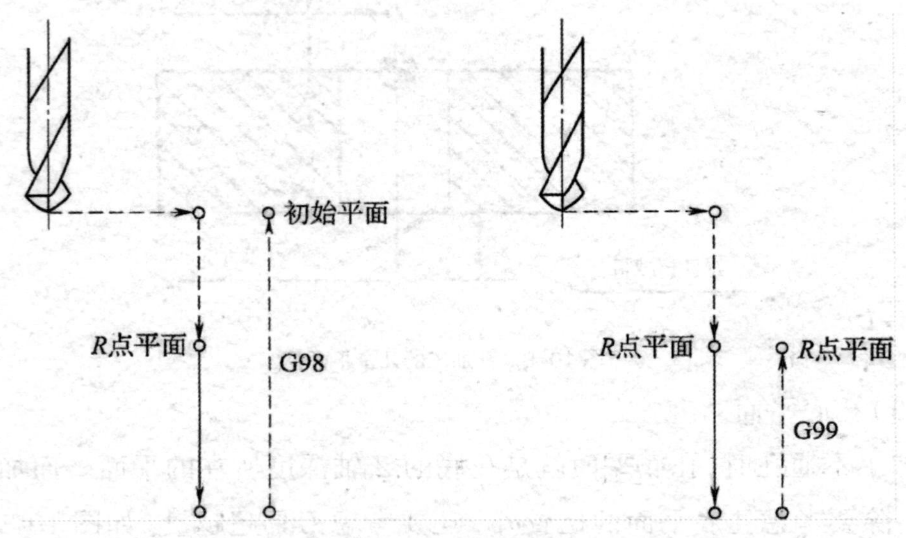

图 10–4　返回点平面的两种方式

（2）指令说明。

①在孔加工循环结束后刀具的返回方式有返回初始平面和返回 R 点平面两种方式，如图 10-4 所示。

返回初始平面方式（G98）：初始平面是刀具在钻孔循环指令执行前所处的平面。这种方式通常用于多孔系加工中最后一个孔的返回方式。

返回 R 点平面方式（G99）：R 点平面一般选择在接近工件上表面的位置，在相同表面多孔加工时，前一孔的返回方式尽量使用返回 R 点平面方式，这样可以降低抬刀高度，节约辅助时间。

②孔加工循环指令为模态指令，一旦某个孔加工循环指令有效，在后面的所有位置均采用该孔加工循环指令进行孔加工，直到用 G80 取消孔加工循环为止。在孔加工循环指令有效时，XY 平面内的运动（即孔位之

间的刀具移动）为快速运动（G00）。

4. 钻孔和锪孔指令（G81、G82）

（1）指令格式。

G81 X_ Y_ Z_ R_ F_ L_ P_

G82 X_ Y_ Z_ R_ P_ F_ L_

（2）指令说明。

① G81 指令的动作循环为 *X*、*Y* 坐标定位，快速进给，切削进给和快速返回等动作，如图 10-5 所示。

② G82 与 G81 动作相似，唯一不同之处是 G82 在孔底增加了暂停，因而适用于盲孔、锪孔或镗阶梯孔的加工，以提高孔底表面加工精度，而 G81 只适用于一般孔的加工。

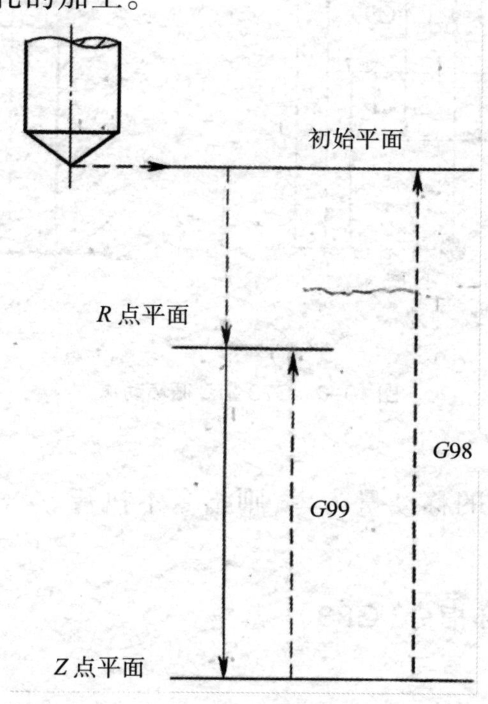

图 10-5　G81/G82 指令循环动作

5. 高速深孔钻削循环指令（G73）

（1）指令格式。

G73 X_ Y_ Z_ R_ Q_ P_ K_ F_ L_

（2）指令说明。

G73 指令用于深孔加工，其孔加工动作如图 10-6 所示。该固定循环用于 Z 轴方向的间歇进给，深孔加工时可以较容易地实现断屑和排屑，减少退刀量，加工效率高。Q 值为每次的背吃刀量，最后一次背吃刀量小于等于 Q，退刀量为 d，直到孔底位置为止，退刀默认为快速。该钻孔加工方法因为退刀距离短，所以钻孔速度比 G83 快。

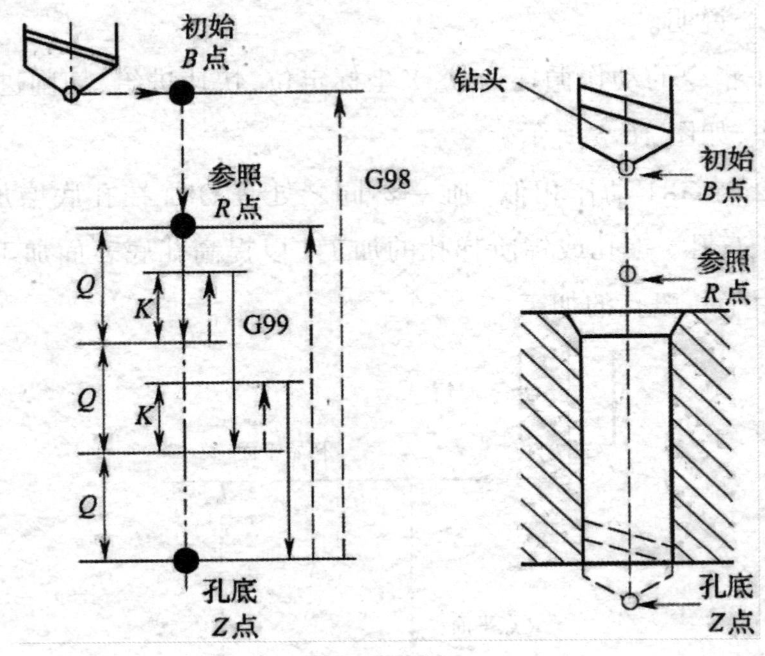

图 10-6　G73 指令循环动作

注意：

①如果 Z、Q、K 的移动量为零，则指令不执行。

② $|Q| > |K|$。

6. 深孔钻削循环指令（G83）

（1）指令格式。

G83 X_ Y_ Z_ R_ Q_ P_ K_ F_ L_

（2）指令说明。

G83 指令同样适用于深孔加工，其孔加工动作如图 10-7 所示，与 G73 略有不同的是每次刀具间歇进给后退至 R 点平面，此处的“Q”表示每次切削深度（增量值，用正值表示，负值无效）。下次进刀，快速进刀至上次

孔底深度为 K（安全距离，取正）值处，再转为切削进给。

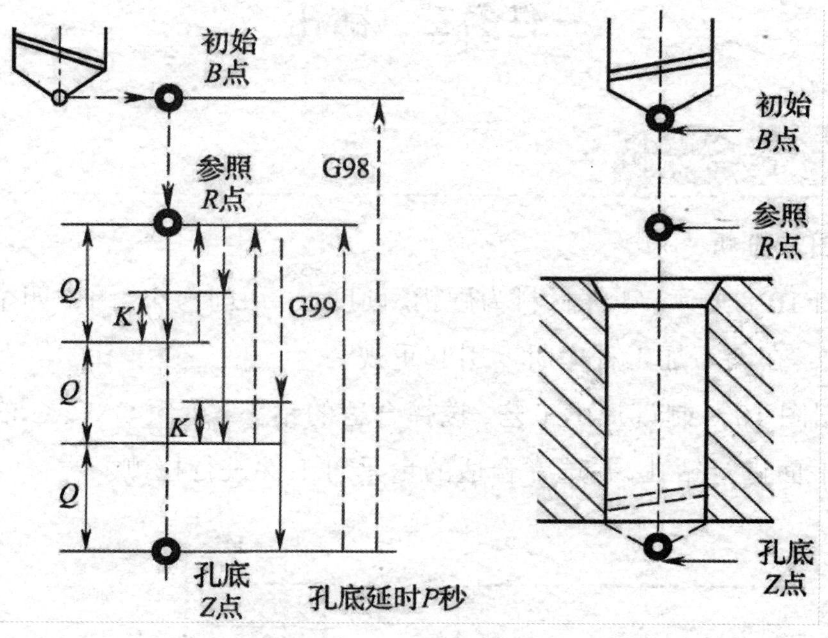

图 10-7　G83 指令循环动作

7. 取消固定循环指令（G80）

G80 用来取消固定循环，也可用 G00、G01、G02、G03 取消固定循环，其效果与 G80 一样。应用固定循环时应注意以下问题：

（1）指定固定循环之前，必须用辅助功能 M03 使主轴正转，当使用了主轴停止转动指令，一定要重新使主轴旋转后，再指定固定循环。

（2）指定固定循环状态时，必须给出 X、Y、Z、R 中的每一个数据，固定循环才能执行。

（3）操作时，若利用复位或急停按钮使数控装置停止，固定循环加工和加工数据仍然存在，所以再次加工时，应该使固定循环剩余动作进行到结束。

任务二　钻孔

一、任务分析

1. 图样分析

如图 10-8 所示，零件材料为硬铝，硬度低、切削力小，图中四个孔的深度不一样，在编写加工程序时要引起重视。

根据图 10-8 制订加工工艺，选择合适的钻头，运用 G81、G83 等常用指令对平面进行钻孔，并选择合适的量具对工件进行检测。

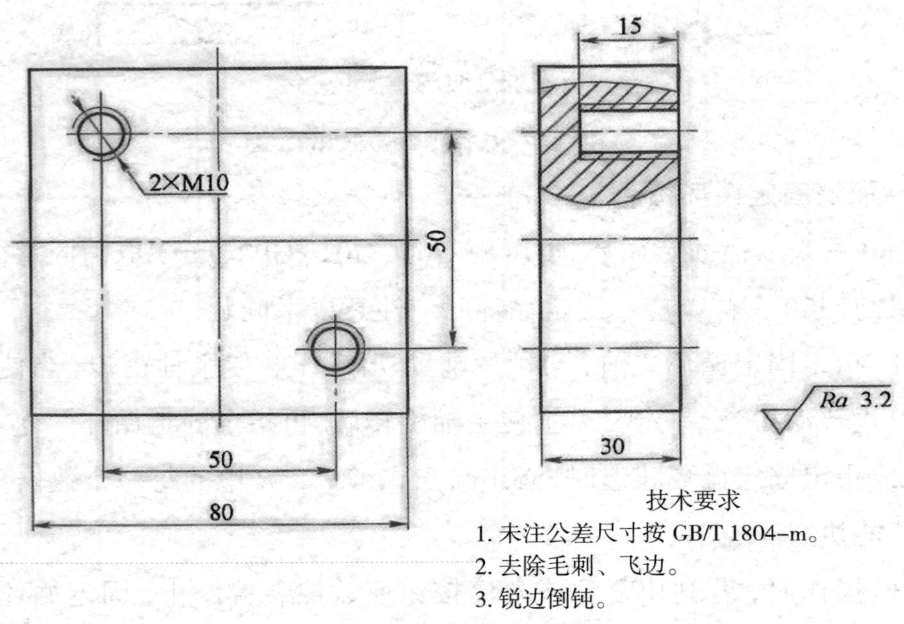

图 10–8　钻孔零件

2. 工艺分析

（1）零件装夹方案的确定。毛坯材料为 80 mm × 80 mm × 32 mm 的正方形硬铝，四面已精加工，具有较高的精度，可采用精密机用平口钳装夹，选择合适的等高垫铁，夹持 10 mm 左右，工件伸出钳口 20 mm 左右，使用杠杆百分表找正上表面。

（2）刀具及工、量具的确定。根据零件图上的加工内容和技术要求，确定刀具清单(见表 10-4)与工、量具清单(见表 10-5)。

表 10–4　刀具清单

序号	刀具名称	规格或型号	数量
1	BT 平面铣刀柄	BT40-FMA25.4-60L	1 个
2	SE45° 平面铣刀	SE445-3	1 把
3	BT-ER 铣刀夹头	BT40-ER32-70L	1 个
4	筒夹	ER32 · ϕ 6	自定
5	BT 直接式钻夹头	BT40-KPU13-100L	自定
6	平面铣刀刀片	SENN 1203-AFTN1	6 片
7	中心钻	A3	1 个
8	麻花钻	ϕ 6 mm	1 个

表 10–5　工、量具清单

序号	名称	规格或型号	精度(分度值)	数量
1	游标卡尺	0 ~ 150 mm	0. 02 mm	1 把
2	外径千分尺	0 ~ 25 mm、25 ~ 50 mm、50 ~ 75 mm、75 ~ 100 mm	0. 01 mm	各 1 把
3	深度千分尺	0 ~ 50mm	0. 01 mm	1 把
4	内径千分尺	5 ~ 30 mm、25 ~ 50 mm	0. 01 mm	各 1 把
5	圆柱光滑塞规	ϕ 6 mm	H7	1 只
6	杠杆百分表	0 ~ 0. 8 mm	0. 01 mm	1 只
7	磁力表座			1 只
8	回转式寻边器	0. 02ME-1020	0. 01 mm	1 副
9	*Z* 轴设定器	ZD1-50	0. 01 mm	1 副
10	铜棒或橡胶锤			1 个
11	内六角扳手	6 mm、8 mm、10 mm、12 mm		1 把
12	等高垫铁	根据机用平口钳和工件自定		1 副
13	锉刀、油石			自定

3. 加工方案的制订

根据先粗后精、先面后孔和工序集中的原则,安排加工工艺,见表 10-6。

表 10–6 数控加工工艺卡

工步	加工内容	加工简图	刀具		切削参数		
			名称	直径 /mm	背吃刀量 /mm	主轴转速 n/ r·min^{-1}	进给速度 / mm·min^{-1}
1	粗铣工件上表面		面铣刀	ϕ 63	0.5	1000	100
2	钻中心孔		中心钻	ϕ 3	3	1500	100
3	钻孔至 ϕ 6 mm		麻花钻	ϕ 6	10、30	1000	100

二、任务实施

1. 加工准备

通过对零件图样的分析，可以看出零件图样上所有形状的特征以及标注尺寸的基准都在工件的中心，所以编程零点和工件零点重合，这样可以减少编程计算量，使程序简化，还可以实现基准统一，保证精度。

2. 编写加工程序

（1）数学处理及基点的计算。根据零件图样分析，孔的深度分别是 10 mm 和 30 mm，圆心点坐标为（20，20）、（−20，20）、（−20，−20）、（20，−20），编程时深度要对应。

（2）设计走刀路线。设计走刀路线的前提是满足零件的加工精度，提高加工效率。在钻孔固定循环指令路线设计的应用方面，只需依次写出要钻孔的圆心坐标，机床就可以快速地按照圆心坐标的先后顺序依次完成钻孔操作。

（3）编制数控加工程序。采用基本编程指令编写的数控铣参考程序（铣平面程序略）见表 10-7 ~ 表 10-9。

表 10-7　用中心钻钻孔参考程序

刀具	ϕ 3 mm 中心钻	
程序段号	加工程序	程序说明
	O0041	程序号
N10	G90 054 G17 G40 G80 G49	程序初始化
N20	G00 X-80 Y-50.3	快速移动到下刀点
N30	G00 Z100	Z 轴安全高度（测量）
N40	M03 S1500 F100	主轴转速为 1 500 r/min，进给速度为 100 mm/niin
N50	Z10.0	刀具 Z 向快速定位
N60	G98 G81 X20 Y20 Z-3 R5 F100	浅孔钻削固定循环钻孔
N70	X20 Y-20	钻孔后抬刀至钻孔下一点
N80	X-20 Y20	钻孔后抬刀至钻孔下一点
N90	X-20 Y-20	钻孔后抬刀
N100	G80	取消固定循环
N110	G00 Z100	刀具 Z 向快速抬刀
N120	M05	主轴停转
N130	M30	程序结束

表 10-8 钻浅孔参考程序

刀具	ϕ 6 mm 麻花钻	
程序段号	加工程序	程序说明
	O0042	程序号
N10	G90 G54 G17 G40 G80 G49	程序初始化
N20	G00 X-80 Y-50. 3	快速移动到下刀点
N30	G00 Z100	*Z* 轴安全高度（测量）
N40	M03 S1000 F100	主轴转速为 1 000 r/min，进给速度为 100 mm/min
N50	Z10. 0	刀具 *Z* 向快速定位
N60	G98 G81 X20 Y20 Z-10 R5 F100	G81 浅孔钻孔固定循环
N70	X-20 Y20	钻孔后抬刀
N80	G80	取消固定循环
N90	G00 Z100	刀具 *Z* 向快速抬刀
N100	M05	主轴停转
N110	M30	程序结束

表 10-9 钻深孔参考程序

刀具	ϕ 6 mm 麻花钻	
程序段号	加工程序	程序说明
	O0043	程序号
N10	G90 G54 G17 G40 G80 G49	程序初始化
N20	G00 X-80 Y-50. 3	快速移动到下刀点
N30	G00 Z100	*Z* 轴安全高度（测量）
N40	M03 S1000 F100	主轴转速为 1 000r/min，进给速度为 100 mm/min
N50	Z10.0	刀具 *Z* 向快速定位
N60	G98 G83 X-20 Y-20 Z-30 R5 Q-2 K1 F100	G83 深孔钻削固定循环
N70	X20 Y-20	钻孔后抬刀
N80	G80	取消固定循环
N90	G00 Z100	刀具 *Z* 向快速抬刀
N100	M05	主轴停转
N110	M30	程序结束

3. 操作加工

（1）零件自动运行前的准备。由教师完成刀具和工件的安装，找正安装好的工件，学生观察教师的动作，完成程序的输入和编辑工作，并校验程序是否正确。

（2）自动运行。经校验之后，手动将程序输入机床，通常先用单段加工方式来运行，在下刀无误之后，再自动运行。加工完成后，用塞规进行测量。

三、任务评价

钻孔零件的加工任务评价见表 10-10。

表 10–10　钻孔零件加工任务评价表

项目与权重	序号	技术要求	配分 / 分	评分标准	检测记录	得分 / 分
加工操作（25%）	1	ϕ 6 mm（四处）	8	超差不得分（每处 2 分）		
	2	40 mm（四处）	8	超差不得分（每处 2 分）		
	3	10 mm	2	超差不得分		
	4	30 mm	3	超差不得分		
	5	表面粗糙度值 $Ra6.3$ μm	4	超差每处扣 2 分		
程序与加工工艺（25%）	6	程序格式规范	10	不规范处，每处扣 2 分		
	7	工艺合理	10	不正确处，每处扣 2 分		
	8	程序参数合理	5	不合理处，每处扣 1 分		
机床操作（30%）	9	对刀及坐标系设定	10	不正确处，每处扣 2 分		
	10	机床面板操作	10	不正确处，每处扣 2 分		
	11	手摇操作	5	不正确处，每处扣 2 分		
	12	意外情况处理	5	不合理处，每处扣 2 分		
安全文明生产（20%）	13	安全操作	10	不合格全扣		
	14	机床整理	10	不合格全扣		

任务三　铰孔

一、基本知识

1. 铰孔的概念

铰孔是孔的精加工方法之一，在生产中应用很广。对于较小的孔，相对于内圆磨削及精镗而言，铰孔是一种较为经济实用的方法。它利用铰刀从工件孔壁上切除微量金属层，以提高其尺寸精度和降低表面粗糙度值。

铰刀主要用于提高被削工件上已钻削（或扩孔）加工后的孔的加工精度，降低其表面粗糙度值。它是用于孔的精加工和半精加工的刀具，其加工余量一般很小。

2. 铰刀的分类

铰刀大部分由工作部分及柄部组成。工作部分主要起切削和校准作用，校准处直径有倒锥度；而柄部则用于被夹具夹持，有直柄和锥柄之分。

铰刀按使用方法可分为机用铰刀和手用铰刀；按加工孔的形状可分为圆柱孔铰刀、圆锥孔铰刀和阶梯孔铰刀；按构造形式可分为整体式铰刀和分体式铰刀；按刀具材料可分为碳素工具钢铰刀、合金钢铰刀、高速钢铰刀、硬质合金铰刀；按刃口可分为刃铰刀、无刃铰刀；按铰刀齿形可分为直齿铰刀和螺旋齿铰刀。

3. 铰孔固定循环指令

铰孔常用的指令是粗镗孔循环指令 G85，也可用 G81 指令。下面介绍粗镗孔循环指令 G85。

指令功能：刀具以指定的主轴转速和进给速度切削至孔底，然后退刀时也以切削进给速度退回。

固定循环的指令格式如下：

G98/G99 G85 X_ Y_ Z_ R_ F_

G80

其中，X、Y：孔中心点坐标；

Z：孔底的位置坐标（绝对值时）或从 R 点到孔底的距离（增量值时），即孔的深度；

G85：粗镗孔循环指令；

G98/G99：刀具切削后返回时到达的平面；

R：从初始位置到 R 点的距离；

F：切削进给速度；

G80：取消循环。

G98、G85 组合动作示意图如图 10-9 所示。

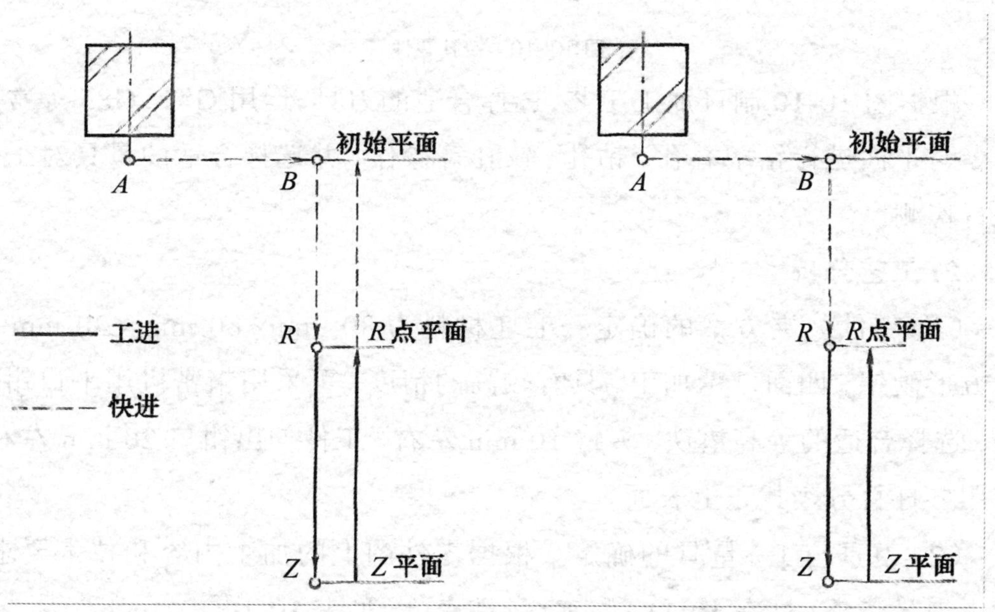

图 10-9 G98、G85 组合动作示意图

二、任务实施

1. 图样分析

铰孔零件如图 10-10 所示，零件材料为硬铝，硬度低、切削力小，要特别注意修改铰孔的深度，在编写加工程序时要引起重视，同时也要注意铰孔的切削用量。在实际加工时，可在铰刀上涂普通机油，以促进润滑。

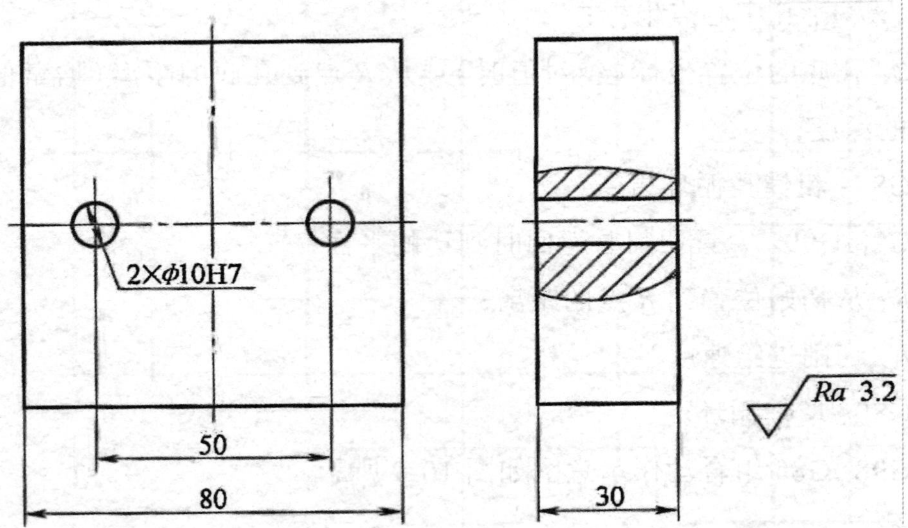

图 10-10　铰孔零件

根据图 10-10 制订加工工艺，选择合适的刀具，运用 G81、G85 等常用指令对平面进行钻中心孔、钻孔、铰孔等操作，并选择合适的量具对工件进行检测。

2. 工艺分析

（1）零件装夹方案的确定。毛坯材料为 80 mm × 80 mm × 30 mm 的正方形硬铝，四面已精加工，具有较高的精度，可采用精密机用平口钳装夹，选择合适的等高垫铁，夹持 10 mm 左右，工件伸出钳口 20 mm 左右，使用杠杆百分表找正上表面。

（2）刀具与工、量具的确定。根据零件图上的加工内容和技术要求，确定刀具清单（见表 10-11）与工、量具清单（见表 10-12）。

表 10-11　刀具清单

序号	刀具名称	规格或型号	数量
1	BT 平面铣刀柄	BT40-FMA25.4-60L	1 个
2	SE45° 平面铣刀	SE445-3	1 把
3	BT-ER 铣刀夹头	BT40-ER32-70L	1 个
4	筒夹	ER32- ϕ 6、ϕ 10	自定
5	BT 直接式钻夹头	BT40-KPU13-100L	自定
6	平面铣刀刀片	SENN1203-AFTN1	6 片

续表

序号	刀具名称	规格或型号	数量
7	中心钻	ϕ 3 mm	1个
8	麻花钻	ϕ 9. 8 mm	1个
9	铰刀	ϕ 10H7	1把

表 10-12　工、量具清单

序号	名称	规格或型号	精度（分度值）	数量
1	游标卡尺	0 ～ 150 mm	0. 02 mm	1把
2	外径千分尺	0 ～ 25 mm、25 ～ 50 mm、50 ～ 75 mm、75 ～ 100 mm	0. 01 mm	各1把
3	深度千分尺	0 ～ 50 mm	0. 01 mm	1把
4	内测千分尺	5 ～ 30 mm、25 ～ 50 mm	0. 01 mm	1把
5	圆柱光滑塞规	ϕ 10 mm	H7	1只
6	杠杆百分表	0 ～ 0. 8mm	0. 01 mm	1只
7	磁性表座			1只
8	回转式寻边器	0. 02ME-1020	0. 01 mm	1副
9	Z 轴设定器	ZDI-50	0. 01 mm	1副
10	铜棒或橡胶锤			1个
11	内六角扳手	6 mm、8 mm、10 mm、12 mm		1把
12	等高垫铁	根据机用平口钳和工件自定		1副
13	锉刀、油石			自定

3. 加工方案的制订

根据先粗后精、先面后孔和工序集中的原则，制订数控加工工艺，见表10-13。

表 10-13　数控加工工艺卡

工步	加工内容	加工简图	刀具		切削用量		
			名称	直径 /mm	背吃刀量 /mm	主轴转速 n/ $r \cdot min^{-1}$	进给速度 / $mm \cdot min^{-1}$
1	粗铣工件上表面		面铣刀	ϕ 63	0.5	1 000	100
2	钻中心孔		中心钻	ϕ 3	3	1 500	100
3	钻孔至 ϕ 9. 8 mm		麻花钻	ϕ 6、ϕ 9. 8	30	800	100
4	铰孔至 ϕ 10 mm		铰刀	ϕ 10	32	200	50

4. 加工准备

通过对零件图样的分析，可以看出零件上所有形状的特征以及标注尺寸的基准都在工件的中心，所以编程零点和工件零点重合，这样可以减少编程计算量，使程序简化，还可以实现基准统一，保证精度。

5. 编写加工程序

（1）数学处理及基点的计算。根据零件图样的分析，孔的深度为 30 mm，圆心点坐标为（25，0）、（−25，0），为保证铰孔彻底，铰通孔深度要比钻孔深度深 2 ~ 3 mm，浅孔则致孔深度比钻孔深度浅 2 ~ 3 mm，防止铰刀在铰孔时铰到孔底部被别断。

（2）走刀路线的设计。设计走刀路线的前提是满足零件的加工精度，提高加工效率。

在铰孔固定循环指令的应用方面，只需依次写出要铰孔的圆心坐标，机床就可以快速地按照圆心坐标的先后依次完成铰孔操作。

(3)编制数控加工程序。采用基本编程指令编写的数控铣参考程序(铣平面程序略)见表 10-14 ~ 表 10-16。

表 10-14　中心钻钻孔的参考程序

刀具	ϕ 3 mm 中心钻	
程序段号	加工程序	程序说明
	O0044	程序号
N10	G90 G54 G17 G40 G80 G49	程序初始化
N20	G00 X-80 Y-50. 3	快速移动到下刀点
N30	G00 Z100	*Z* 轴安全高度（测量）
N40	M03 S1500 F100	主轴转速为 1 500 r/min，进给速度为 100 mm/min
N50	Z10.0	刀具 *Z* 向快速定位
N60	G98 G81 X25 Y0 Z-3 R5 F100	G81 钻孔固定循环
N70	X-25 Y0	钻孔后抬刀
N80	G80	取消固定循环
N90	GO Z100	刀具 *Z* 向快速抬刀
N100	M05	主轴停转
N110	M30	程序结束

表 10-15　麻花钻钻孔的参考程序

刀具	ϕ 6 mm 麻花钻、ϕ 9. 8 mm 麻花钻	
程序段号	加工程序	程序说明
	O0045	程序号
N10	G90 G54 G17 G40 G80 G49	程序初始化
N20	G00 X-80 Y-50. 3	快速移动到下刀点
N30	G00 Z100	*Z* 轴安全高度（测量）
N40	M03 S800 F100	主轴转速为 800 r/min，进给速度为 100 mm/min
N50	Z10.0	刀具 *Z* 向快速定位
N60	G98 G81 X25 Y0 Z-10 R5 F100	G81 钻孔固定循环
N70	X-25 Y0	钻孔后抬刀
N80	G80	取消固定循环
N90	G00 Z100	刀具 *Z* 向快速抬刀
N100	M05	主轴停转
N110	M30	程序结束

表 10-16　铰孔的参考程序

刀具	ϕ 10H7 铰刀	
程序段号	加工程序	程序说明
	O0046	程序号
N10	G90 G54 G17 G40 G80 G49	程序初始化

续表

刀具	ϕ 10H7 铰刀	
程序段号	加工程序	程序说明
N20	G00 X-80 Y-50.3	快速移动到下刀点
N30	G00 Z100	*Z* 轴安全高度（测量）
N40	M03 S200 F50	主轴转速为 200 r/min，进给速度为 50 mm/min
N50	Z10. 0	刀具 *Z* 向快速定位
N60	G98 G85 X-25 YO Z-32 R5 Q-2 K1 F100	G85 粗铰孔固定循环铰孔
N70	X-25 Y0	铰孔后抬刀
N80	G80	取消固定循环
N90	G00 Z100	刀具 *Z* 向快速抬刀
N100	M05	主轴停转
N110	M30	程序结束

6. 数控加工

(1)零件自动运行前的准备。由教师完成刀具和工件的安装，找正安装好的工件，学生观察教师的动作，完成程序的输入和编辑工作，并校验程序是否正确。

(2)自动运行。经校验之后，手动将程序输入机床。通常先以单段加工的方式来运行，在下刀无误之后再自动运行。加工完成后，用塞规进行测量。

三、任务评价

铰孔零件的加工任务评价见表 10-17。

表 10-17　铰孔零件加工任务评价表

项目与权重	序号	技术要求	配分 / 分	评分标准	检测记录	得分 / 分
加工操作（25%）	1	ϕ 10H7（两处）	10	超差不得分（每处 5 分）		
	2	50 mm	10	超差不得分		
	3	表面粗糙度值 *Ra*3.2 μm	5	超差处，每处扣 2 分		
程序与加工工艺（25%）	4	程序格式规范	10	不规范处，每处扣 2 分		
	5	工艺合理	10	不正确处，每处扣 2 分		
	6	程序参数合理	5	不合理处，每处扣 1 分		

续表

项目与权重	序号	技术要求	配分 / 分	评分标准	检测记录	得分 / 分
机床操作（30%）	7	对刀及坐标系设定正确	10	不正确处，每处扣 2 分		
	8	机床面板操作正确	10	不正确处，每处扣 2 分		
	9	手摇操作不出错	5	不正确处，每处扣 2 分		
	10	意外情况处理合理	5	不合理处，每处扣 2 分		
安全文明生产（20%）	11	安全操作	10	不合格全扣		
	12	机床整理	10	不合格全扣		

任务四　螺纹加工

一、基础知识

1. 螺纹加工的类型

螺纹的加工方法多种多样，传统的螺纹加工方法主要为采用螺纹车刀车削螺纹或采用丝锥、板牙手工攻螺纹及套螺纹。随着数控加工技术的发展，尤其是三轴联动数控加工系统的出现，应用数控铣床对螺纹进行加工已经成为非常重要和使用广泛的方法和手段。而在数控铣床上加工螺纹，主要有以下几种方法：采用丝锥攻螺纹、用单刃机夹螺纹铣刀铣削螺纹、用圆柱螺纹铣刀铣削螺纹、用组合多工位的专用螺纹铣刀铣削螺纹。加工螺纹的前提是先钻好螺纹底孔，其常见孔径大小详见螺纹底孔对照表（见表 10-18、表 10-19）。

表 10-18 米制普通粗牙螺纹底孔对照表

螺纹代号	钻头直径 /mm	螺纹代号	钻头直径 /mm
M2	1.6	M16	14.0
M3	2.5	M18	15.5
M4	3.3	M20	17.5
M5	4.2	M24	21.0
M6	5.0	M30	26.5
M8	6.8	M36	32.0
M10	8.5	M42	37.5
M12	10.3	M45	40.5
M14	12.0	M48	43.0

表 10-19 米制普通细牙螺纹底孔对照表

螺纹代号	钻头直径 /mm	螺纹代号	钻头直径 /mm
M2×0. 25	1.75	M16×1.5	14.5
M3×0. 35	2.7	M16×1.0	15.0
M4×0. 5	3.5	M18×1.5	16.5
M5×0. 5	4.5	M18×1.0	17
M6×0.75	6.3	M20×2. 0	18
M8×1.0	7	M20×1.5	18.5
M8×0. 75	7.3	M20×1.0	19
M10×1.0	9	M24×2. 0	22.0
M10×1.25	8.8	M24×1.5	22.5
M10×0.75	9.3	M24×1.0	23.0
M12×1.5	10.5	M30×3	27
M12×1.25	10.8	M30×2	28
M12×1.0	11	M30×1.5	28.5
M14×1.5	12.5	M30×1.5	29
M14×1.0	13.0	M36×3. 0	33.0
M36×2	34.0	M45×3	42
M36×1. 5	34.5	M45×2	43
M42×4	38	M45×1.5	43.5
M42×3	39	M48×4	44.0
M42×2	40	M48×3	45.0
M42×1.5	40. 5	M48×2	46.0
M45×4	41	M48×1. 5	46.5

2. 攻螺纹循环指令

本任务主要为用丝锥攻螺纹。丝锥如图 10-11 所示。

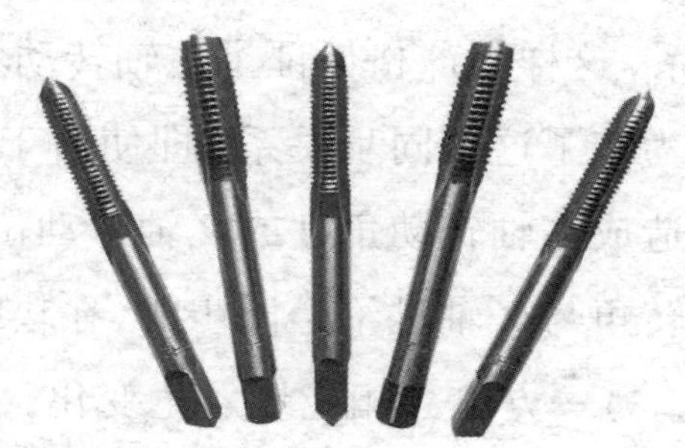

图 10–11　丝锥

以前在加工中心或是数控铣床上攻螺纹时，一般都是根据所选用的丝锥和工艺要求，在加工过程中编入一个主轴转速和正 / 反转指令，然后再编入 G84/G74 固定循环，在固定循环中给出有关的数据，其中 Z 轴的进给速度 F 是根据丝锥螺距乘以主轴转速得出的，这样才能加工出需要的螺孔来。虽然表面上看主轴转速与进给速度是根据螺距配合运行的，但是主轴的转动角度是不受控制的，而且主轴的角度位置与 Z 轴的进给没有任何同步关系，仅依靠恒定的主轴转速与进给速度的配合是不够的。主轴的转速在攻螺纹的过程中需要经历一个“停止→正转→停止→反转→停止”的过程，主轴要“加速→制动→加速→制动”，再加上在切削过程中工件材质不均匀，以及主轴负载的波动，都会使主轴速度不稳定。对于进给 Z 轴，其进给速度和主轴也是相似的，速度不会恒定，所以两者不可能配合得很好。这也就是为什么当采用这种方式攻螺纹时，必须配用带有弹簧伸缩装置的夹头来补偿 Z 轴进给与主轴转角运动产生的螺距误差。如果仔细观察上述攻螺纹过程，就会明显地看到，当攻螺纹到底时，Z 轴停止了而主轴没有立即停住（惯量），带有弹簧伸缩装置的夹头被压缩一段距离；而当 Z 轴反向进给时，主轴正在加速，带有弹簧伸缩装置的夹头被拉伸，这种补偿弥补了控制方式不足造成的缺陷，完成了攻螺纹操作。对于精度要求不高的螺纹孔，用这种方法加工尚可以满足要求；但对于螺纹精度要求较高（6H 或以上）的螺纹以及被加工的材质较软时，螺纹精度将不能得到保证。

刚性攻螺纹就是针对上述方式的不足而提出的，它在主轴上加装了位置编码器，把主轴旋转的角度位置反馈给数控系统形成位置闭环，同时与 Z 轴进给建立同步关系，这样就严格保证了主轴转动角度和 Z 轴进给尺寸的线性比例关系。因为有了这种同步关系，即使由于惯量、加减速时间常数不同及负载波动而造成主轴转动角度或 Z 轴移动位置变化，也不会影响加工精度。因为主轴转角与 Z 轴进给是同步的，在攻螺纹过程中不论任何一方受干扰发生变化，另一方也会相应地发生变化，并永远维持线性比例关系。如果用刚性攻螺纹加工螺纹孔，可以很清楚地看到，当 Z 轴攻螺纹到达位置时，主轴转动与 Z 轴进给是同时减速并同时停止的，主轴反转与 Z 轴反向进给同样保持一致。正是有了同步关系，丝锥夹头用普通的钻夹头或更简单的专用夹头就可以了，而且刚性攻螺纹时，只要刀具（丝锥）强度允许，主轴的转速能提高很多，4 000 r/min 的主轴转速已经不在话下。刚性攻螺纹的加工效率较其他攻螺纹方法提高 5 倍以上，螺纹精度也得到了保证，目前已经成为数控铣床不可或缺的一项主要功能。

（1）攻右旋螺纹循环指令 G84。

指令功能：刀具沿着 X 轴和 Y 轴快速定位后，主轴正转，快速移动到 R 点，从 R 点至 Z 点进行螺纹加工，然后主轴反转并返回到 R 点平面或初始平面，主轴正转。攻螺纹时进给倍率、进给保持均不起作用，直至完成该固定循环后才停止进给。

G84 指令用于切削右旋螺纹孔。向下切削时主轴正转，孔底动作是变正转为反转，再退出，P 表示导程，在 G84 指令切削螺纹期间速率修正无效，移动将不会中途停顿，直到循环结束。

固定循环的指令格式如下：

G98/G99 G84 X_ Y_ Z_ R_ P_ K_ F_

G80

其中，X、Y：孔中心点坐标；

Z：攻螺纹深度；

G84：右旋攻螺纹循环指令；

G98/G99：刀具切削后返回时到达的平面；

R：从初始位置到 *R* 点位置的距离；

F：切削进给速度 = 丝锥螺距 × 主轴转速，在每次进给方式中，螺纹螺距等于进给速度；

G80：取消循环。

（2）攻左旋螺纹循环指令 G74。

指令功能：刀具沿着 *X* 轴和 *Y* 轴快速定位后，快速移动到 *R* 点，主轴反转从 *R* 点至 *Z* 点进行螺纹加工，然后主轴正转并返回到 *R* 点平面或初始平面，主轴反转攻螺纹时进给倍率、进给保持均不起作用，直至完成该固定循环后才停止进给。

固定循环的指令格式如下：

G98/G99 G74 X_ Y_ Z_ R_ P_ K_ F_

G80

其中，*X*、*Y*：孔中心点坐标；

Z：攻螺纹深度；

G74：左旋攻螺纹循环指令；

G98/G99：刀具切削后返回时到达的平面；

R：从初始位置到 *R* 点的距离；

F：切削进给速度 = 丝锥螺距 × 主轴转速，在每次进给方式中，螺纹螺距等于进给速度。

G80：取消循环。

指定刚性方式可用下列任何一种方法。

①在攻螺纹指令段之前指定“M29 S_”。

②在包含攻螺纹指令的程序段中指定“M29 S_”。

G84、G74 动作循环示意图如图 10-12 所示。

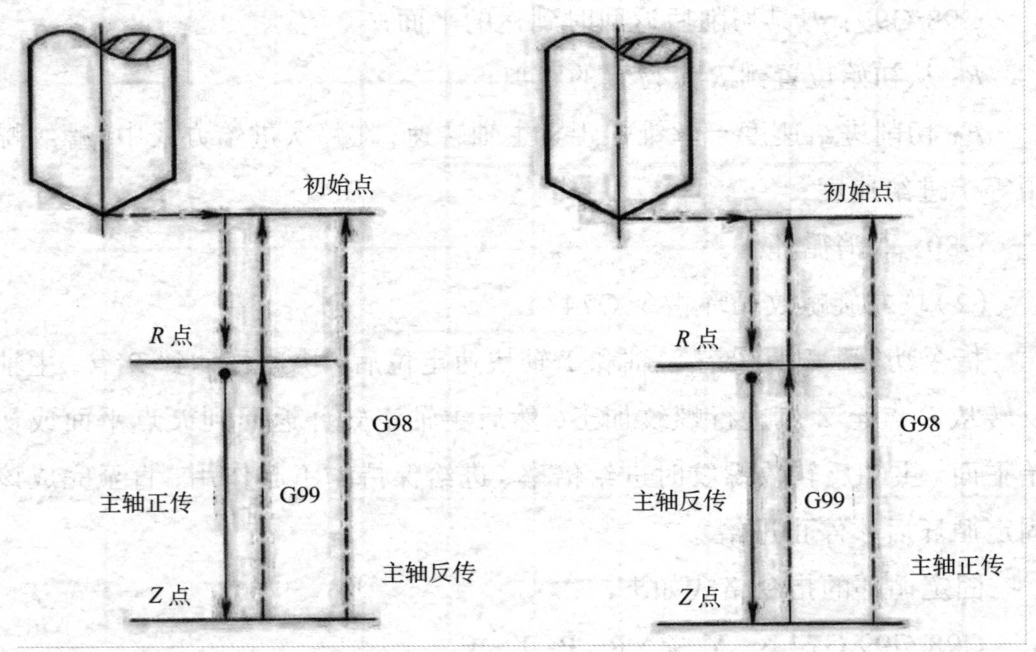

图 10-12　G84、G74 动作循环示意图

二、任务实施

1. 图样分析

如图 10-13 所示，零件材料为硬铝，硬度低、切削力小，在编写加工程序时要注意螺纹底孔的深度和直径大小。

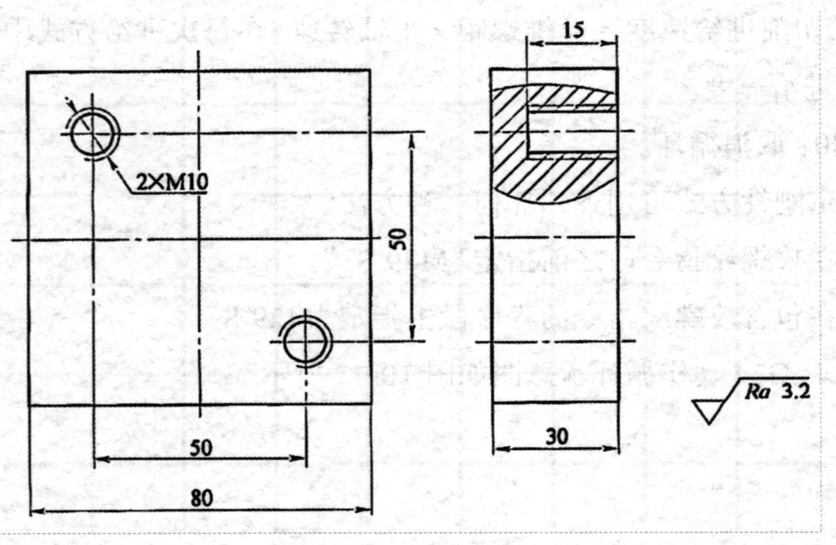

图 10-13　攻螺纹零件

根据图 10-13 制订加工工艺，选择合适的刀具，运用 G81、G84 等常用指令对平面进行螺纹孔的加工，并选择合适的量具对工件进行检测。

2. 工艺分析

（1）零件装夹方案的确定。毛坯材料为 80 mm × 80 mm × 30 mm 的正方形硬铝，四面已精加工，具有较高的精度，可采用精密机用平口钳装夹，选择合适的等高垫铁，夹持 10 mm 左右，工件伸出钳口 20 mm 左右，使用杠杆百分表找正上表面。

（2）刀具与工、量具的确定。根据零件图上的加工内容和技术要求，确定刀具清单（见表 10-20）与工、量具清单（见表 10-21）。

表 10-20　刀具清单

序号	刀具名称	规格或型号	精度	数量
1	BT 平面铣刀柄	BT40-FMA25.4-60L		1 个
2	SE45° 平面铣刀	SE445-3		1 把
3	BT-ER 铣刀夹头	BT40-ER32-70L		1 个
4	筒夹	ER32- ϕ 6、ϕ 10		自定
5	BT 直接式钻夹头	BT40-KPU13-100L		自定
6	平面铣刀刀片	SENN 1203-AFTN1		6 片
7	中心钻	ϕ 3 mm		1 个
8	麻花钻	ϕ 8.5 mm		1 个
9	丝锥	M10		1 个

表 10-21　工、量具清单

序号	名称	规格或型号	精度（分度值）	数量
1	游标卡尺	0 ~ 150 mm	0. 02 mm	1 把
2	外径千分尺	0 ~ 25 mm、25 ~ 50 mm、50 ~ 75 mm、75 ~ 100 mm	0. 01 mm	各 1 把
3	深度千分尺	0 ~ 50 mm	0. 01 mm	1 把
4	内测千分尺	5 ~ 30 mm、25 ~ 50 mm	0. 01 mm	各 1 把
5	螺纹塞规	M10	H7	1 只
6	杠杆百分表	0 ~ 0. 8 mm	0. 01 mm	1 只
7	磁性表座			1 只
8	回转式寻边器	0. 02ME-1020	0. 01 mm	1 副
9	*Z* 轴设定器	ZDI-50	0. 01 mm	1 副

续表

序号	名称	规格或型号	精度（分度值）	数量
10	铜棒或橡胶锤			1个
11	内六角扳手	6 mm、8 mm、10 mm、12 mm		各1把
12	等高垫铁	根据机用平口钳和工件自定		1副
13	锉刀、油石			自定

（3）加工方案的制订。根据先粗后精、先面后孔和工序集中的原则，制订数控加工工艺，见表10-22。

表10-22　数控加工工艺卡

工步	加工内容	加工简图	刀具		切削用量		
			名称	直径/mm	背吃刀量/mm	主轴转速 n/r·min^{-1}	进给速度/mm·min^{-1}
1	粗铣工件上表面		面铣刀	ϕ 63	0.5	1 000	100
2	钻中心孔		中心钻	ϕ 3	3	1 500	100
3	钻孔至 ϕ 8.5mm		麻花钻	ϕ 8.5	20	800	100
4	攻螺纹孔至M10		丝锥	ϕ 10	15	100	30

3. 加工准备

通过对零件图（见图10-13）的分析，可以看出零件上所有形状的特征以及标注尺寸的基准都在工件的中心，所以编程零点和工件零点重合，这样可以减少编程计算量，使程序简化，还可以实现基准统一，保证精度。

4. 编写加工程序

（1）数学处理及基点的计算。根据对零件图（见图 10-13）的分析，螺纹底孔的深度为 20 mm，圆心点坐标为（−25，25）、（25，−25），则攻螺纹的深度为 15 mm，在编写程序时要注意。

（2）走刀路线的设计。设计走刀路线的前提是满足零件的加工精度，提高加工效率。在攻螺纹固定循环指令的路线设计方面，只需依次写出要加工孔的圆心坐标，机床就可以快速地按照圆心坐标的先后顺序完成攻螺纹的操作。

（3）编制数控加工程序。采用基本编程指令编写的数控铣加工参考程序见表 10-23 ~ 表 10-25。

表 10-23　中心钻钻孔的参考程序

刀具	ϕ 3 mm 中心钻	
程序段号	加工程序	程序说明
	O0047	程序号
N10	G90 G54 G17 G40 G80 G49	程序初始化
N20	G00 X-80 Y-50.3	快速移动到下刀点
N30	G00 Z100	*Z* 轴安全高度（测量）
N40	M03 S1500 F100	主轴转速为 1 500 r/min，进给速度为 100 mm/min
N50	Z10.0	刀具 *Z* 向快速定位
N60	G98 G81 X25 Y-25 Z-3 R5 F100	G81 钻孔固定循环
N70	X-25 Y25	钻孔后抬刀
N80	G80	取消固定循环
N90	G00 Z100	刀具 *Z* 向快速抬刀
N100	M05	主轴停转
N110	M30	程序结束

表 10-24　麻花钻钻孔的参考程序

刀具	ϕ 8. 5 mm 麻花钻	
程序段号	加工程序	程序说明
	O0048	程序号
N10	G90 G54 G17 G40 G80 G49	程序初始化
N20	G00 X-80 Y-50.3	快速移动到下刀点
N30	G00 Z100	*Z* 轴安全高度（测量）
N40	M03 S800 E100	主轴转速为 800 r/min，进给速度为 100 mm/min
N50	Z10. 0	刀具 *Z* 向快速定位
N60	G98 G81 X-25 Y25 Z-20 R5 F100	G81 钻孔固定循环
N70	X25 Y-25	钻孔后抬刀
N80	G80	取消固定循环
N90	G00 Z100	刀具 *Z* 向快速抬刀
N100	M05	主轴停转
NUO	M30	程序结束

表 10-25　丝锥攻螺纹的参考程序

刀具	M10 丝锥	
程序段号	加工程序	程序说明
	O0049	程序号
N10	G90 G54 G17 G40 G80 G49	程序初始化
N20	G00 X-80 Y-50. 3	快速移动到下刀点
N30	G00 Z100	*Z* 轴安全高度（测量）
N40	M03 S100 F30	主轴转速为 100 r/min，进给速度为 30 mm/min
N50	Z10. 0	刀具 *Z* 向快速定位
N60	G98 G84 X-25 Y25 Z-15 R5 E30	G84 右旋固定循环攻螺纹
N70	X25 Y-25	攻螺纹后抬刀
N80	G80	取消固定循环
N90	G00 Z100	刀具 *Z* 向快速抬刀
N100	M05	主轴停转
NUO	M30	程序结束

5. 数控加工

（1）零件自动运行前的准备。由教师完成刀具和工件的安装，找正安装好的工件，学生观察教师的动作，完成程序的输入和编辑工作，并校验程序是否正确。

（2）自动运行。经校验之后，手动将程序输入机床。通常先以单段加工的方式来运行，在下刀无误之后再自动运行。加工完成后，用螺纹塞规进行测量。

三、任务评价

攻螺纹零件的加工任务评价见表10-26。

表10-26 攻螺纹零件加工任务评价表

项目与权重	序号	技术要求	配分/分	评分标准	检测记录	得分/分
加工操作（25%）	1	M10（两处）	10	超差不得分（每处5分）		
	2	50 mm（两处）	10	超差不得分（每处5分）		
	3	表面粗糙度值 *Ra*3.2 μm	5	超差处，每处扣2分		
程序与加工工艺（25%）	4	程序格式规范	10	不规范处，每处扣2分		
	5	工艺合理	10	不正确扣2分		
	6	程序参数合理	5	不合理扣1分		
机床操作（30%）	7	对刀及坐标系设定正确	10	不正确处，每处扣2分		
	8	机床面板操作正确	10	不正确处，每处扣2分		
	9	手摇操作不出错	5	不正确处，每处扣2分		
	10	意外情况处理合理	5	不合理处，每处扣2分		
安全文明生产（20%）	11	安全操作	10	不合格全扣		
	12	机床整理	10	不合格全扣		

附 录　典型数控铣削加工图纸

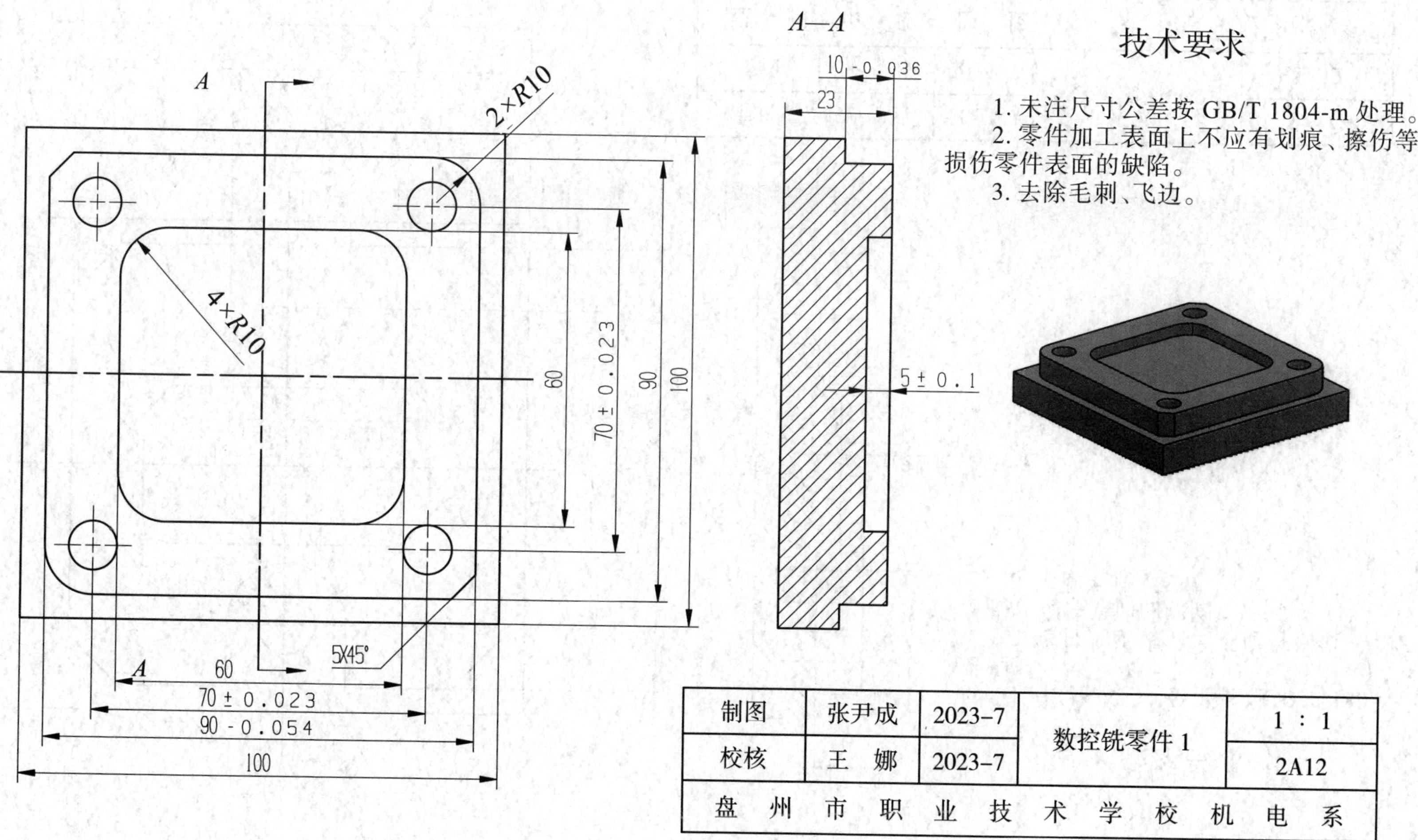
A—A
技术要求
1. 未注尺寸公差按 GB/T 1804-m 处理。
2. 零件加工表面上不应有划痕、擦伤等损伤零件表面的缺陷。
3. 去除毛刺、飞边。
A
2×R10
4×R10
10-0.036
23
5±0.1
60
70±0.023
90
100
5X45°
A
60
70±0.023
90-0.054
100
制图
张尹成
2023-7
校核
王娜
2023-7
数控铣零件1
1：1
2A12
盘州市职业技术学校机电系

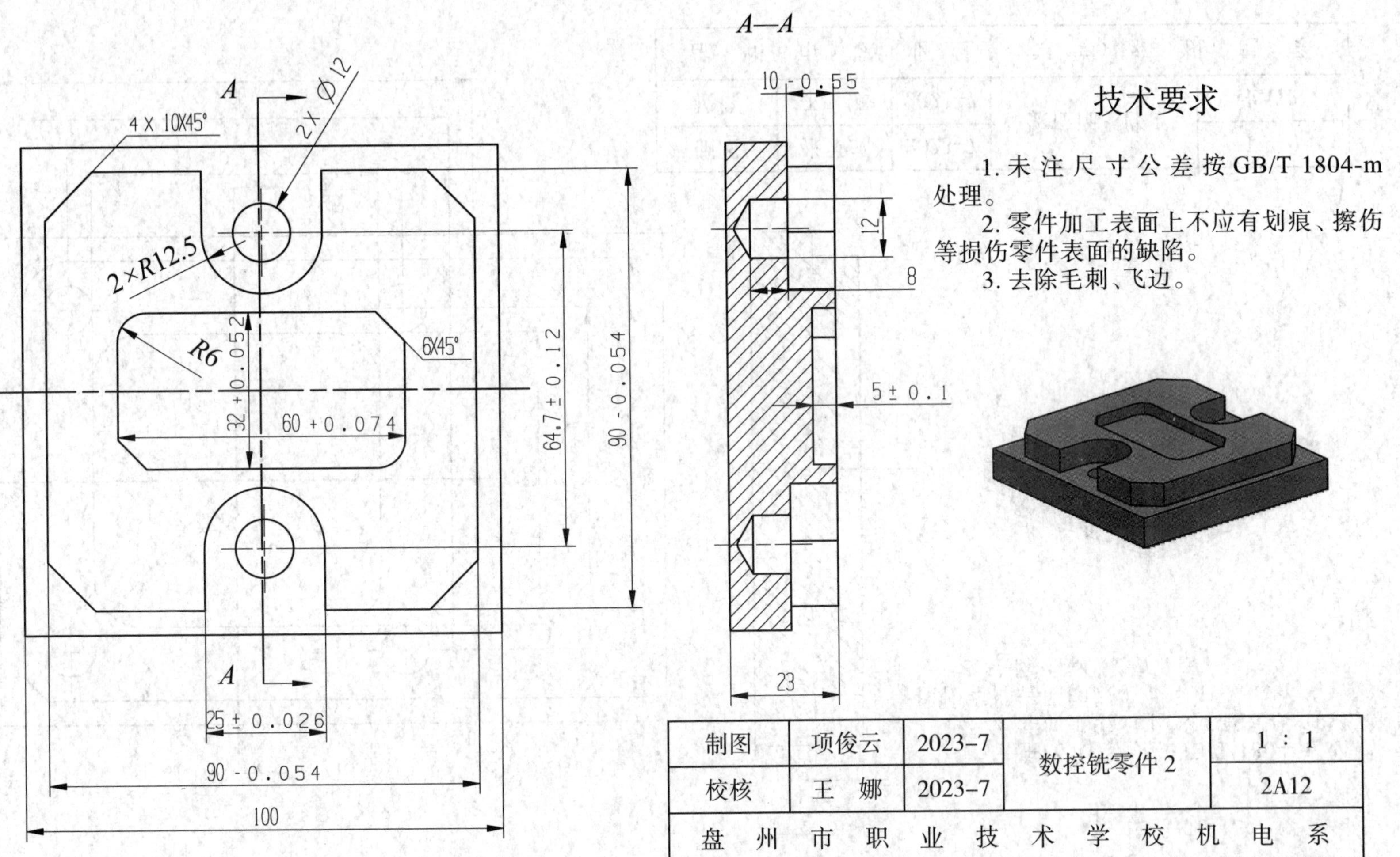
A—A
10-0.55
12
8
5±0.1
23
A
A
4X10X45°
2XΦ12
2×R12.5
R6
6X45°
32+0.052
60+0.074
64.7±0.12
90-0.054
25±0.026
90-0.054
100
技术要求
1. 未注尺寸公差按GB/T 1804-m处理。
2. 零件加工表面上不应有划痕、擦伤等损伤零件表面的缺陷。
3. 去除毛刺、飞边。
制图 项俊云 2023-7
校核 王娜 2023-7
数控铣零件2
1:1
2A12
盘州市职业技术学校机电系

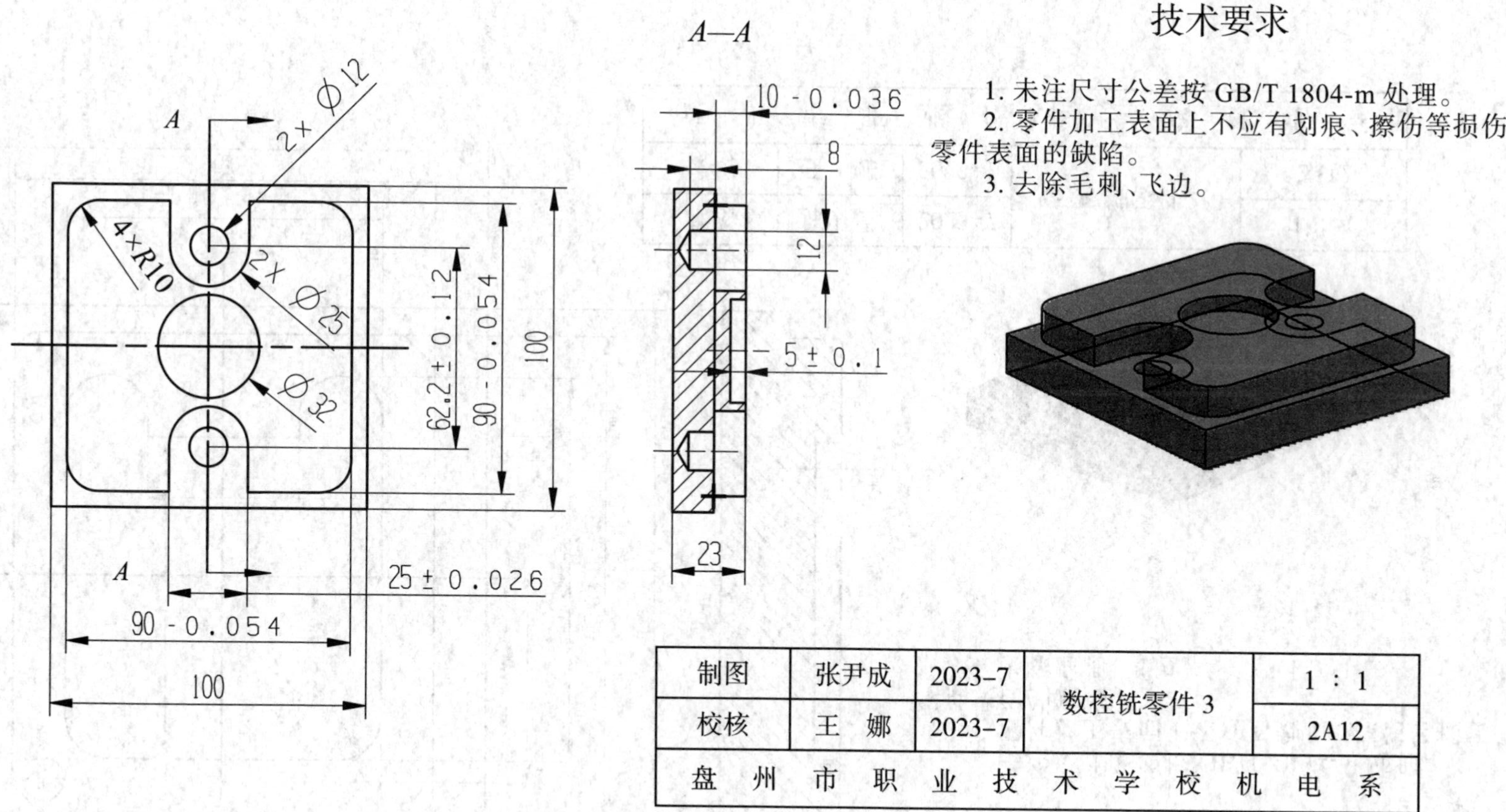

技术要求

1. 未注尺寸公差按 GB/T 1804-m 处理。

2. 零件加工表面上不应有划痕、擦伤等损伤零件表面的缺陷。

3. 去除毛刺、飞边。

制图	张尹成	2023-7	数控铣零件 3	1 : 1
校核	王 娜	2023-7		2A12
盘州市职业技术学校机电系				

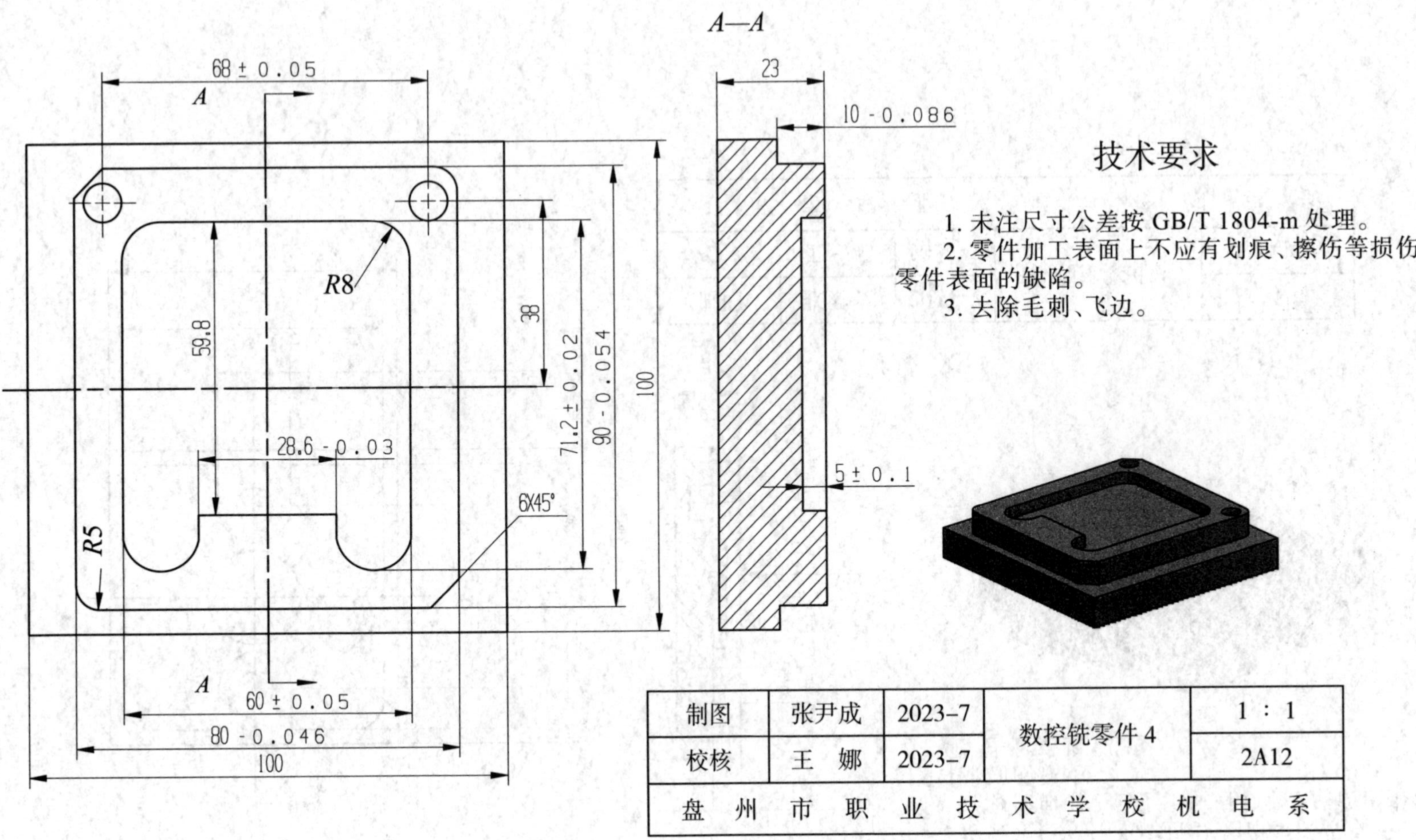

技术要求

1. 未注尺寸公差按 GB/T 1804-m 处理。
2. 零件加工表面上不应有划痕、擦伤等损伤零件表面的缺陷。
3. 去除毛刺、飞边。

制图	张尹成	2023-7	数控铣零件 4	1 ∶ 1
校核	王　娜	2023-7		2A12
盘州市职业技术学校机电系				

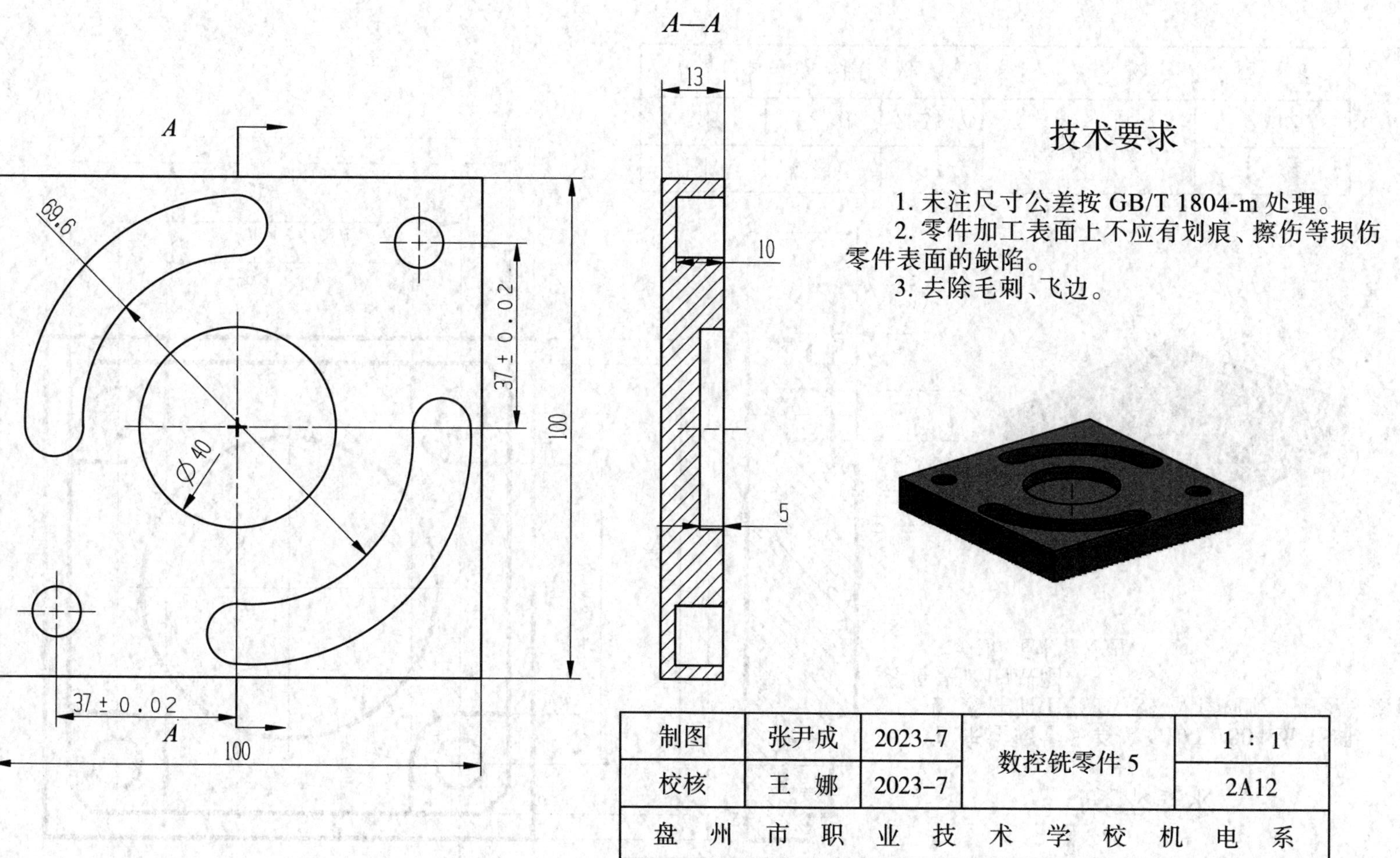
A
A
69.6
Φ40
37±0.02
100
37±0.02
100
A—A
13
10
5
技术要求
1. 未注尺寸公差按 GB/T 1804-m 处理。
2. 零件加工表面上不应有划痕、擦伤等损伤零件表面的缺陷。
3. 去除毛刺、飞边。
制图 张尹成 2023-7
校核 王 娜 2023-7
数控铣零件5
1 : 1
2A12
盘州市职业技术学校机电系

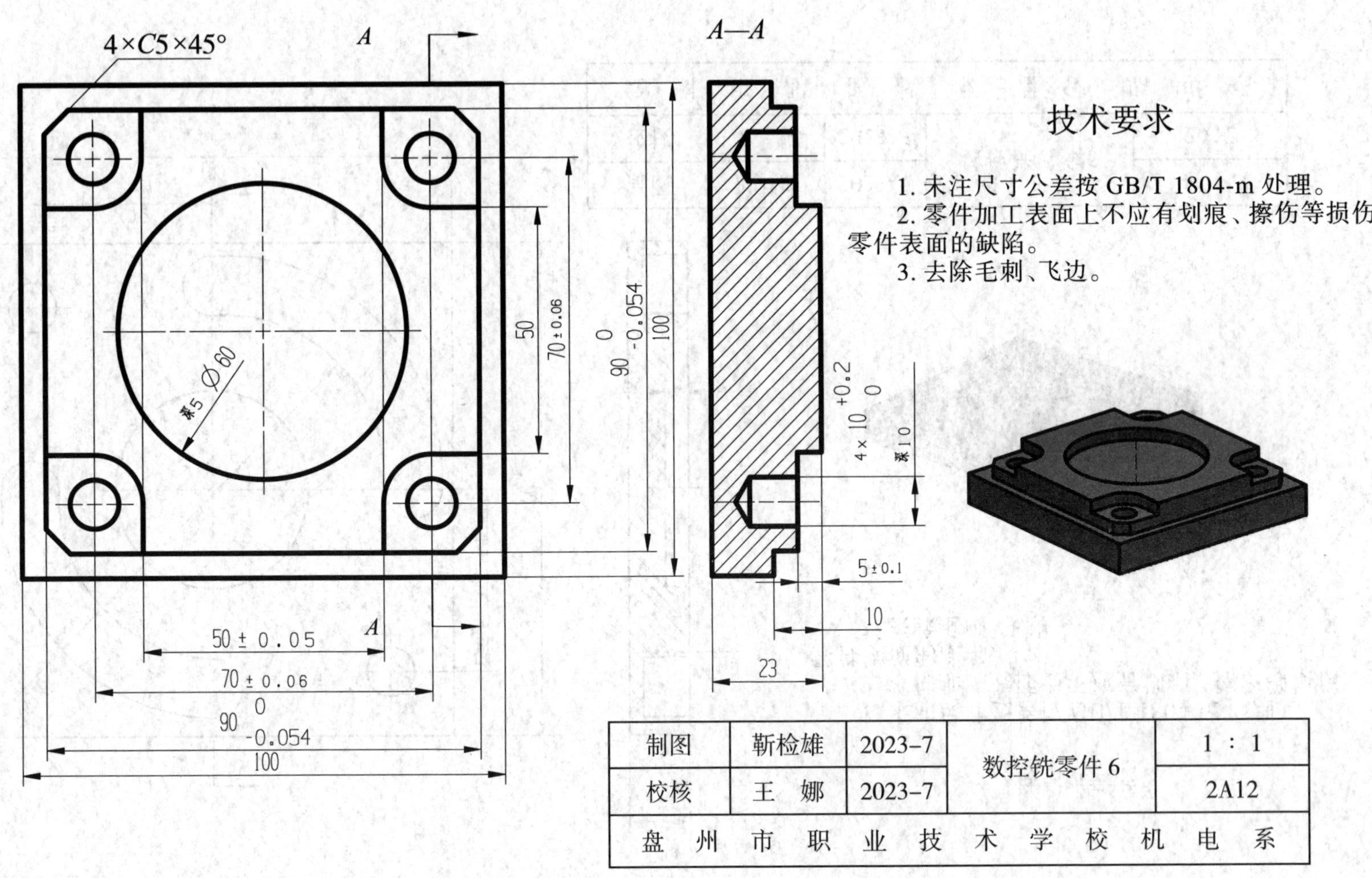
4×C5×45°
A
A—A
技术要求
1. 未注尺寸公差按 GB/T 1804-m 处理。
2. 零件加工表面上不应有划痕、擦伤等损伤零件表面的缺陷。
3. 去除毛刺、飞边。
Ø60 深5
50
70±0.06
90 0 -0.054
100
4×10 +0.2 0 深10
5±0.1
10
23
50±0.05
制图
靳检雄
2023-7
校核
王娜
2023-7
数控铣零件6
1∶1
2A12
盘州市职业技术学校机电系

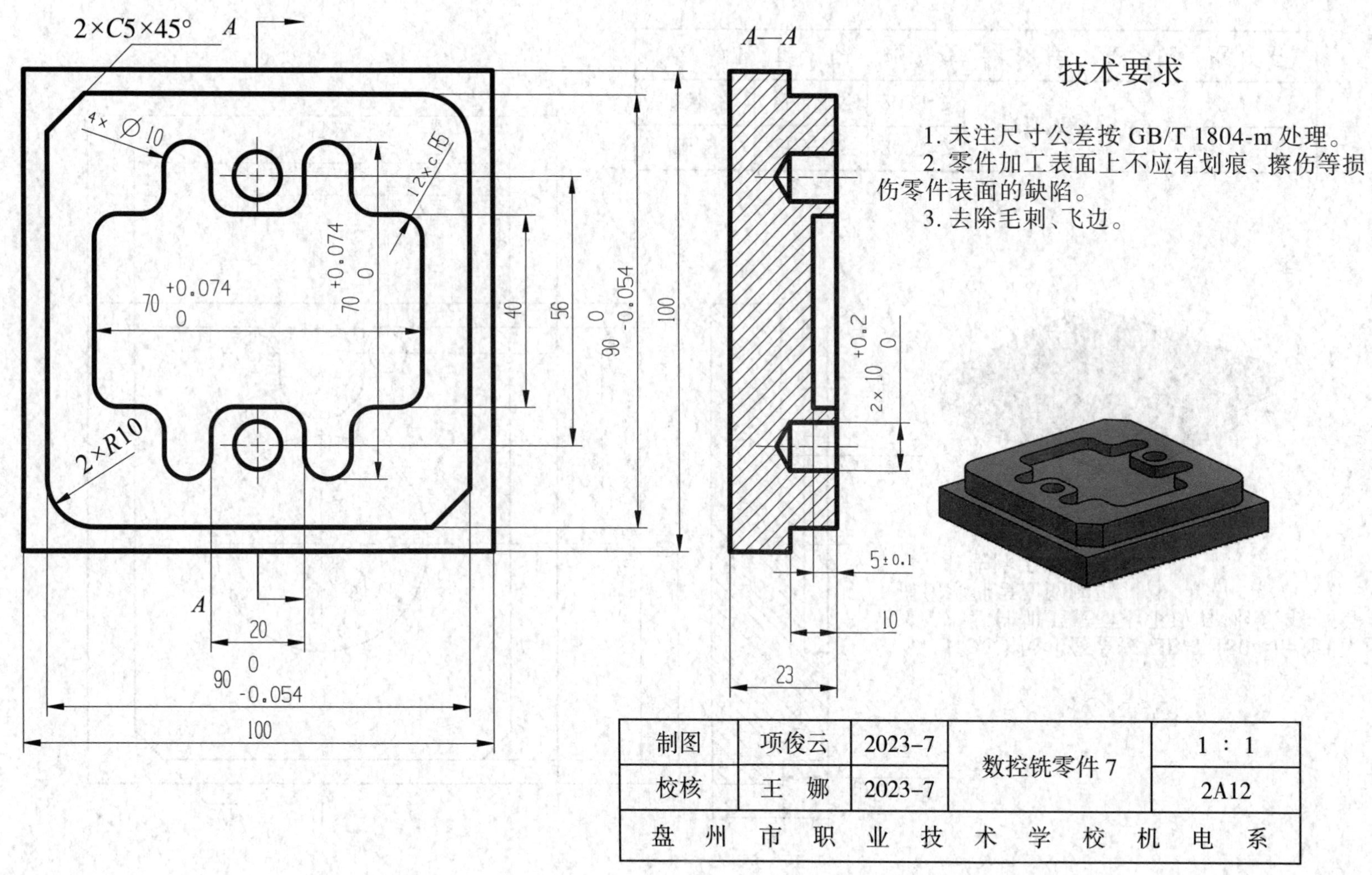

2×C5×45°
A
4×∅10
12×R5
70 +0.074 0
2×R10
40
56
90 0 -0.054
100
20
A—A
2×10 +0.2 0
5±0.1
10
23
技术要求
1. 未注尺寸公差按 GB/T 1804-m 处理。
2. 零件加工表面上不应有划痕、擦伤等损伤零件表面的缺陷。
3. 去除毛刺、飞边。
制图
项俊云
2023-7
校核
王　娜
2023-7
数控铣零件 7
1 ∶ 1
2A12
盘州市职业技术学校机电系

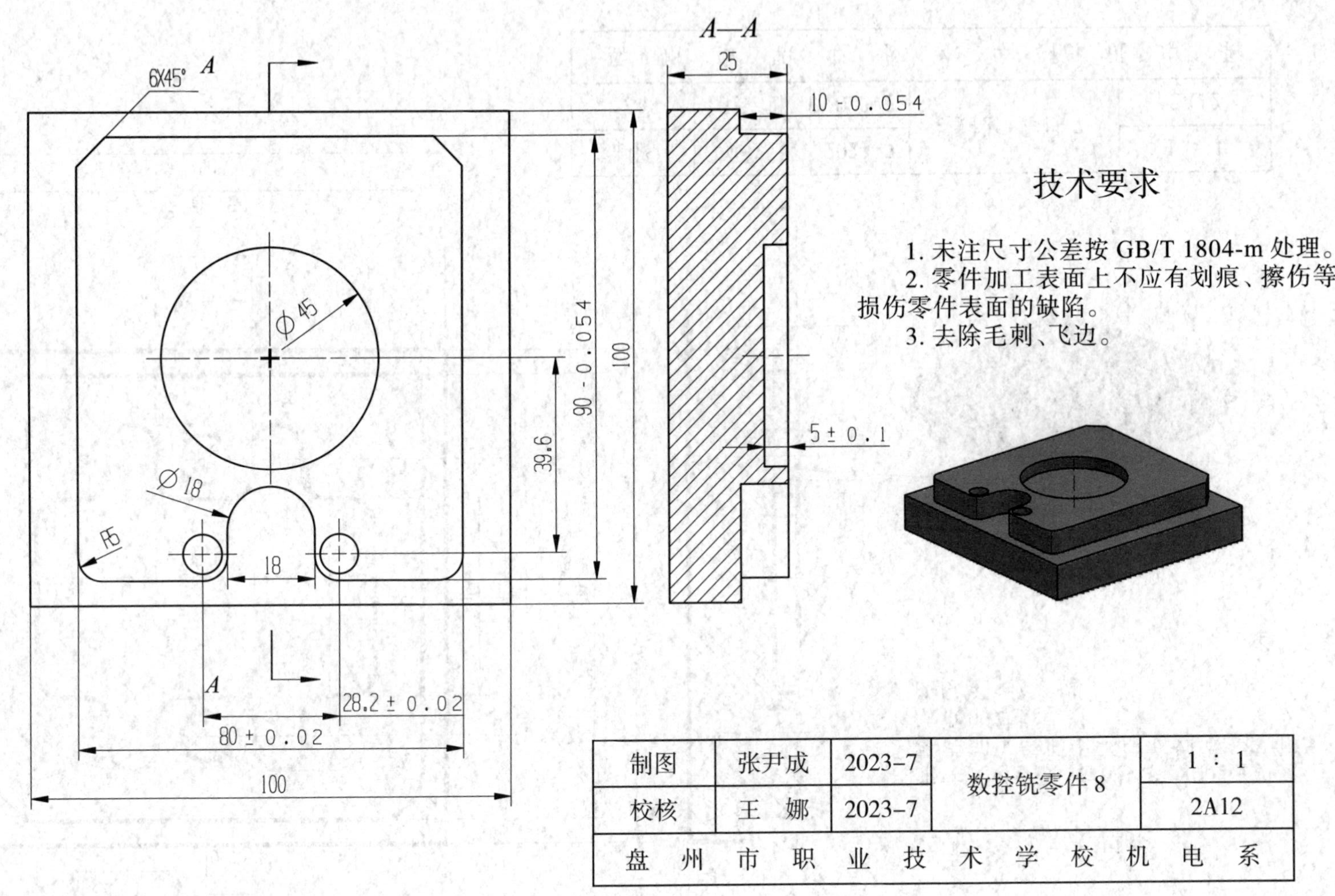

6X45°
A
A—A
25
10-0.054
Φ45
90-0.054
100
39.6
Φ18
R5
18
5±0.1
A
28.2±0.02
80±0.02
100
技术要求
1. 未注尺寸公差按 GB/T 1804-m 处理。
2. 零件加工表面上不应有划痕、擦伤等损伤零件表面的缺陷。
3. 去除毛刺、飞边。
制图 张尹成 2023-7
校核 王 娜 2023-7
数控铣零件 8
1 : 1
2A12
盘州市职业技术学校机电系

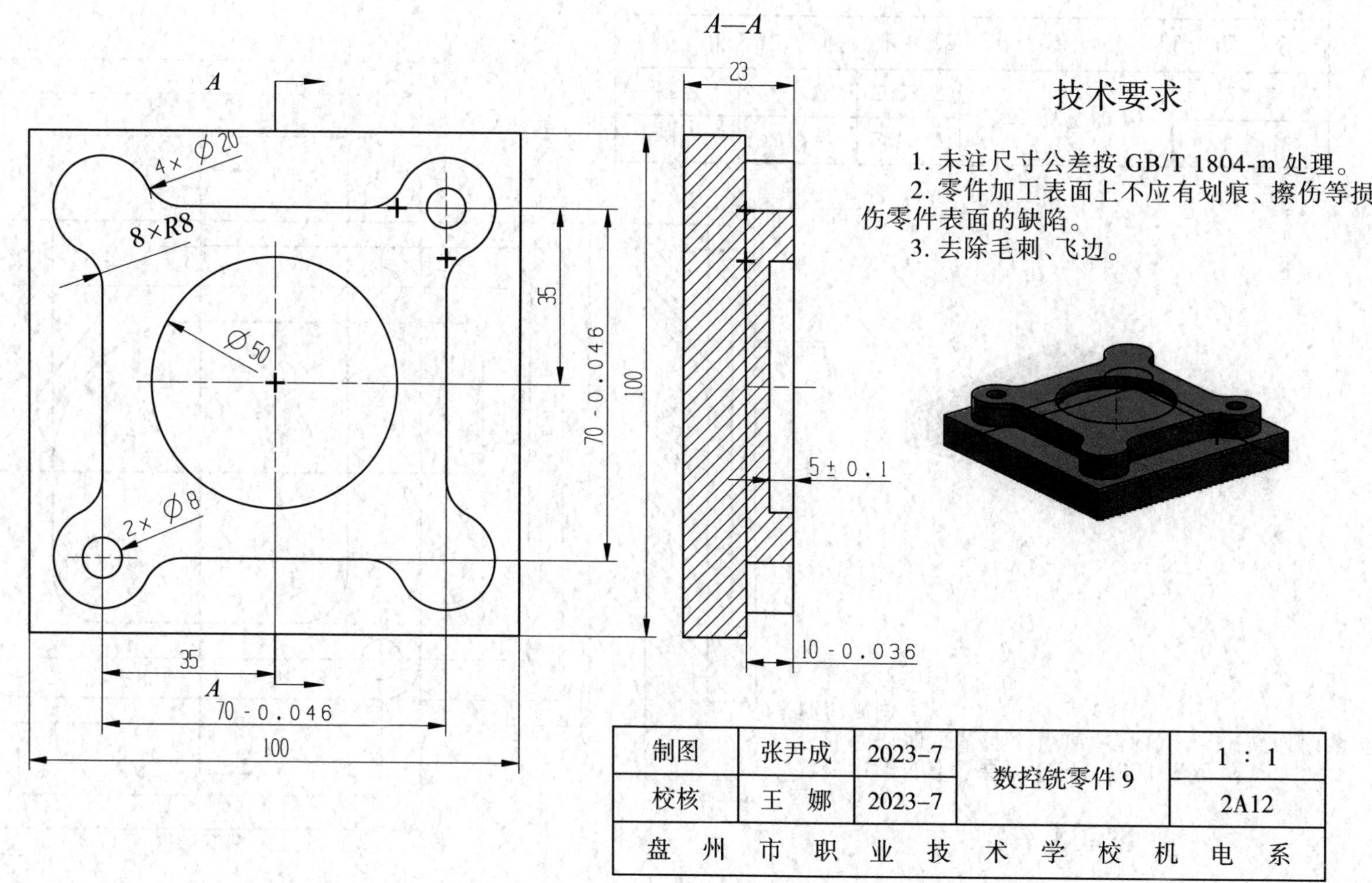
A
A—A
4×Φ20
8×R8
Φ50
2×Φ8
35
70-0.046
100
35
70-0.046
100
23
5±0.1
10-0.036
技术要求
1. 未注尺寸公差按 GB/T 1804-m 处理。
2. 零件加工表面上不应有划痕、擦伤等损伤零件表面的缺陷。
3. 去除毛刺、飞边。
制图
张尹成
2023-7
校核
王　娜
2023-7
数控铣零件 9
1 : 1
2A12
盘　州　市　职　业　技　术　学　校　机　电　系

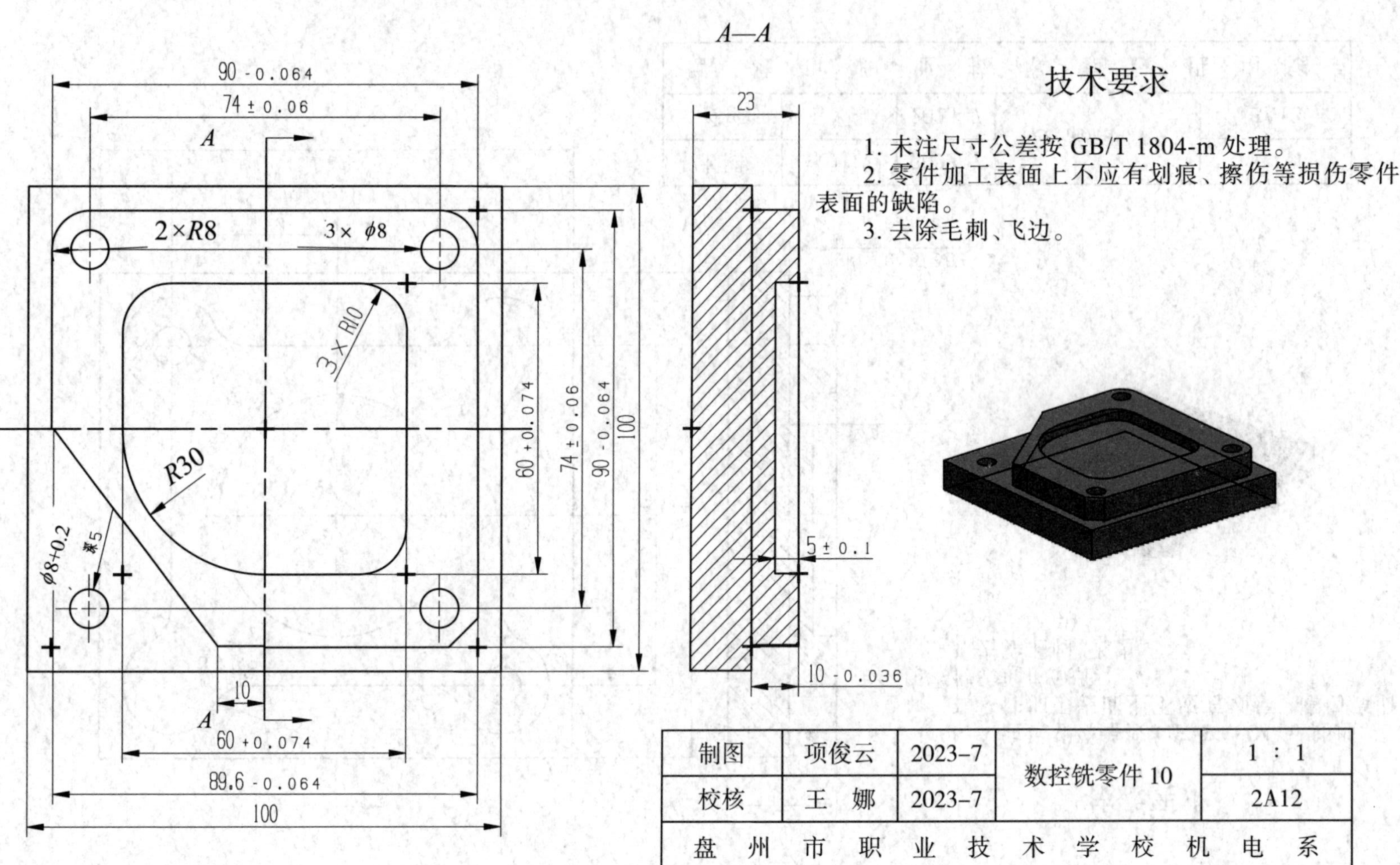
A—A
90 -0.064
74±0.06
A
2×R8
3×ϕ8
3×R10
R30
ϕ8+0.2
深5
60 +0.074
74±0.06
90 -0.064
100
10
A
60 +0.074
89.6 -0.064
100
23
5±0.1
10 -0.036
技术要求
1. 未注尺寸公差按 GB/T 1804-m 处理。
2. 零件加工表面上不应有划痕、擦伤等损伤零件表面的缺陷。
3. 去除毛刺、飞边。
制图
项俊云
2023-7
数控铣零件10
1 : 1
校核
王 娜
2023-7
2A12
盘 州 市 职 业 技 术 学 校 机 电 系

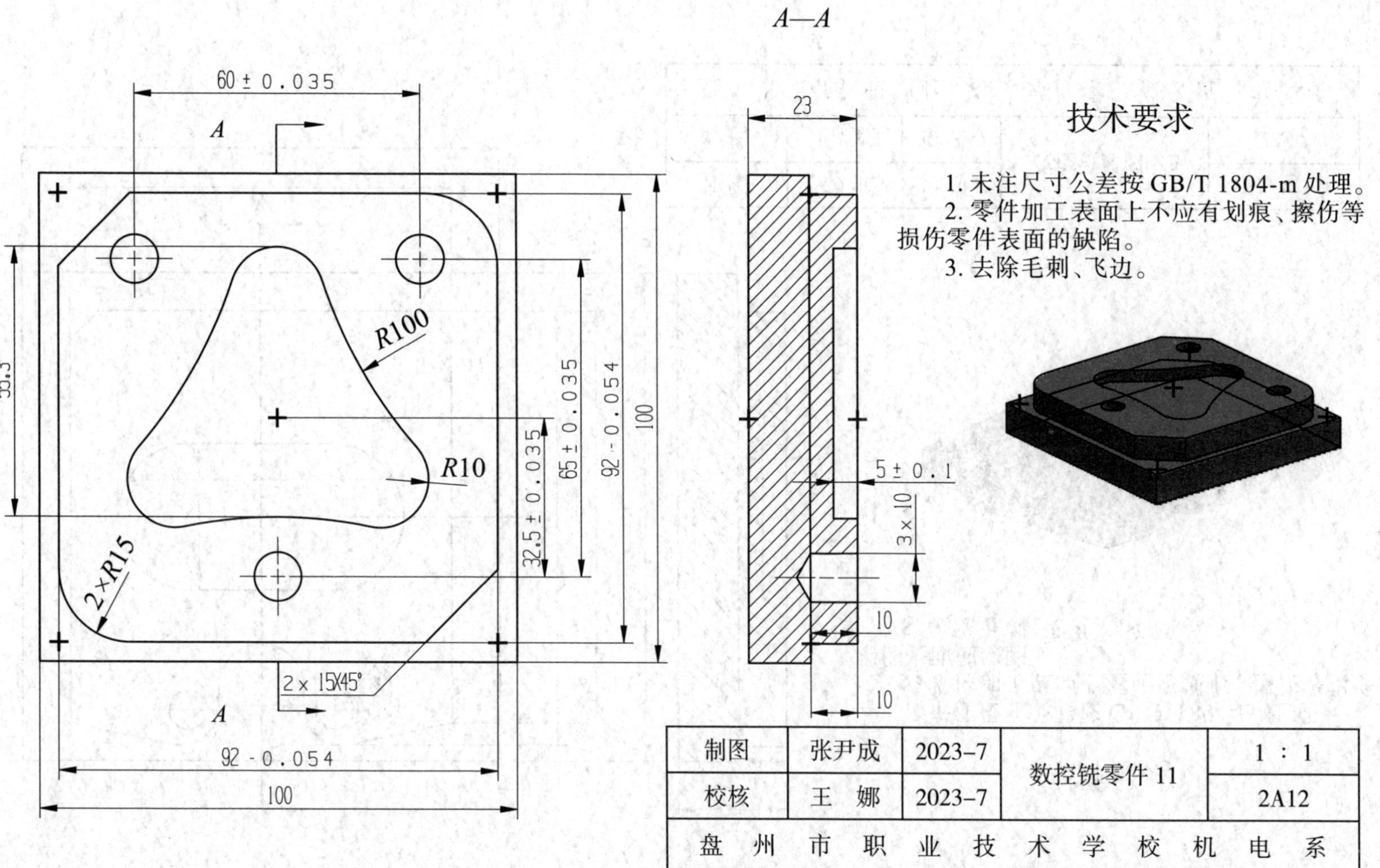
A—A
60 ± 0.035
A
R100
55.3
R10
32.5 ± 0.035
65 ± 0.035
92 - 0.054
100
2×R15
2 × 15X45°
A
92 - 0.054
100
23
技术要求
1. 未注尺寸公差按 GB/T 1804-m 处理。
2. 零件加工表面上不应有划痕、擦伤等损伤零件表面的缺陷。
3. 去除毛刺、飞边。
5 ± 0.1
3 × 10
10
10
制图
张尹成
2023-7
校核
王　娜
2023-7
数控铣零件 11
1 ∶ 1
2A12
盘　州　市　职　业　技　术　学　校　机　电　系

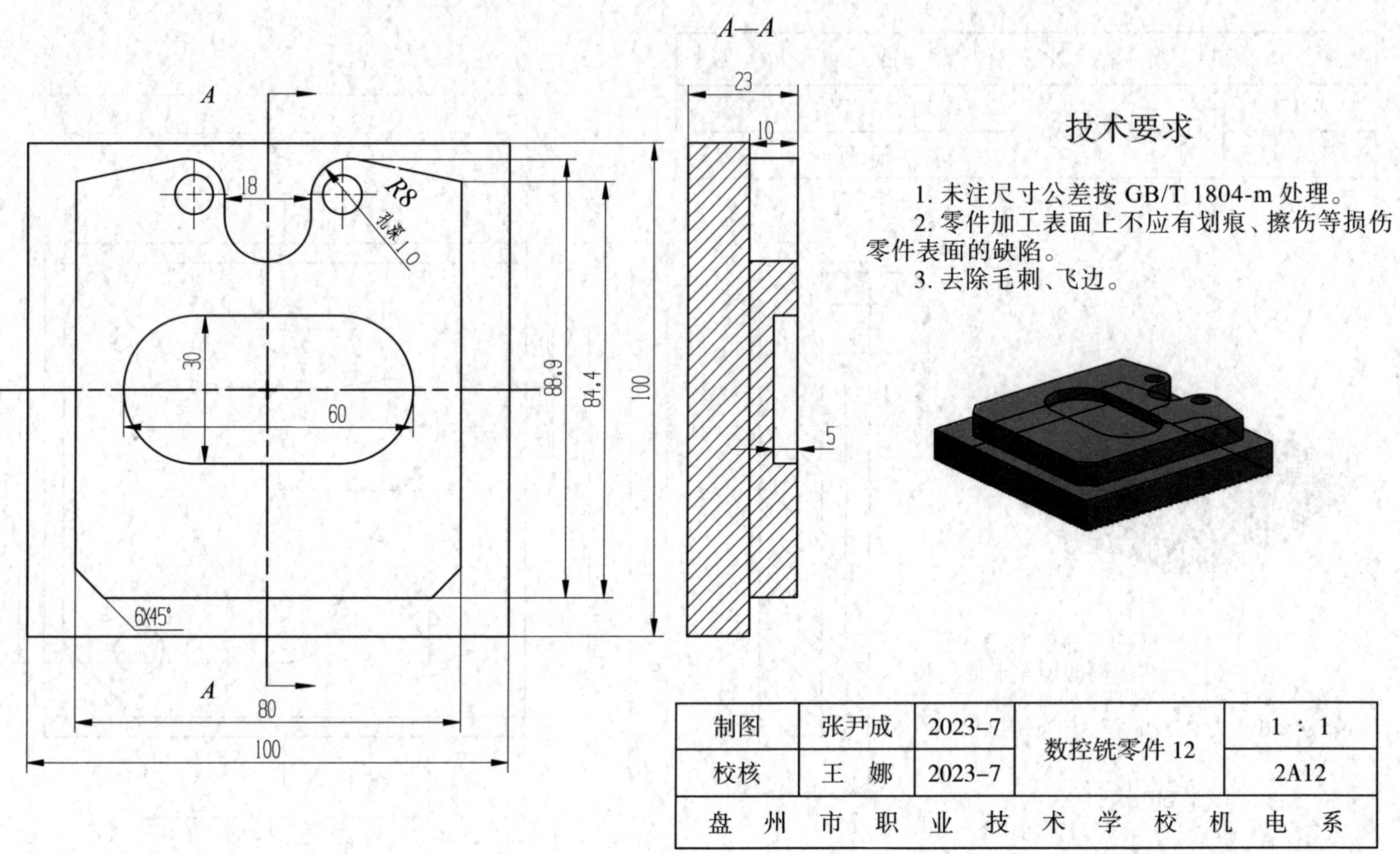
A—A
A
A
18
R8
孔深10
30
60
88.9
84.4
100
80
100
6X45°
23
10
5
技术要求
1. 未注尺寸公差按 GB/T 1804-m 处理。
2. 零件加工表面上不应有划痕、擦伤等损伤零件表面的缺陷。
3. 去除毛刺、飞边。
制图 张尹成 2023-7
校核 王 娜 2023-7
数控铣零件 12
1 : 1
2A12
盘 州 市 职 业 技 术 学 校 机 电 系

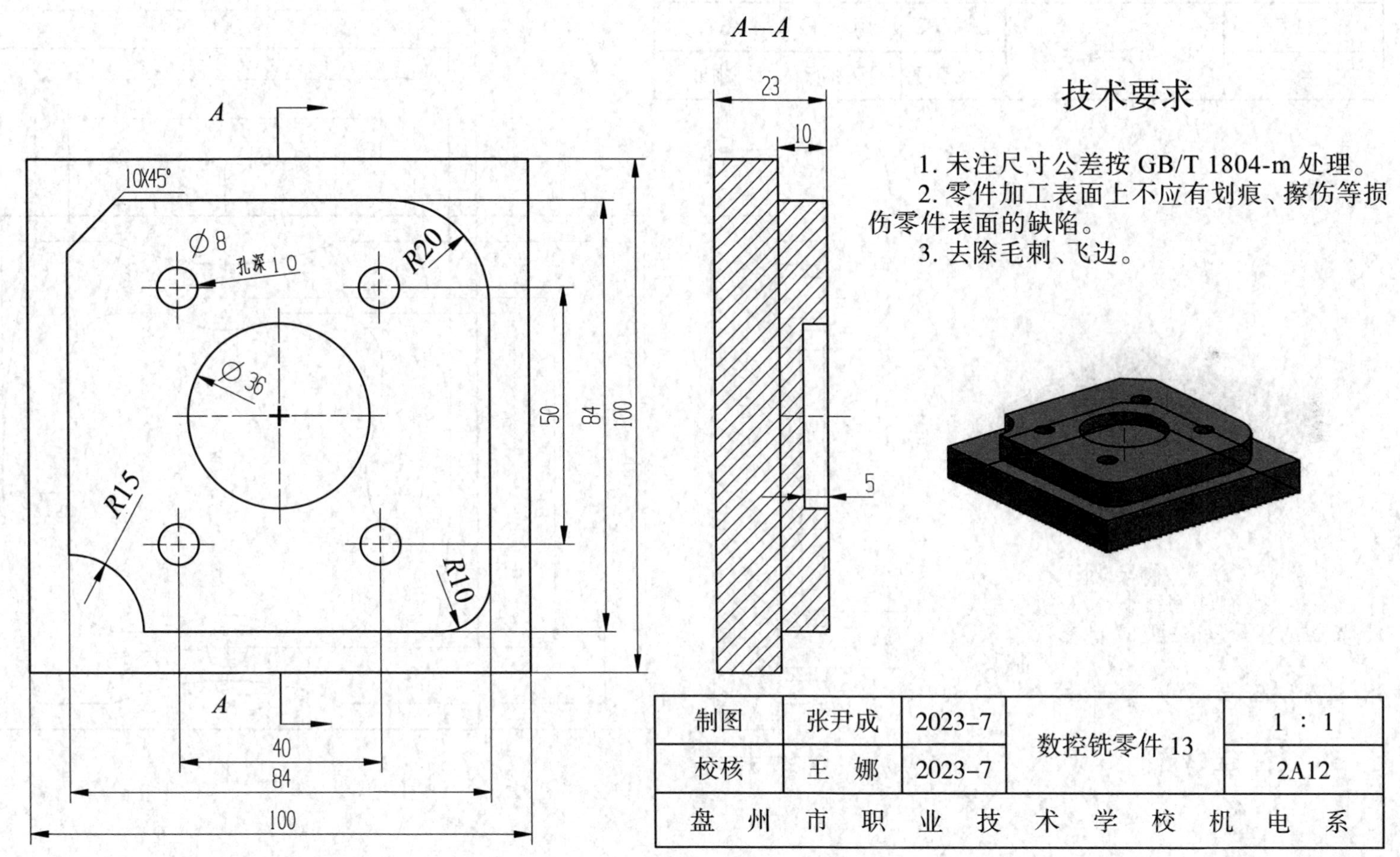

A—A
技术要求
1. 未注尺寸公差按 GB/T 1804-m 处理。
2. 零件加工表面上不应有划痕、擦伤等损伤零件表面的缺陷。
3. 去除毛刺、飞边。
A
10X45°
Φ8
孔深10
R20
Φ36
R15
R10
50
84
100
23
10
5
A
40
84
100
制图
张尹成
2023-7
校核
王　娜
2023-7
数控铣零件13
1：1
2A12
盘州市职业技术学校机电系

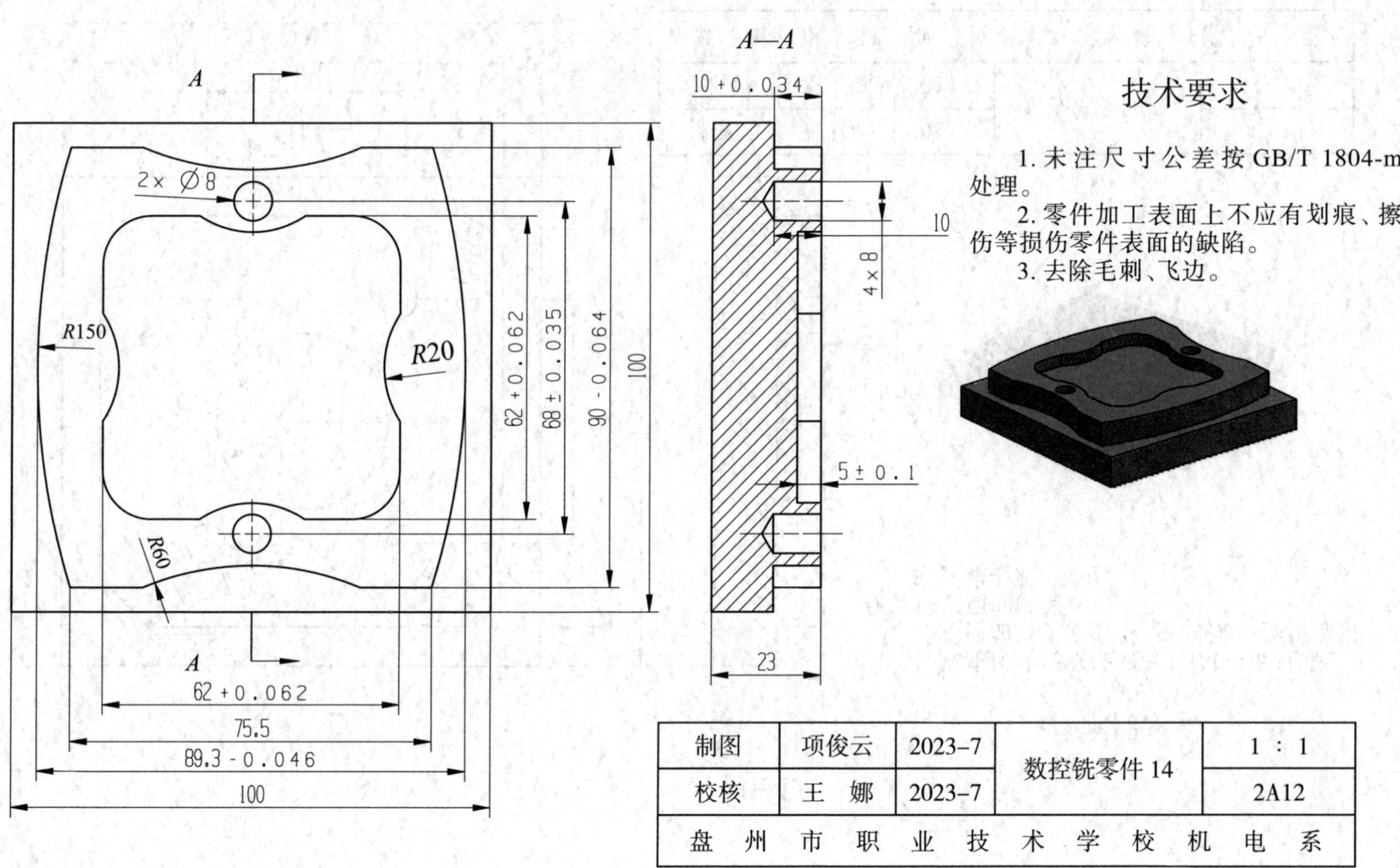

技术要求

1. 未注尺寸公差按 GB/T 1804-m 处理。

2. 零件加工表面上不应有划痕、擦伤等损伤零件表面的缺陷。

3. 去除毛刺、飞边。

制图	项俊云	2023-7	数控铣零件 14	1 : 1
校核	王 娜	2023-7		2A12
盘州市职业技术学校机电系				

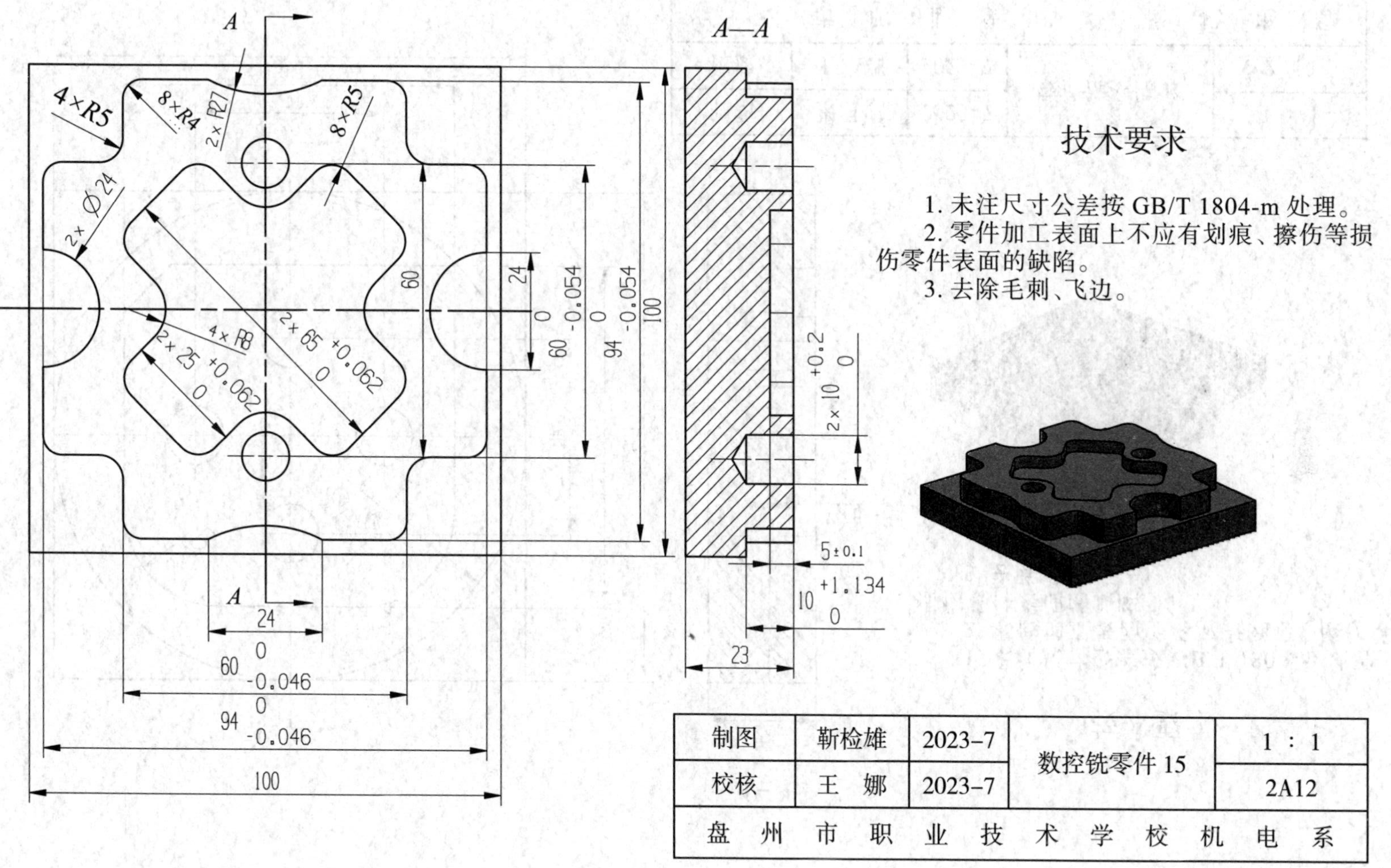
A
A—A
4×R5
8×R4
2×R27
8×R5
2×Ø24
4×R8
2×65 +0.062 0
2×25 +0.062 0
60
24
60 0 -0.054
94 0 -0.054
100
2×10 +0.2 0
5±0.1
10 +1.134 0
23
24
60 0 -0.046
94 0 -0.046
100
技术要求
1. 未注尺寸公差按 GB/T 1804-m 处理。
2. 零件加工表面上不应有划痕、擦伤等损伤零件表面的缺陷。
3. 去除毛刺、飞边。
制图 靳检雄 2023-7
校核 王 娜 2023-7
数控铣零件 15
1 : 1
2A12
盘 州 市 职 业 技 术 学 校 机 电 系

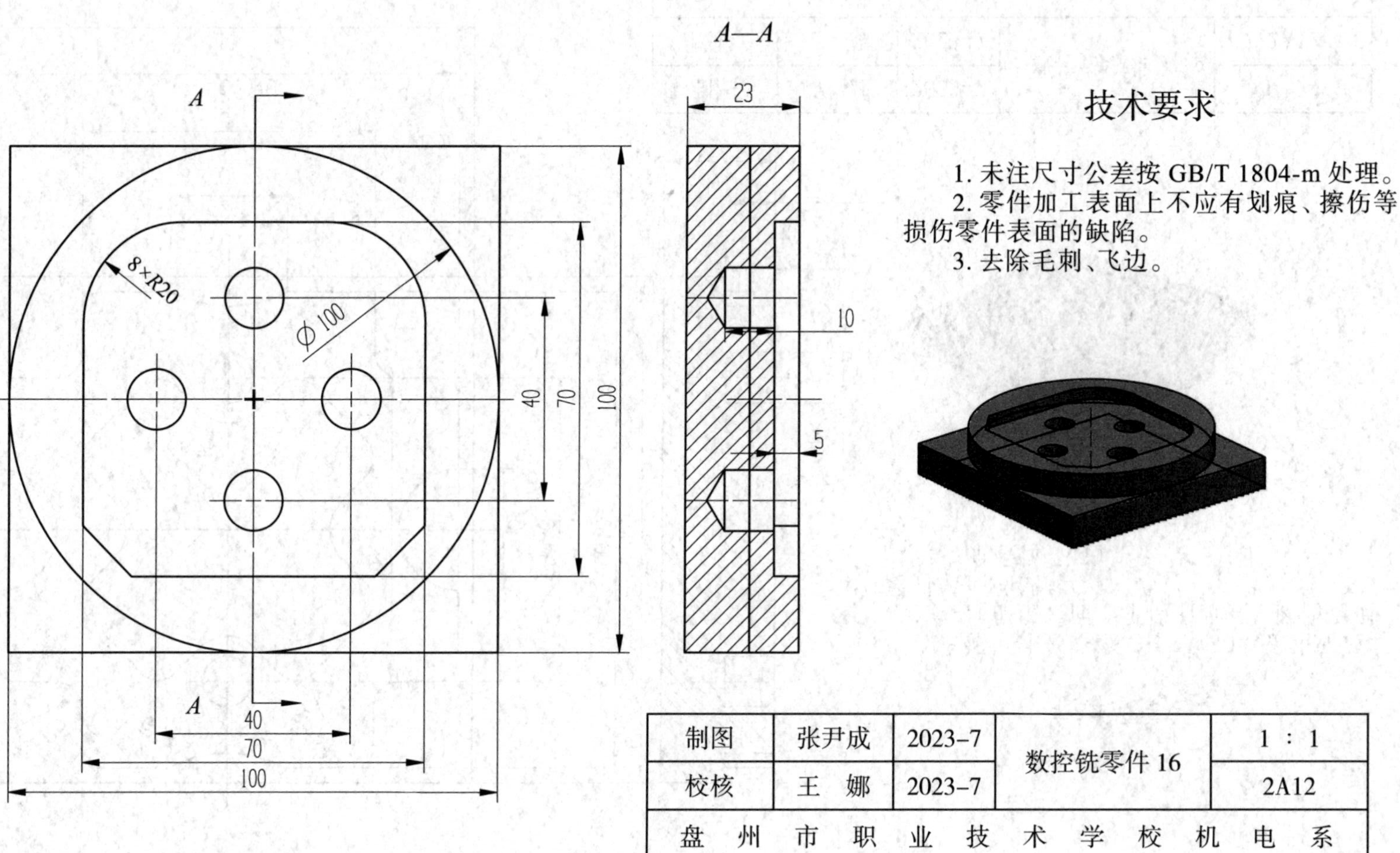
A
8×R20
Φ100
40
70
100
A
40
70
100
A—A
23
10
5
技术要求
1. 未注尺寸公差按 GB/T 1804-m 处理。
2. 零件加工表面上不应有划痕、擦伤等损伤零件表面的缺陷。
3. 去除毛刺、飞边。
制图 张尹成 2023-7
校核 王娜 2023-7
数控铣零件16
1 : 1
2A12
盘州市职业技术学校机电系

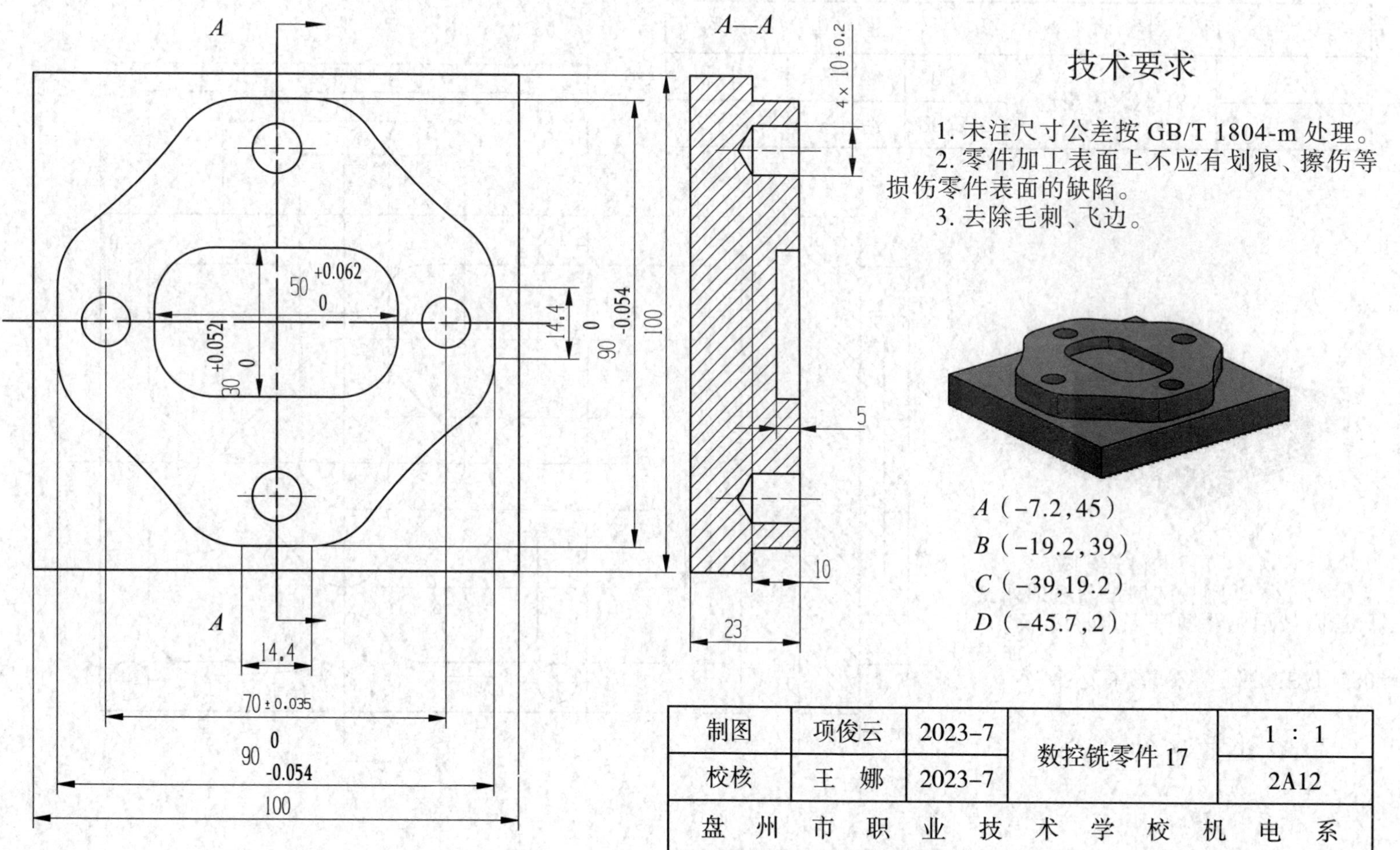

技术要求

1. 未注尺寸公差按 GB/T 1804-m 处理。
2. 零件加工表面上不应有划痕、擦伤等损伤零件表面的缺陷。
3. 去除毛刺、飞边。

制图	项俊云	2023-7	数控铣零件 17	1 : 1
校核	王　娜	2023-7		2A12
盘州市职业技术学校机电系				

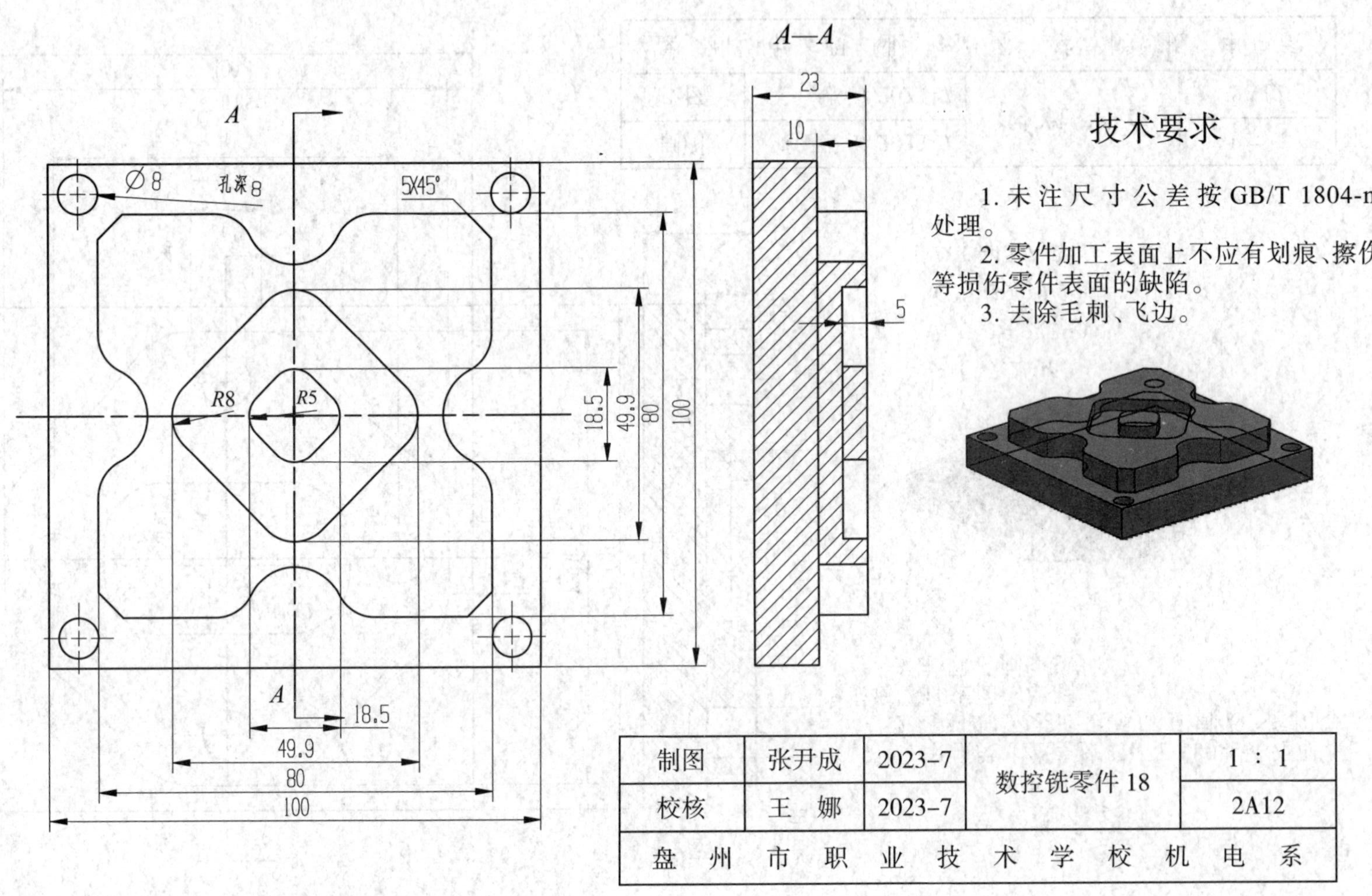

技术要求

1. 未注尺寸公差按 GB/T 1804-m 处理。

2. 零件加工表面上不应有划痕、擦伤等损伤零件表面的缺陷。

3. 去除毛刺、飞边。

制图	张尹成	2023-7	数控铣零件 18	1 : 1
校核	王　娜	2023-7		2A12
盘州市职业技术学校机电系				

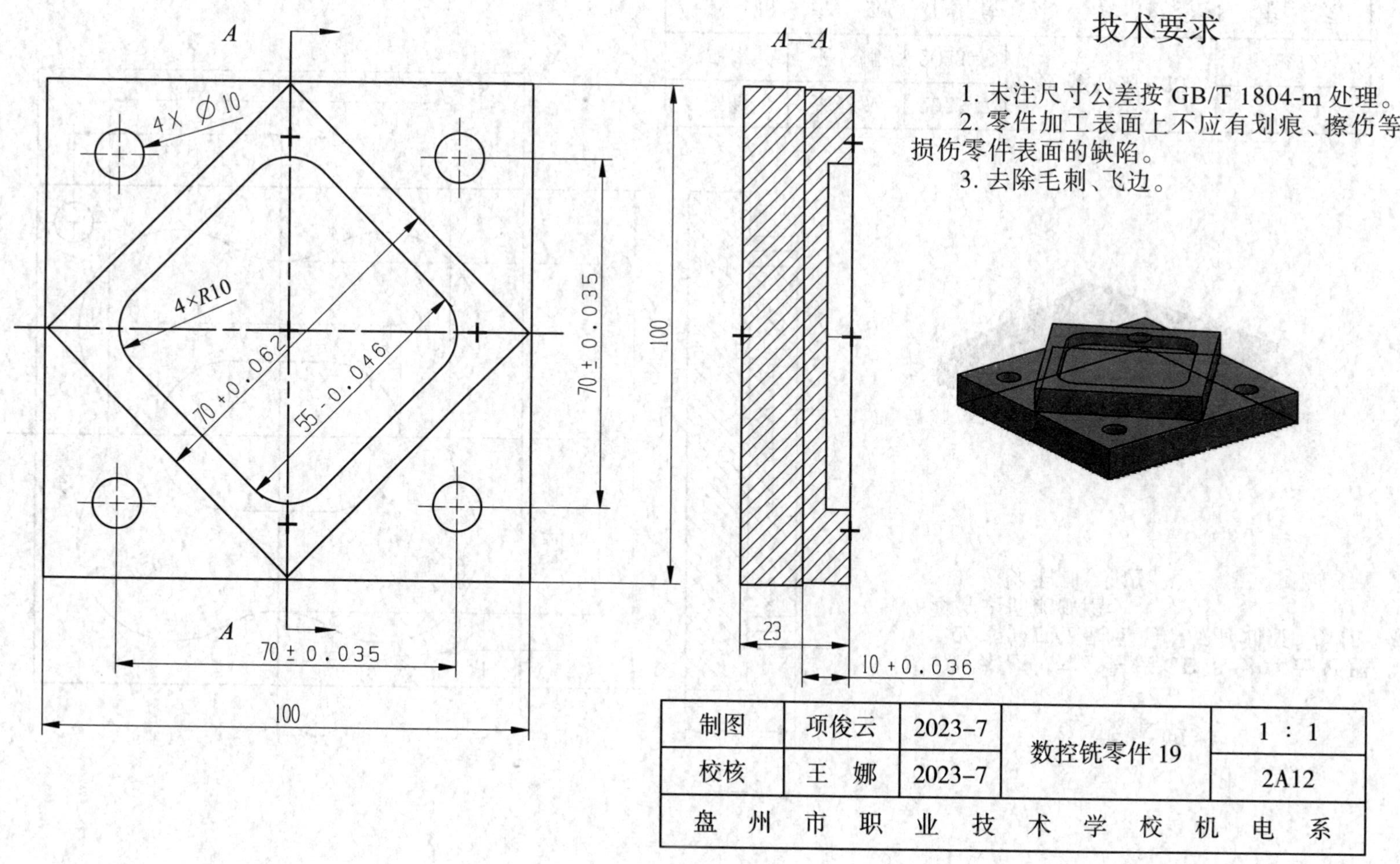
A
A
4×Φ10
4×R10
70+0.062
55-0.046
70±0.035
100
70±0.035
100
A—A
23
10+0.036
技术要求
1. 未注尺寸公差按 GB/T 1804-m 处理。
2. 零件加工表面上不应有划痕、擦伤等损伤零件表面的缺陷。
3. 去除毛刺、飞边。
制图
项俊云
2023-7
校核
王娜
2023-7
数控铣零件19
1 : 1
2A12
盘州市职业技术学校机电系

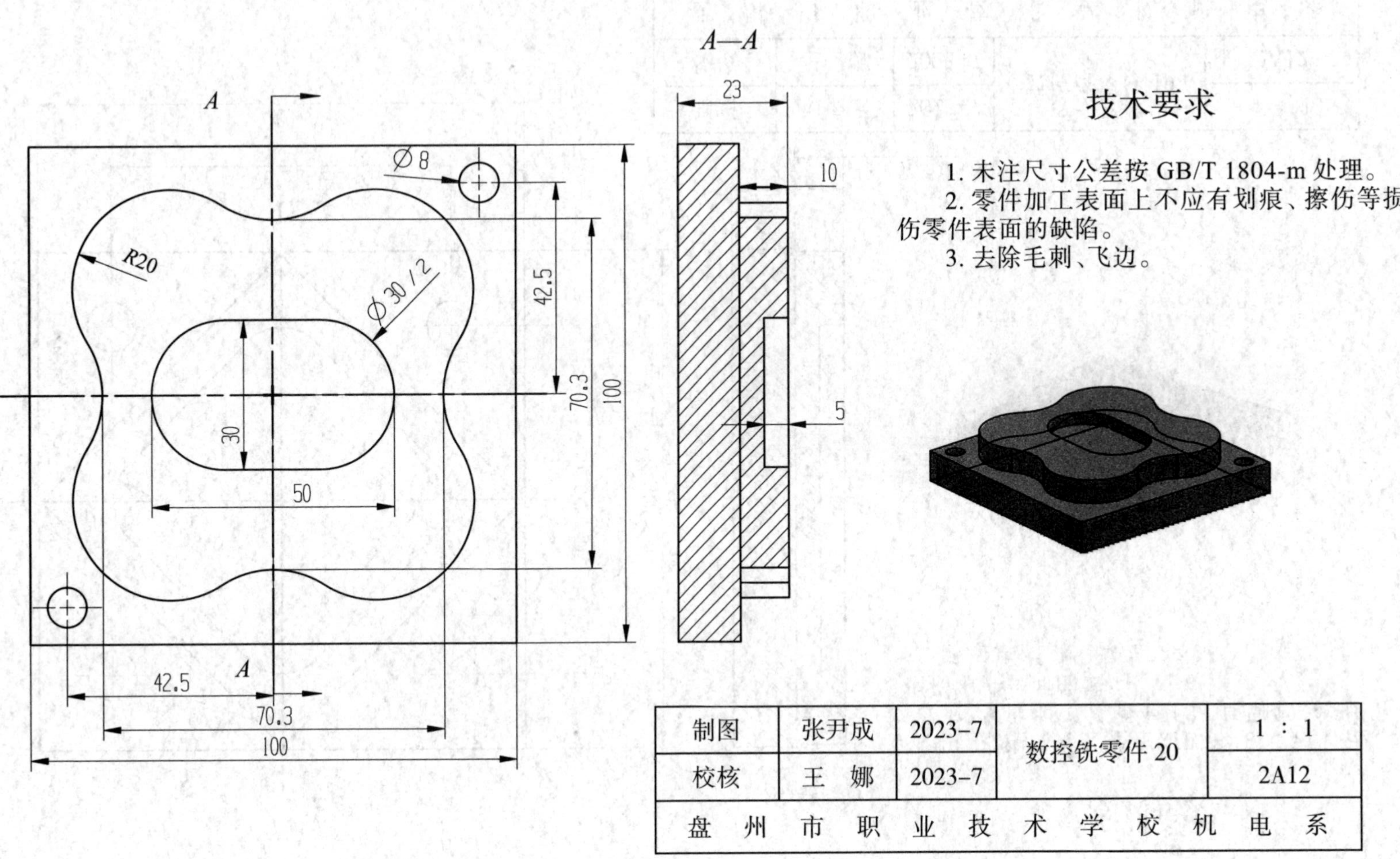
A—A
A
A
Ø8
R20
Ø30/2
42.5
70.3
100
30
50
42.5
70.3
100
23
10
5
技术要求
1. 未注尺寸公差按 GB/T 1804-m 处理。
2. 零件加工表面上不应有划痕、擦伤等损伤零件表面的缺陷。
3. 去除毛刺、飞边。
制图 张尹成 2023-7
校核 王 娜 2023-7
数控铣零件 20
1 : 1
2A12
盘州市职业技术学校机电系

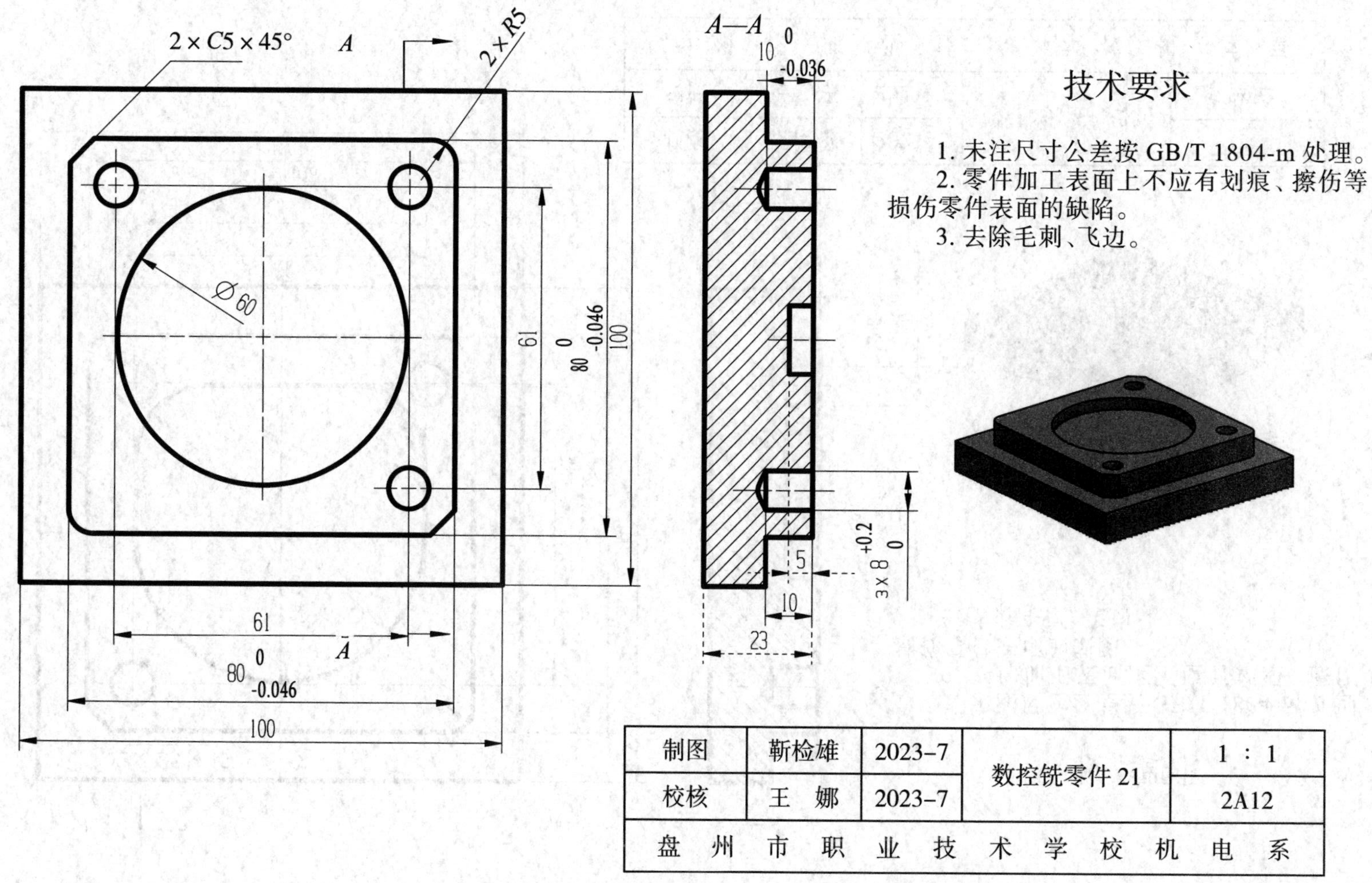
2×C5×45°
A
2×R5
Ø60
61
80 0 -0.046
100
A—A
10 0 -0.036
5
10
23
3×8 +0.2 0
技术要求
1. 未注尺寸公差按 GB/T 1804-m 处理。
2. 零件加工表面上不应有划痕、擦伤等损伤零件表面的缺陷。
3. 去除毛刺、飞边。
制图 靳检雄 2023-7
校核 王 娜 2023-7
数控铣零件 21
1 : 1
2A12
盘 州 市 职 业 技 术 学 校 机 电 系

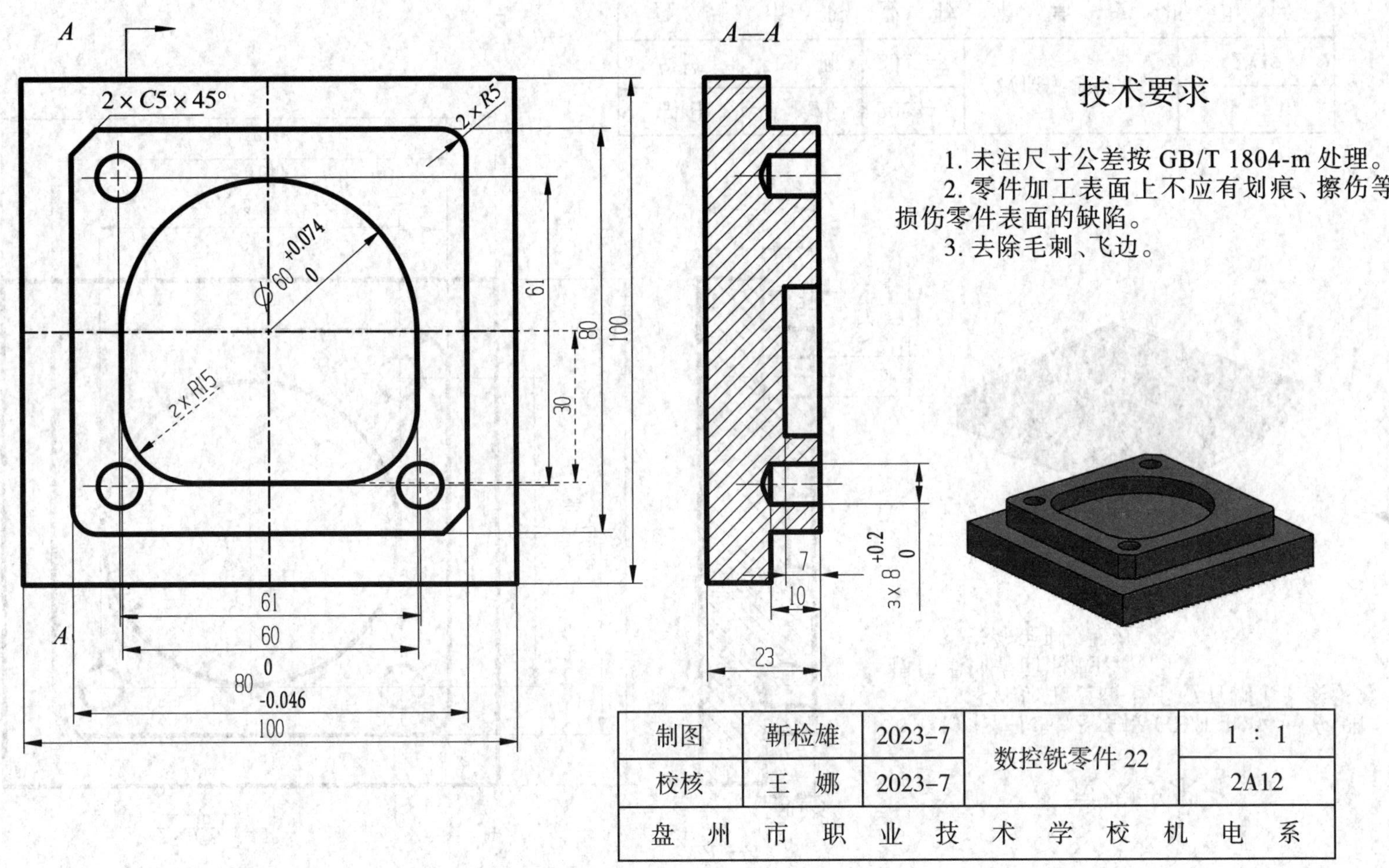

技术要求

1. 未注尺寸公差按 GB/T 1804-m 处理。
2. 零件加工表面上不应有划痕、擦伤等损伤零件表面的缺陷。
3. 去除毛刺、飞边。

制图	靳检雄	2023-7	数控铣零件 22	1 ∶ 1
校核	王 娜	2023-7		2A12
盘州市职业技术学校机电系				

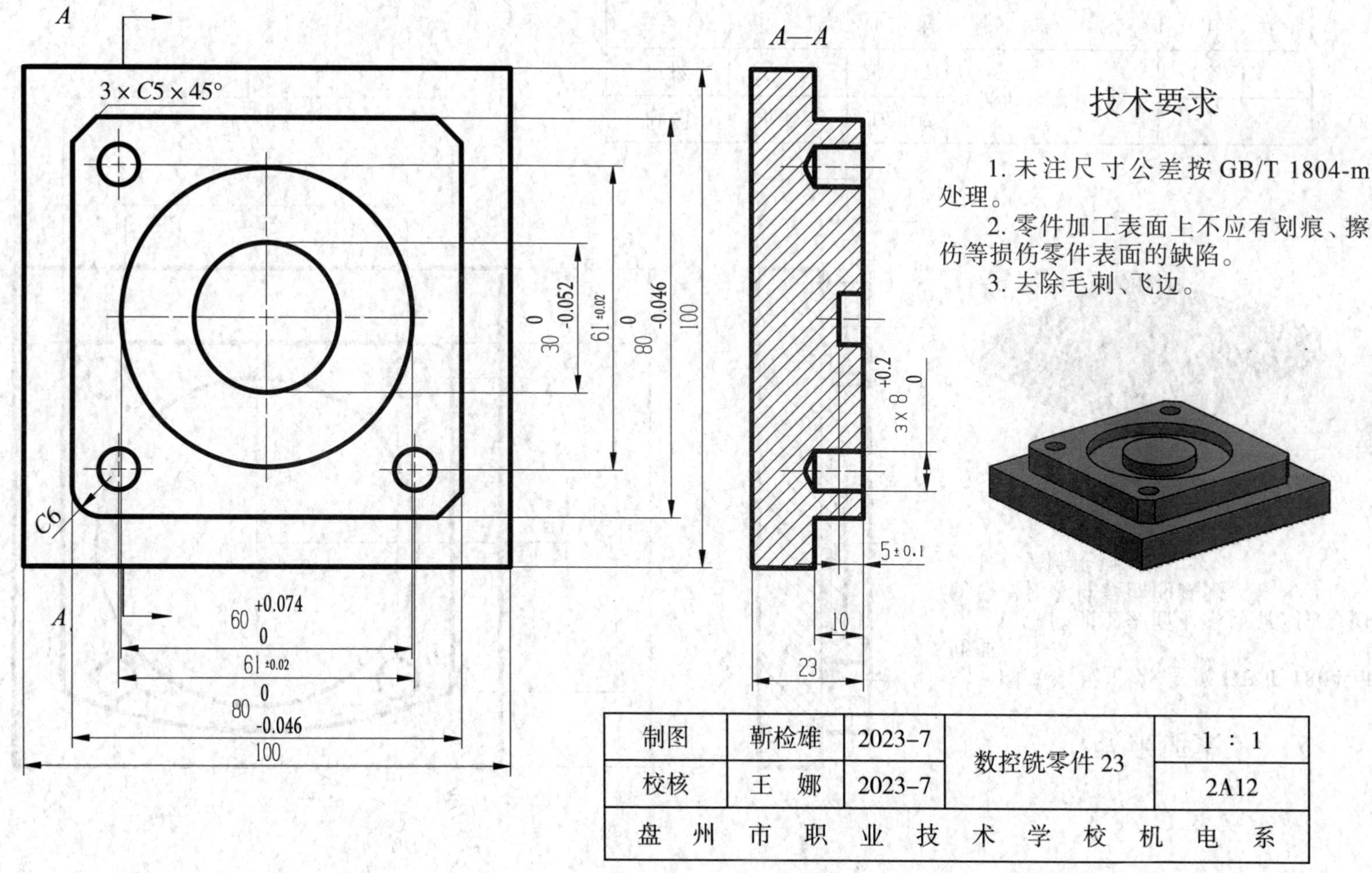
A
3×C5×45°
C6
A
30 0 -0.052
61 ±0.02
80 0 -0.046
100
60 +0.074 0
61 ±0.02
80 0 -0.046
100
A—A
3×8 +0.2 0
5±0.1
10
23
技术要求
1. 未注尺寸公差按 GB/T 1804-m 处理。
2. 零件加工表面上不应有划痕、擦伤等损伤零件表面的缺陷。
3. 去除毛刺、飞边。
制图 靳检雄 2023-7
校核 王 娜 2023-7
数控铣零件23
1：1
2A12
盘州市职业技术学校机电系

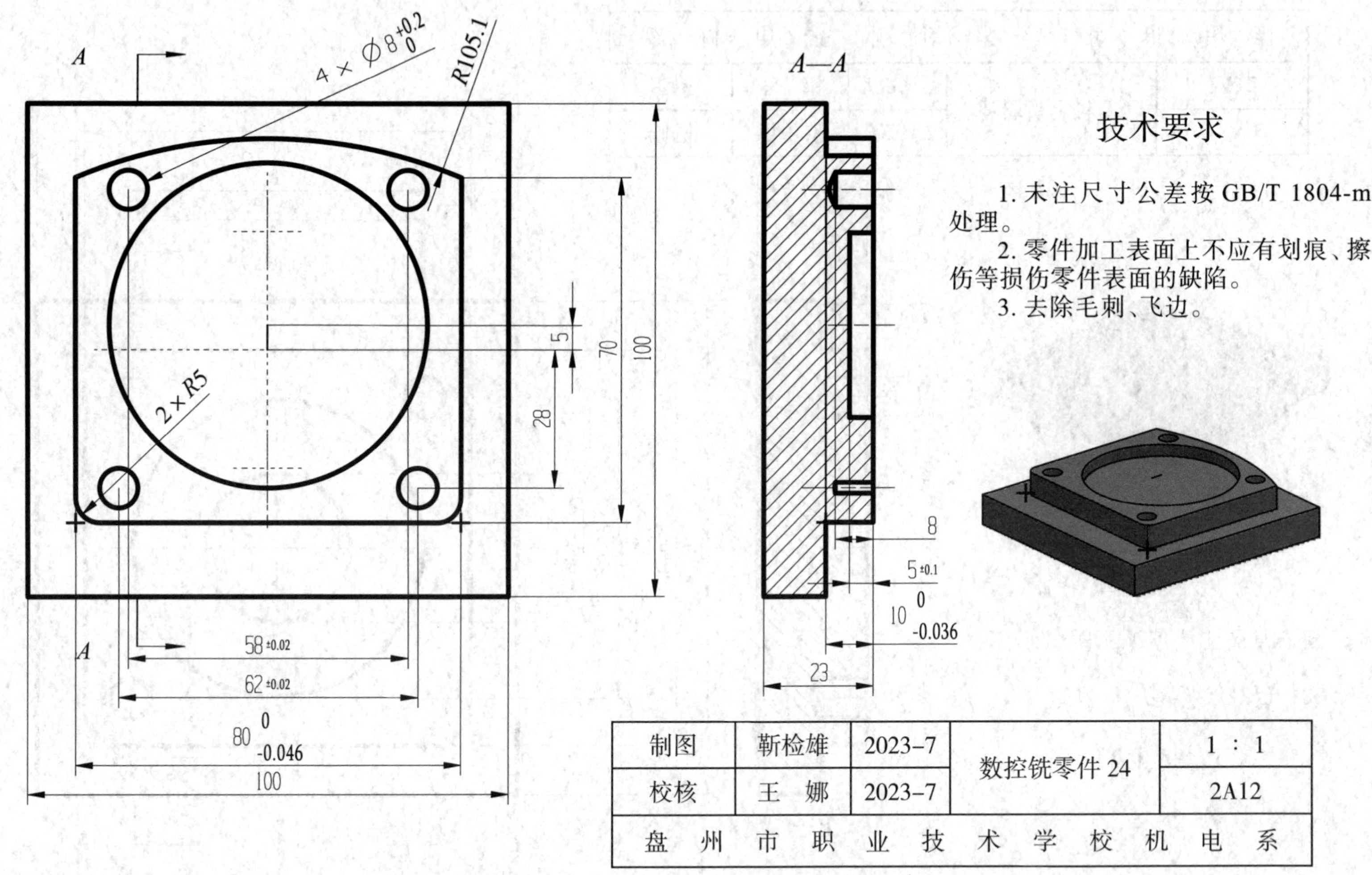
A
4 × Φ8 +0.2 0
R105.1
A—A
2 × R5
5
70
100
28
A
58±0.02
62±0.02
80 0 -0.046
100
8
5±0.1
10 0 -0.036
23
技术要求
1. 未注尺寸公差按 GB/T 1804-m 处理。
2. 零件加工表面上不应有划痕、擦伤等损伤零件表面的缺陷。
3. 去除毛刺、飞边。
制图
靳检雄
2023-7
校核
王 娜
2023-7
数控铣零件 24
1 : 1
2A12
盘 州 市 职 业 技 术 学 校 机 电 系

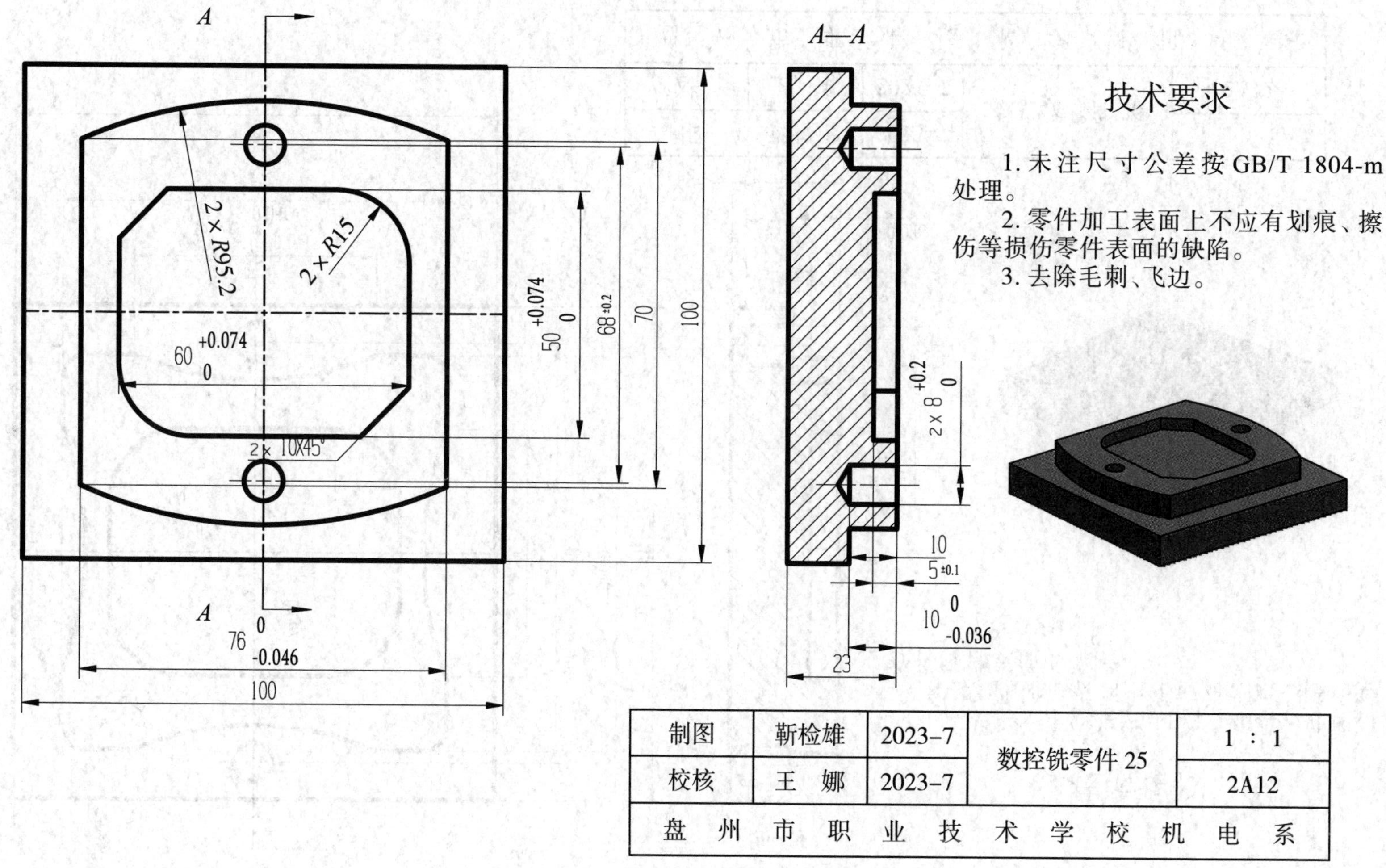
A
A—A
技术要求
1. 未注尺寸公差按 GB/T 1804-m 处理。
2. 零件加工表面上不应有划痕、擦伤等损伤零件表面的缺陷。
3. 去除毛刺、飞边。
2×R95.2
2×R15
60+0.074 0
50+0.074 0
68±0.2
70
100
2×10×45°
2×8+0.2 0
10
5±0.1
10 0 -0.036
23
A
76 0 -0.046
100
制图
靳检雄
2023-7
校核
王娜
2023-7
数控铣零件25
1 : 1
2A12
盘州市职业技术学校机电系

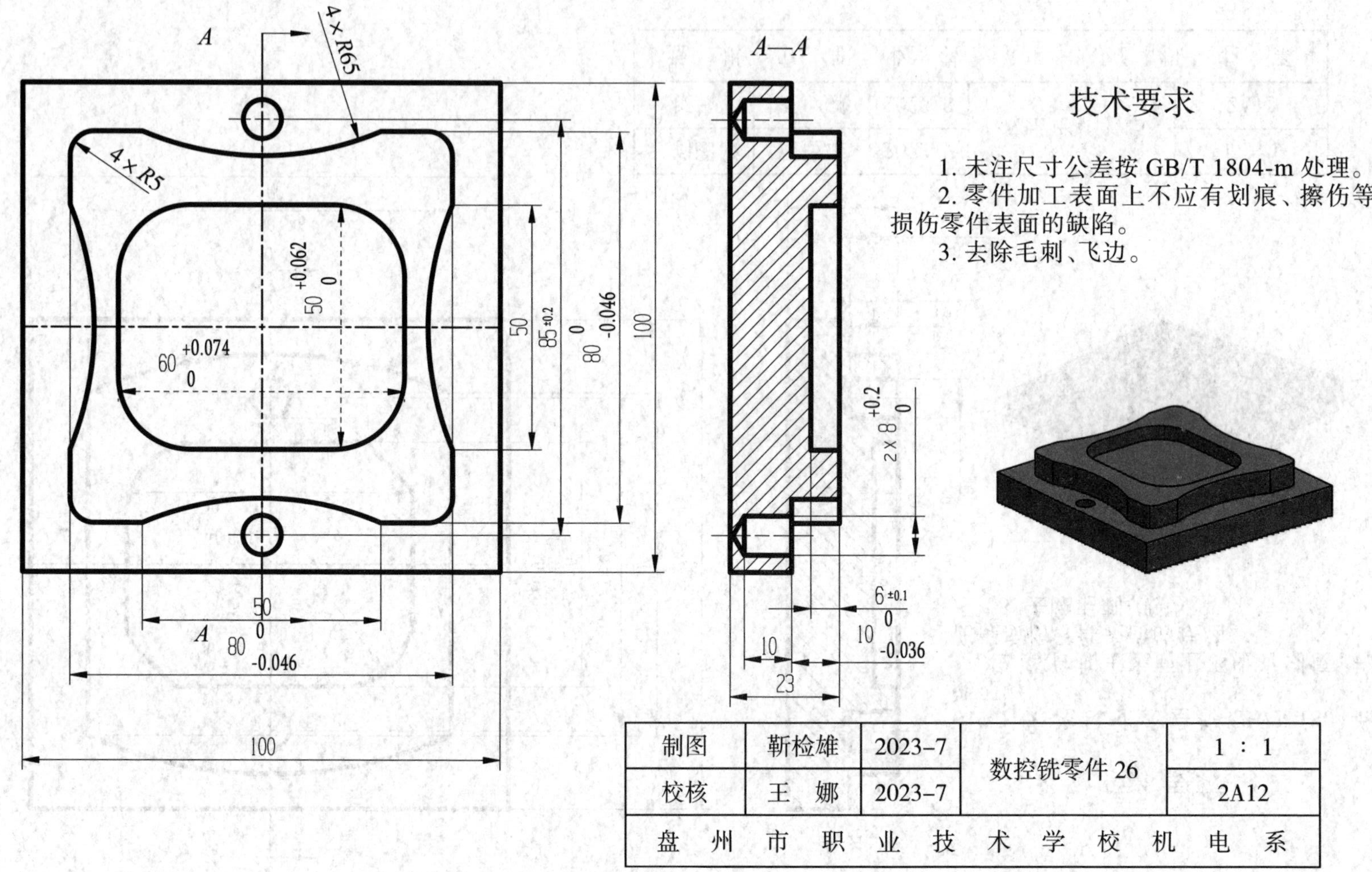
A
4×R65
4×R5
A—A
技术要求
1. 未注尺寸公差按 GB/T 1804-m 处理。
2. 零件加工表面上不应有划痕、擦伤等损伤零件表面的缺陷。
3. 去除毛刺、飞边。
100
50
23
10
制图
靳检雄
2023-7
校核
王 娜
2023-7
数控铣零件 26
1 : 1
2A12
盘 州 市 职 业 技 术 学 校 机 电 系

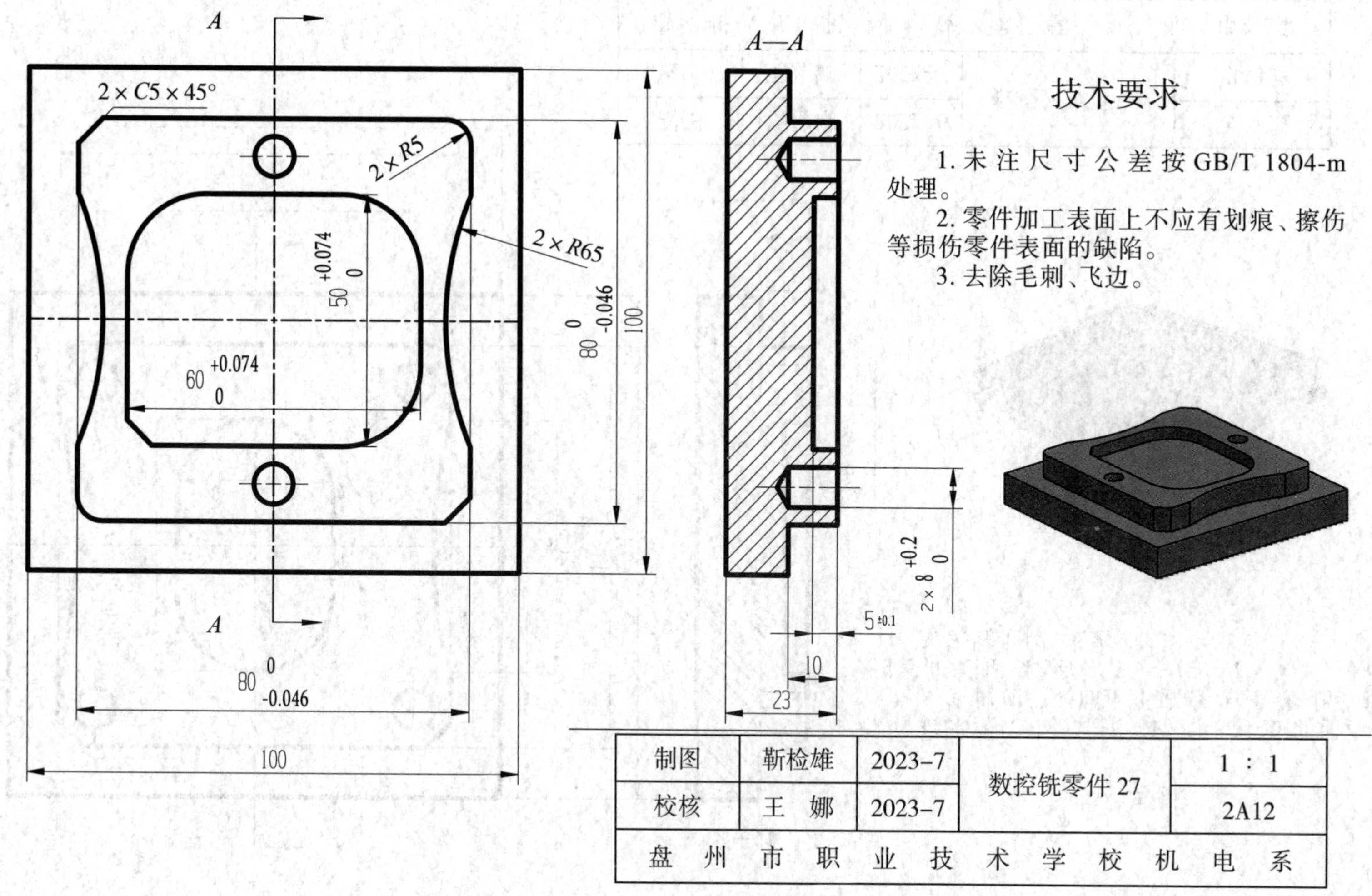

A
A
2×C5×45°
2×R5
2×R65
50 +0.074 0
60 +0.074 0
80 0 -0.046
100
80 0 -0.046
100
A—A
2×8 +0.2 0
5±0.1
10
23
技术要求
1. 未注尺寸公差按 GB/T 1804-m 处理。
2. 零件加工表面上不应有划痕、擦伤等损伤零件表面的缺陷。
3. 去除毛刺、飞边。
制图
靳检雄
2023-7
校核
王娜
2023-7
数控铣零件27
1∶1
2A12
盘州市职业技术学校机电系

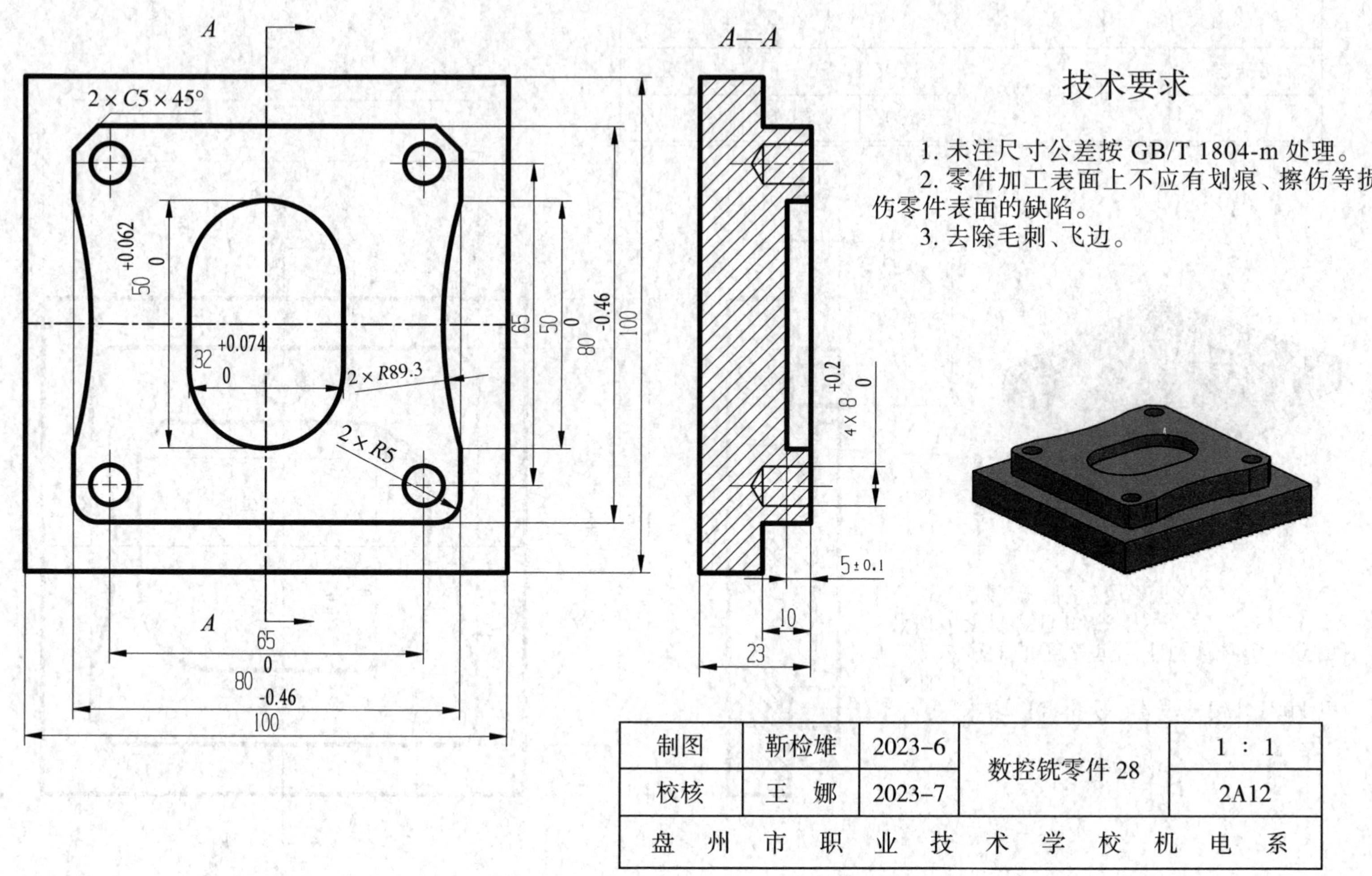
A
A
A—A
2×C5×45°
50 +0.062 0
32 +0.074 0
2×R89.3
2×R5
65
50
80 0 -0.46
100
65
80 0 -0.46
100
4×8 +0.2 0
5±0.1
10
23
技术要求
1. 未注尺寸公差按 GB/T 1804-m 处理。
2. 零件加工表面上不应有划痕、擦伤等损伤零件表面的缺陷。
3. 去除毛刺、飞边。
制图
靳检雄
2023-6
校核
王 娜
2023-7
数控铣零件 28
1 : 1
2A12
盘 州 市 职 业 技 术 学 校 机 电 系

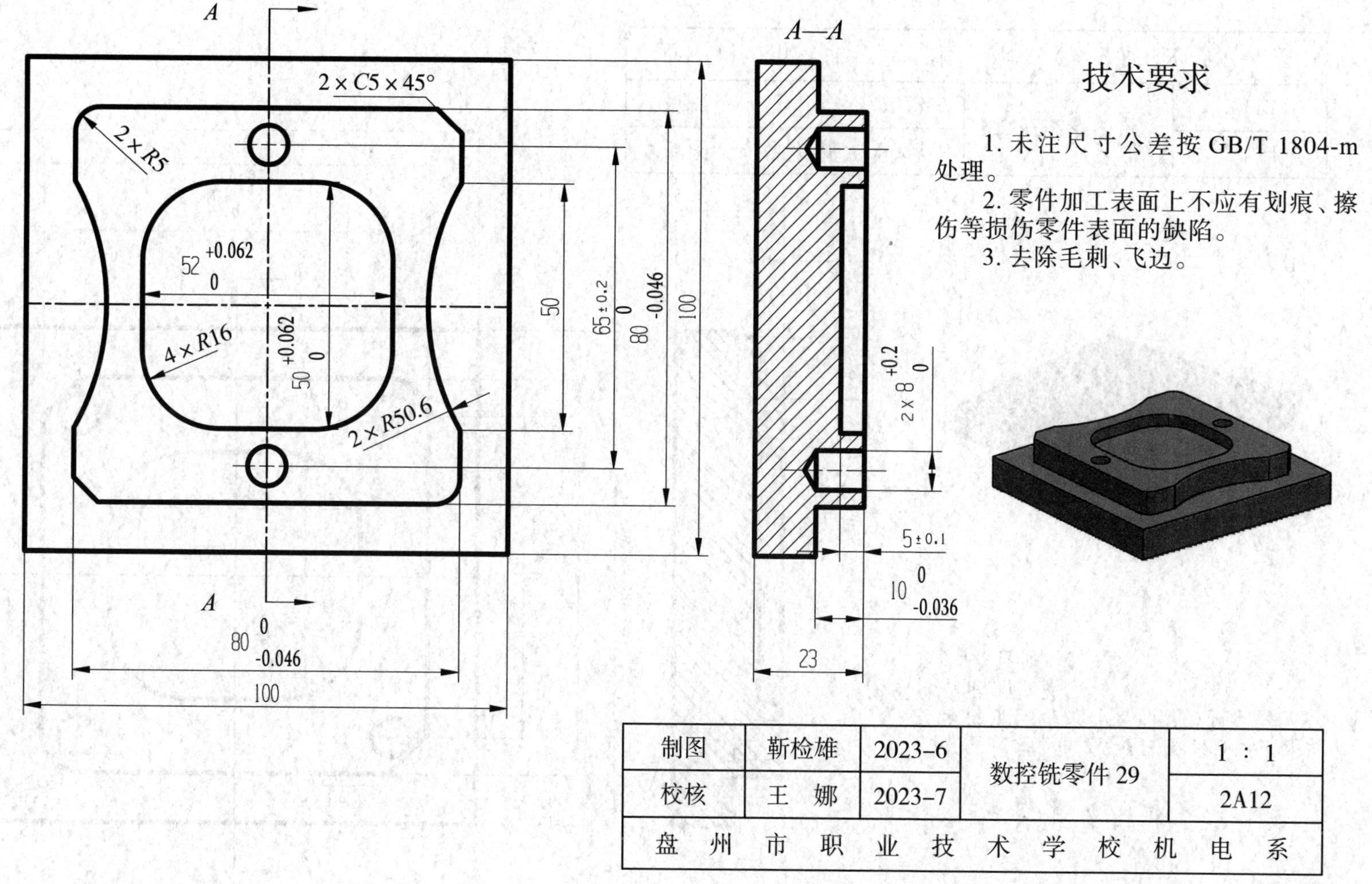
A
A
2×C5×45°
2×R5
52 +0.062 0
4×R16
50 +0.062 0
2×R50.6
50
65±0.2
80 0 -0.046
100
80 0 -0.046
100
A—A
2×8 +0.2 0
5±0.1
10 0 -0.036
23
技术要求
1. 未注尺寸公差按 GB/T 1804-m 处理。
2. 零件加工表面上不应有划痕、擦伤等损伤零件表面的缺陷。
3. 去除毛刺、飞边。
制图
靳检雄
2023-6
校核
王 娜
2023-7
数控铣零件 29
1 ∶ 1
2A12
盘州市职业技术学校机电系

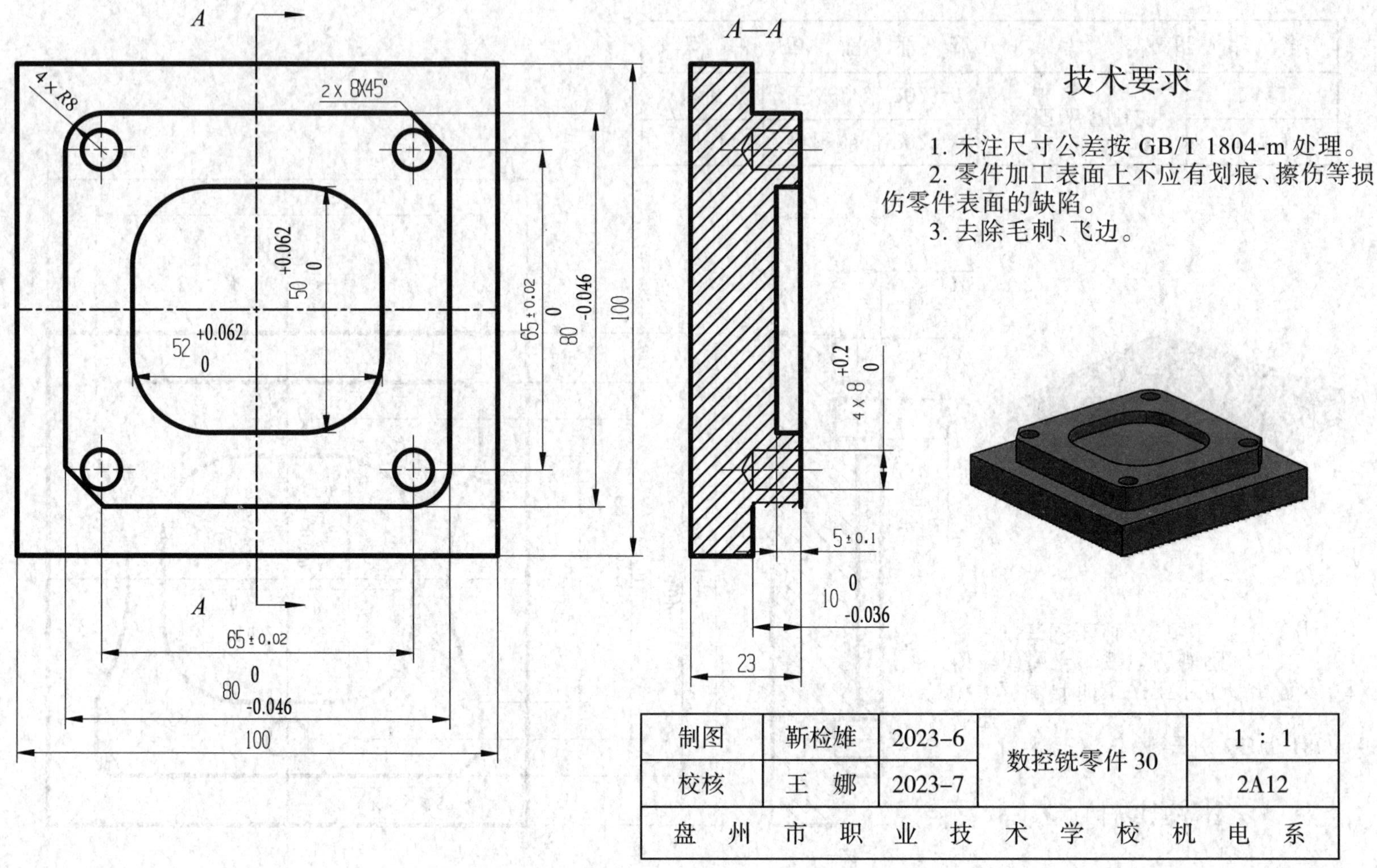
A
A
4×R8
2×8×45°
$50^{+0.062}_{0}$
$52^{+0.062}_{0}$
65±0.02
$80^{0}_{-0.046}$
100
A—A
$4\times8^{+0.2}_{0}$
5±0.1
$10^{0}_{-0.036}$
23
技术要求
1. 未注尺寸公差按 GB/T 1804-m 处理。
2. 零件加工表面上不应有划痕、擦伤等损伤零件表面的缺陷。
3. 去除毛刺、飞边。
制图
靳检雄
2023-6
数控铣零件 30
1 : 1
校核
王 娜
2023-7
2A12
盘 州 市 职 业 技 术 学 校 机 电 系

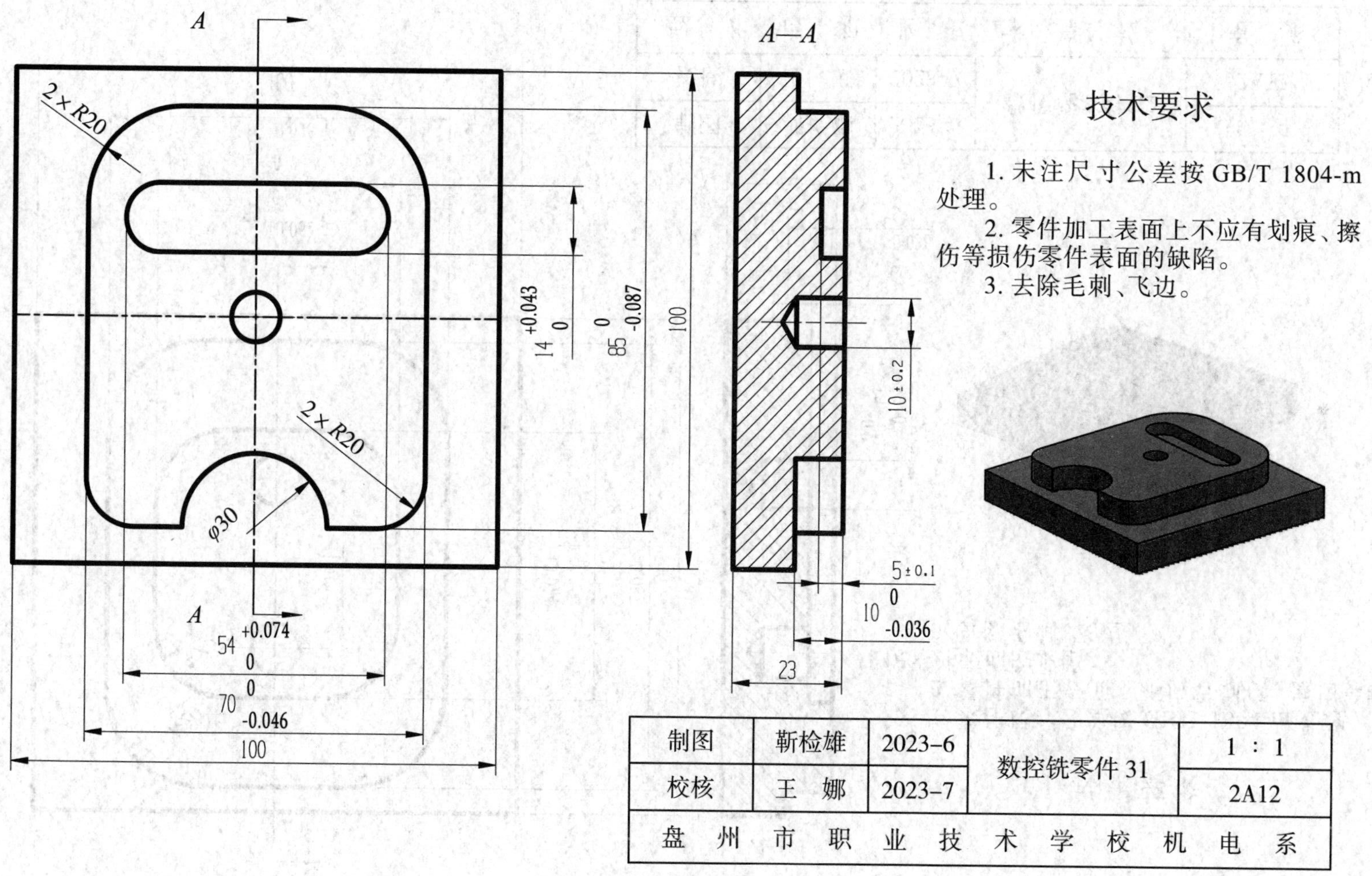
A
A—A
2×R20
2×R20
φ30
14 +0.043 0
85 0 -0.087
100
54 +0.074 0
70 0 -0.046
100
10±0.2
5±0.1
10 0 -0.036
23
技术要求
1. 未注尺寸公差按 GB/T 1804-m 处理。
2. 零件加工表面上不应有划痕、擦伤等损伤零件表面的缺陷。
3. 去除毛刺、飞边。
制图 靳检雄 2023-6
校核 王 娜 2023-7
数控铣零件 31
1 : 1
2A12
盘州市职业技术学校机电系

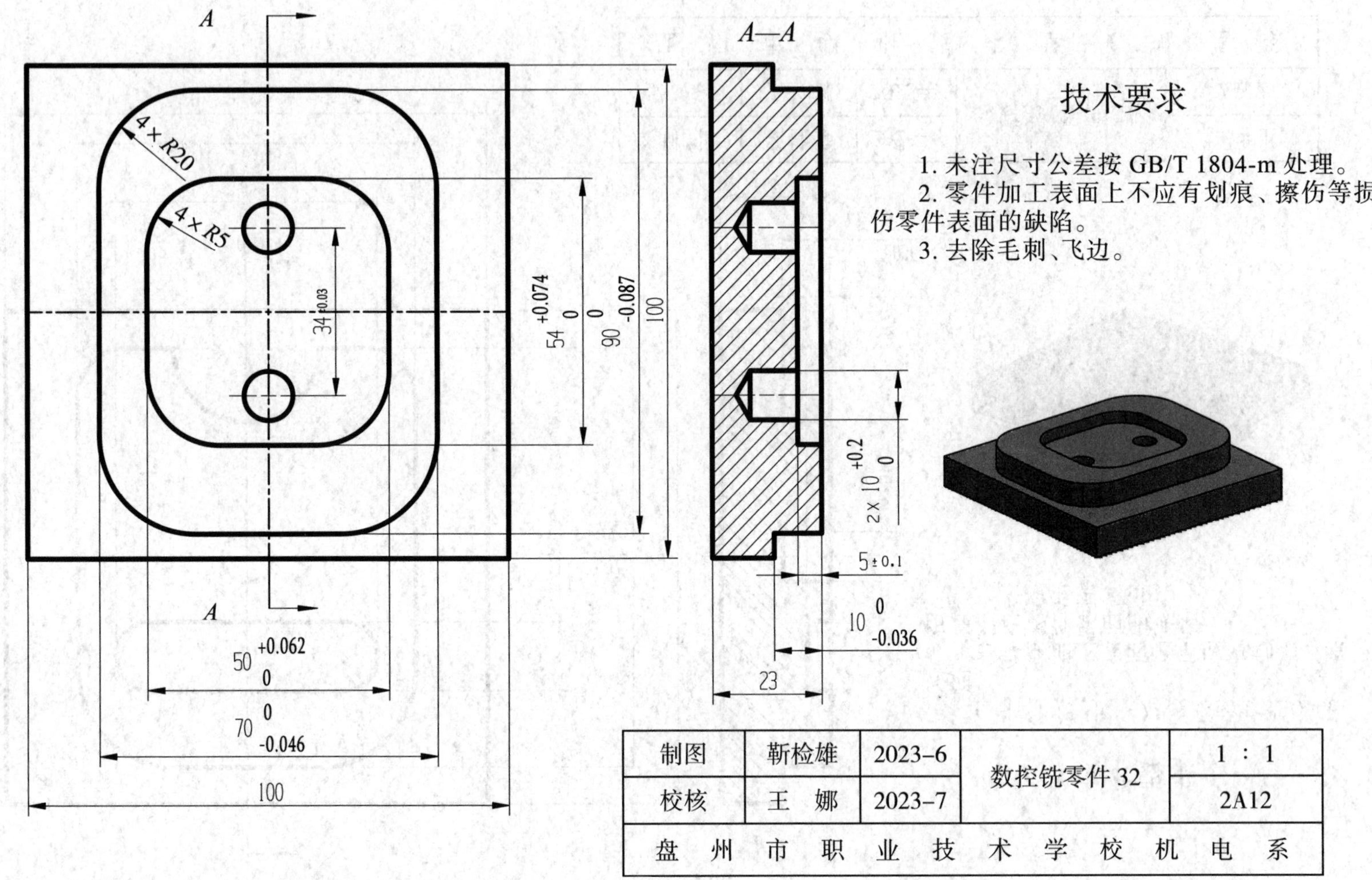

技术要求

1. 未注尺寸公差按 GB/T 1804-m 处理。

2. 零件加工表面上不应有划痕、擦伤等损伤零件表面的缺陷。

3. 去除毛刺、飞边。

制图	靳检雄	2023–6	数控铣零件 32	1 : 1
校核	王　娜	2023–7		2A12
盘州市职业技术学校机电系				

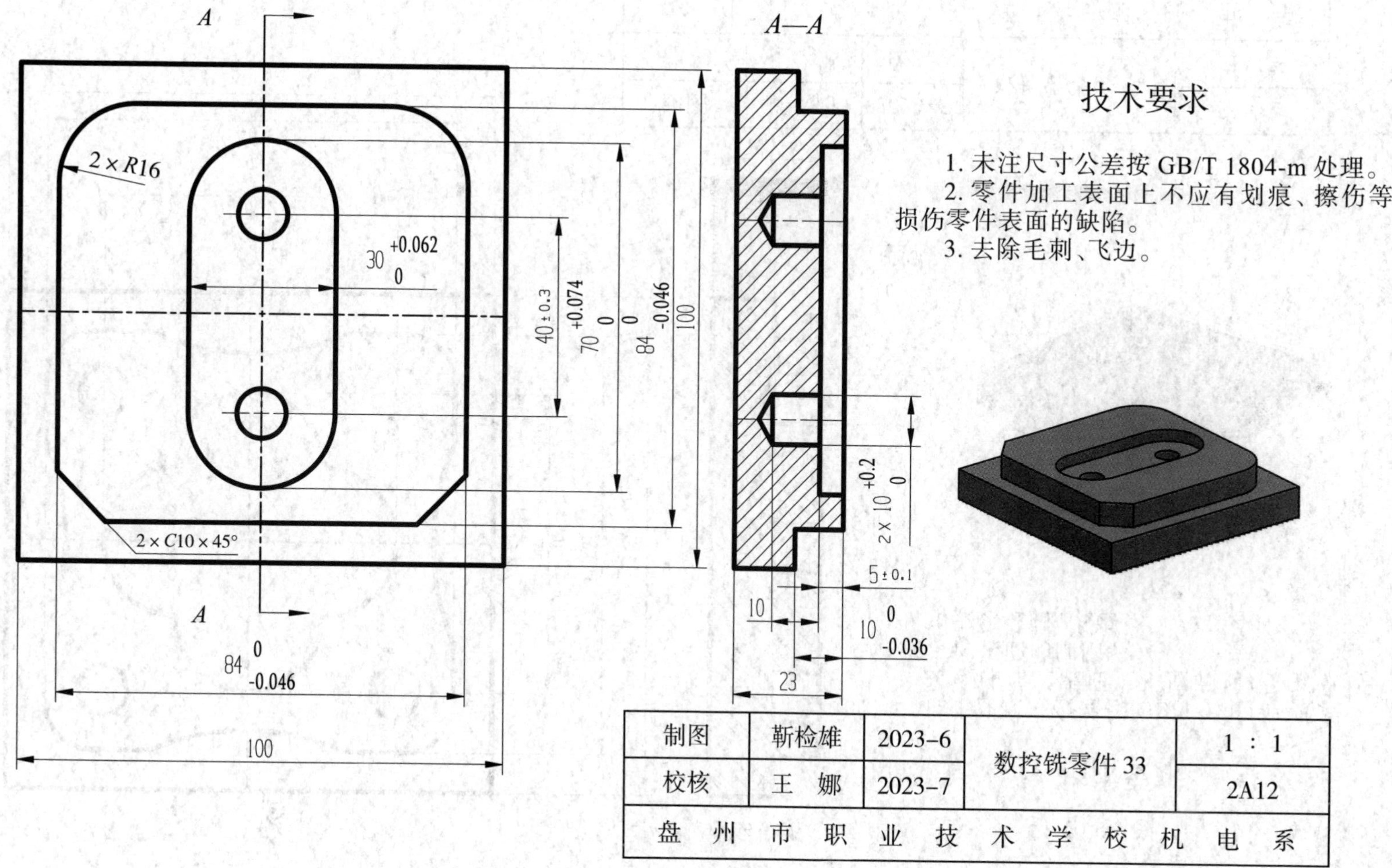
A
A—A
2×R16
30 +0.062 0
40±0.3
70 +0.074 0
84 0 -0.046
100
2×C10×45°
A
84 0 -0.046
100
2×10 +0.2 0
5±0.1
10
10 0 -0.036
23
技术要求
1. 未注尺寸公差按 GB/T 1804-m 处理。
2. 零件加工表面上不应有划痕、擦伤等损伤零件表面的缺陷。
3. 去除毛刺、飞边。
制图
靳检雄
2023-6
数控铣零件 33
1 : 1
校核
王　娜
2023-7
2A12
盘　州　市　职　业　技　术　学　校　机　电　系

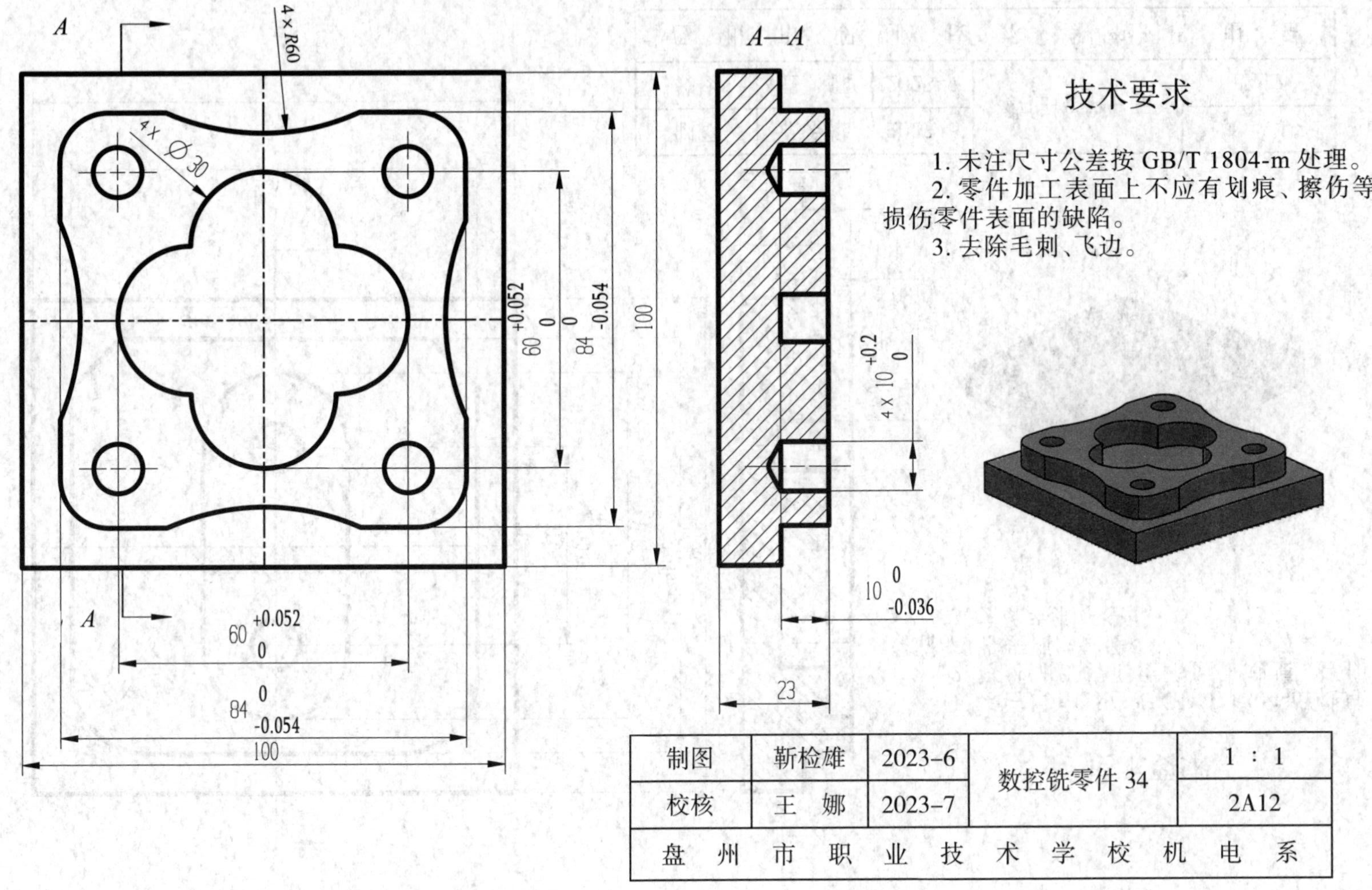
A—A
A
A
4×R60
4×Ø30
60 +0.052 0
84 0 -0.054
100
4×10 +0.2 0
10 0 -0.036
23
技术要求
1. 未注尺寸公差按 GB/T 1804-m 处理。
2. 零件加工表面上不应有划痕、擦伤等损伤零件表面的缺陷。
3. 去除毛刺、飞边。
制图 靳检雄 2023-6
校核 王 娜 2023-7
数控铣零件 34
1 : 1
2A12
盘 州 市 职 业 技 术 学 校 机 电 系

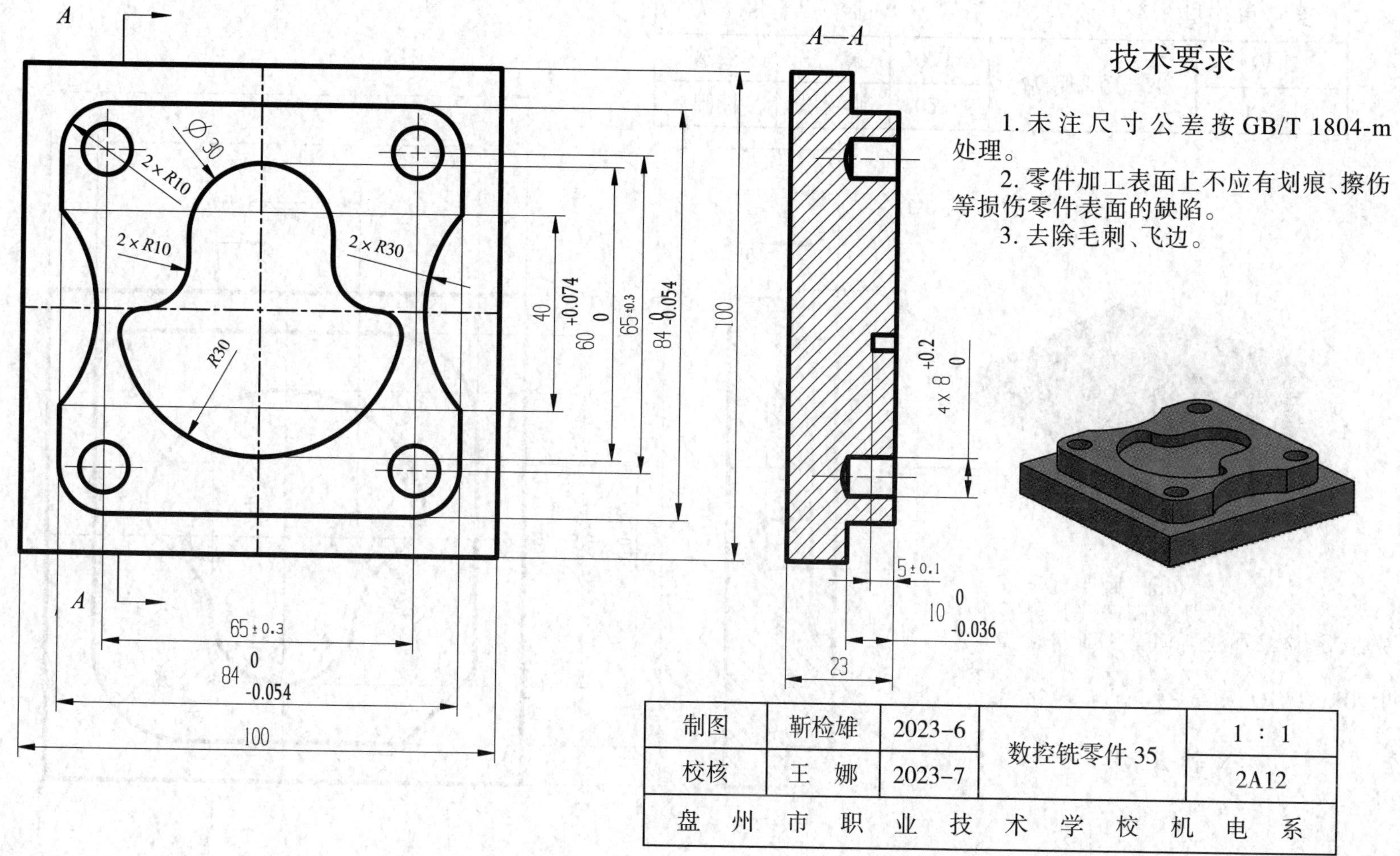
A
A
2×R10
⌀30
2×R10
2×R30
R30
40
60 +0.074 0
65±0.3
84 0 -0.054
100
65±0.3
84 0 -0.054
100
A—A
4×8 +0.2 0
5±0.1
10 0 -0.036
23
技术要求
1. 未注尺寸公差按 GB/T 1804-m 处理。
2. 零件加工表面上不应有划痕、擦伤等损伤零件表面的缺陷。
3. 去除毛刺、飞边。
制图
靳检雄
2023-6
数控铣零件 35
1 : 1
校核
王　娜
2023-7
2A12
盘　州　市　职　业　技　术　学　校　机　电　系

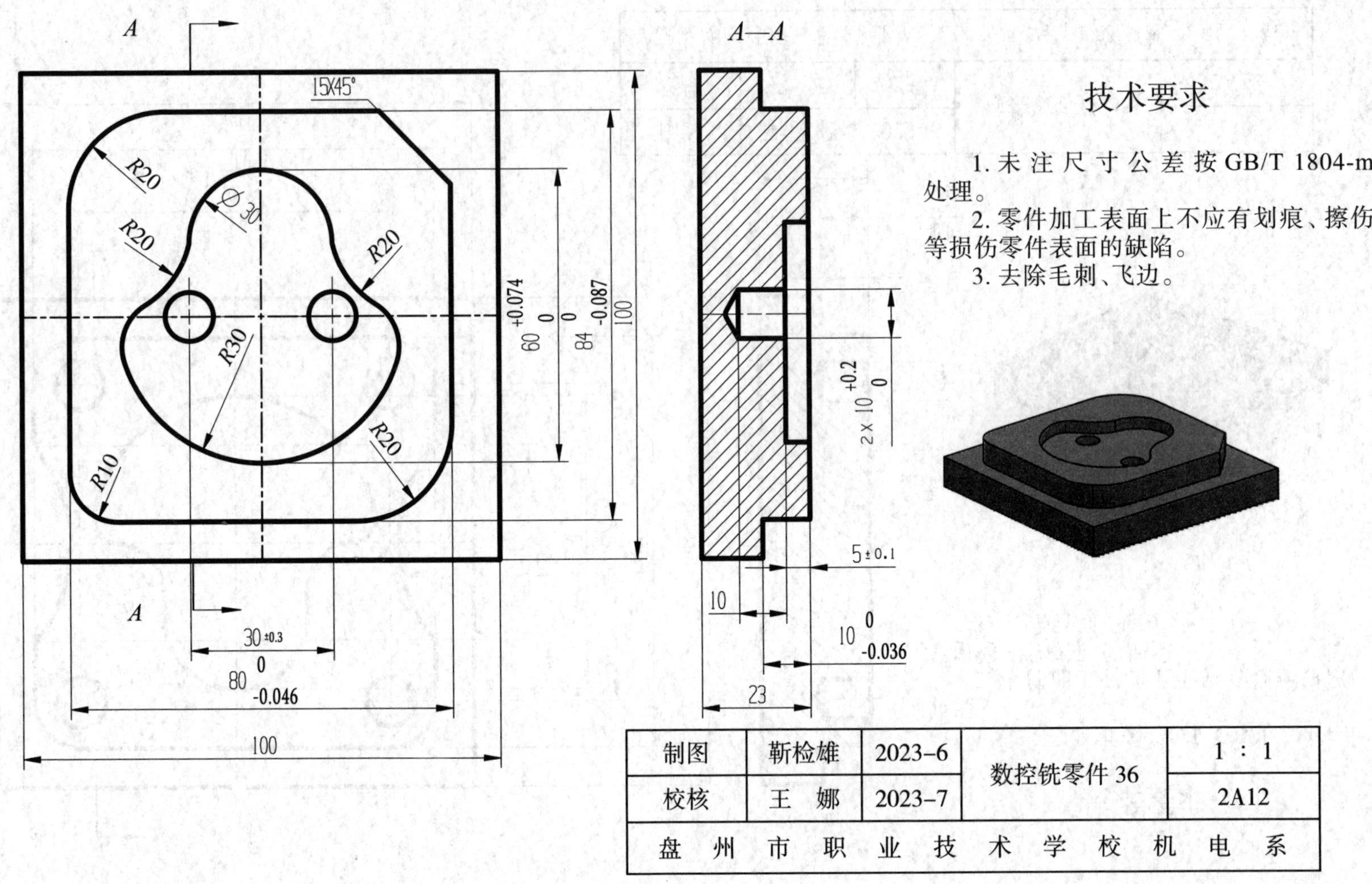

A
A—A
15X45°
R20
⌀30
R20
R20
R30
R20
R10
60 +0.074 0
84 0 -0.087
100
A
30±0.3
80 0 -0.046
100
技术要求
1. 未注尺寸公差按GB/T 1804-m处理。
2. 零件加工表面上不应有划痕、擦伤等损伤零件表面的缺陷。
3. 去除毛刺、飞边。
2×10 +0.2 0
5±0.1
10
10 0 -0.036
23
制图
靳检雄
2023-6
校核
王娜
2023-7
数控铣零件36
1∶1
2A12
盘州市职业技术学校机电系

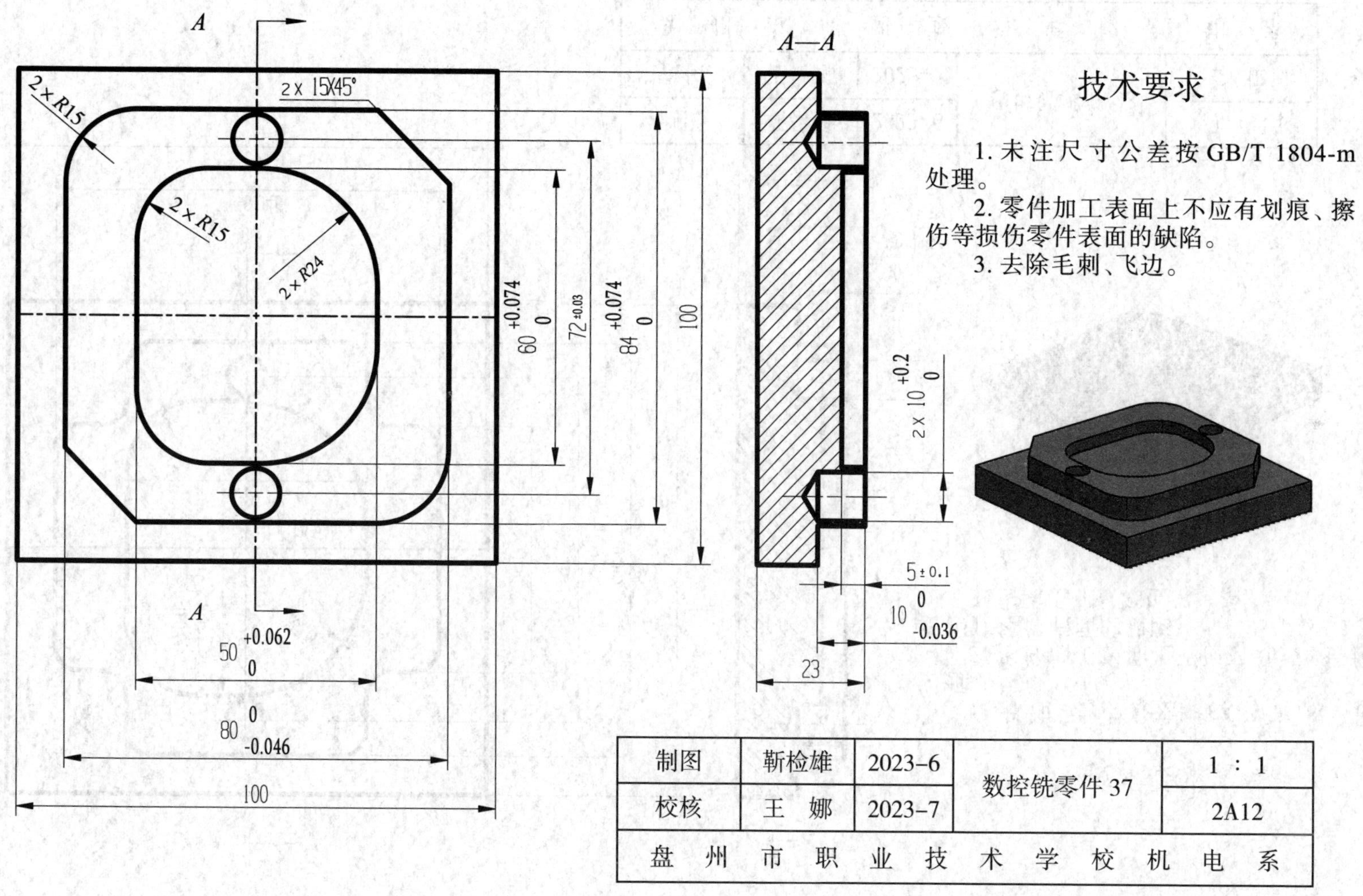
A
A
2×R15
2×15×45°
2×R15
2×R24
60 +0.074 0
72±0.03
84 +0.074 0
100
50 +0.062 0
80 0 -0.046
100
A—A
2×10 +0.2 0
5±0.1
10 0 -0.036
23
技术要求
1. 未注尺寸公差按 GB/T 1804-m 处理。
2. 零件加工表面上不应有划痕、擦伤等损伤零件表面的缺陷。
3. 去除毛刺、飞边。
制图
靳检雄
2023-6
数控铣零件 37
1 : 1
校核
王 娜
2023-7
2A12
盘 州 市 职 业 技 术 学 校 机 电 系

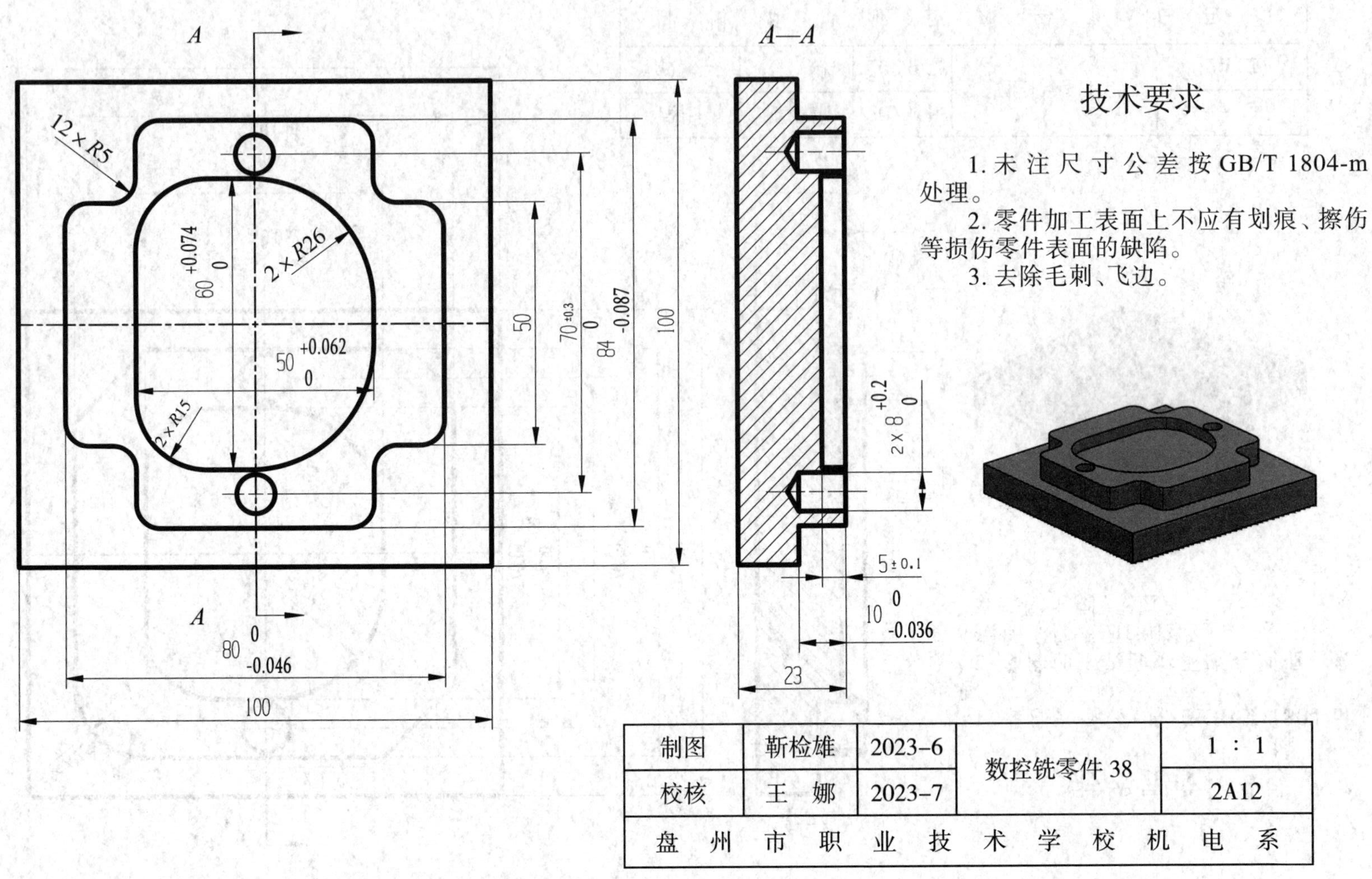
A
A
A—A
12×R5
2×R26
2×R15
$60^{+0.074}_{0}$
$50^{+0.062}_{0}$
50
70 ± 0.3
$84^{0}_{-0.087}$
100
$80^{0}_{-0.046}$
100
$2\times8^{+0.2}_{0}$
5 ± 0.1
$10^{0}_{-0.036}$
23
技术要求
1. 未注尺寸公差按 GB/T 1804-m 处理。
2. 零件加工表面上不应有划痕、擦伤等损伤零件表面的缺陷。
3. 去除毛刺、飞边。
制图
靳检雄
2023-6
校核
王 娜
2023-7
数控铣零件 38
1 : 1
2A12
盘 州 市 职 业 技 术 学 校 机 电 系

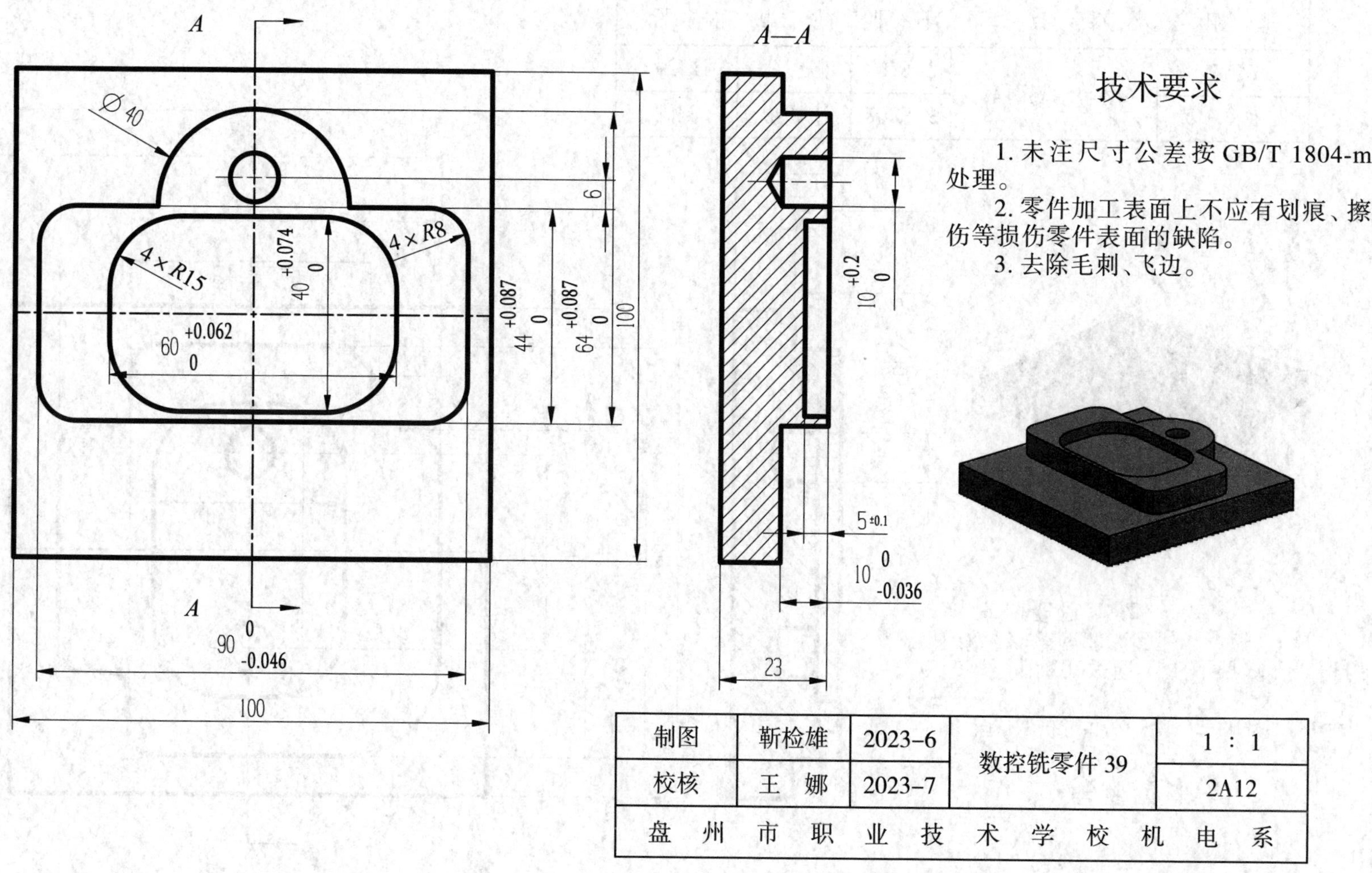

技术要求

1. 未注尺寸公差按 GB/T 1804-m 处理。
2. 零件加工表面上不应有划痕、擦伤等损伤零件表面的缺陷。
3. 去除毛刺、飞边。

制图	靳检雄	2023–6	数控铣零件 39	1 : 1
校核	王　娜	2023–7		2A12
盘州市职业技术学校机电系				

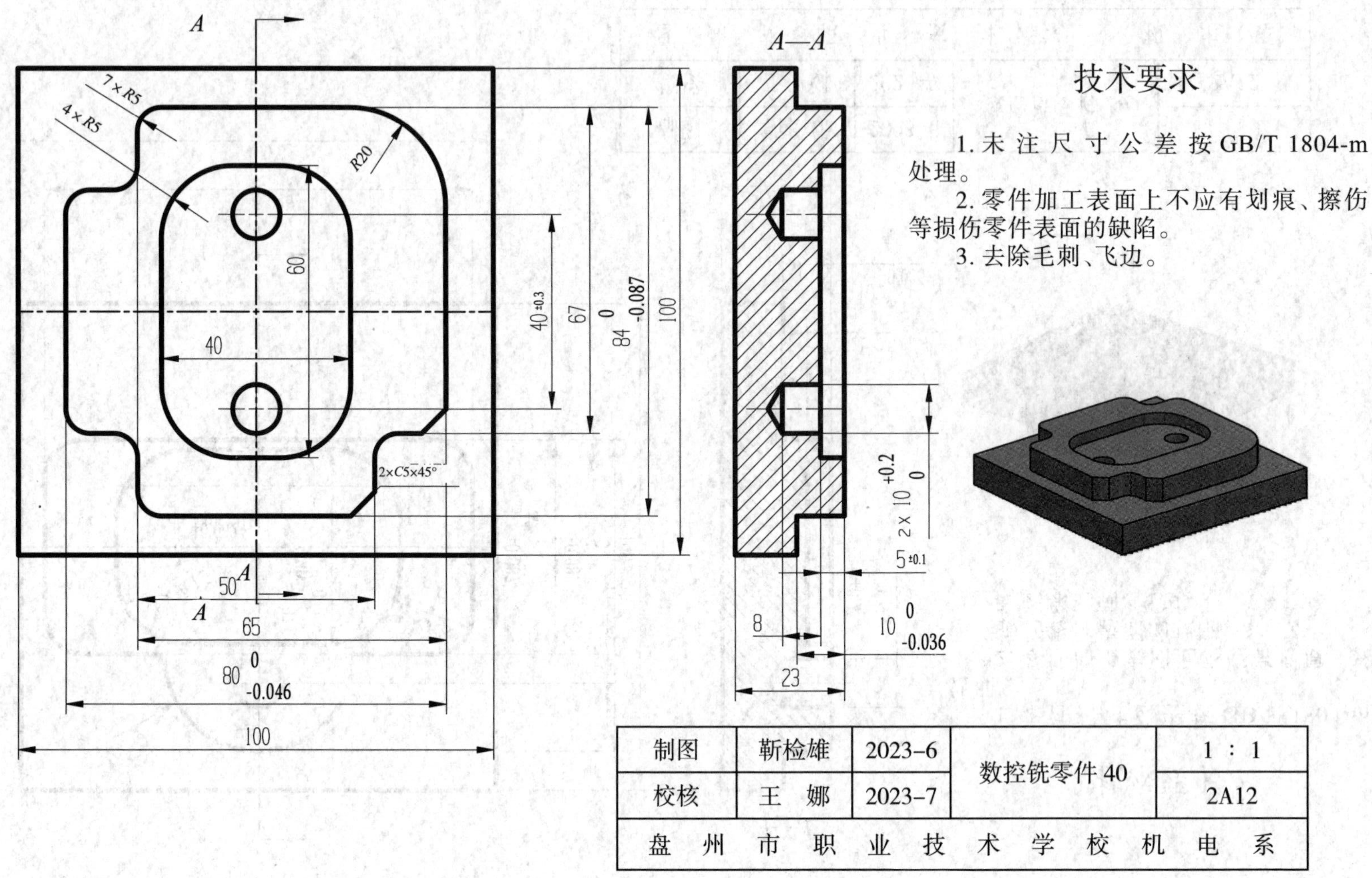

技术要求

1. 未注尺寸公差按GB/T 1804-m处理。

2. 零件加工表面上不应有划痕、擦伤等损伤零件表面的缺陷。

3. 去除毛刺、飞边。

制图	靳检雄	2023-6	数控铣零件 40	1 : 1
校核	王　娜	2023-7		2A12
盘州市职业技术学校机电系				

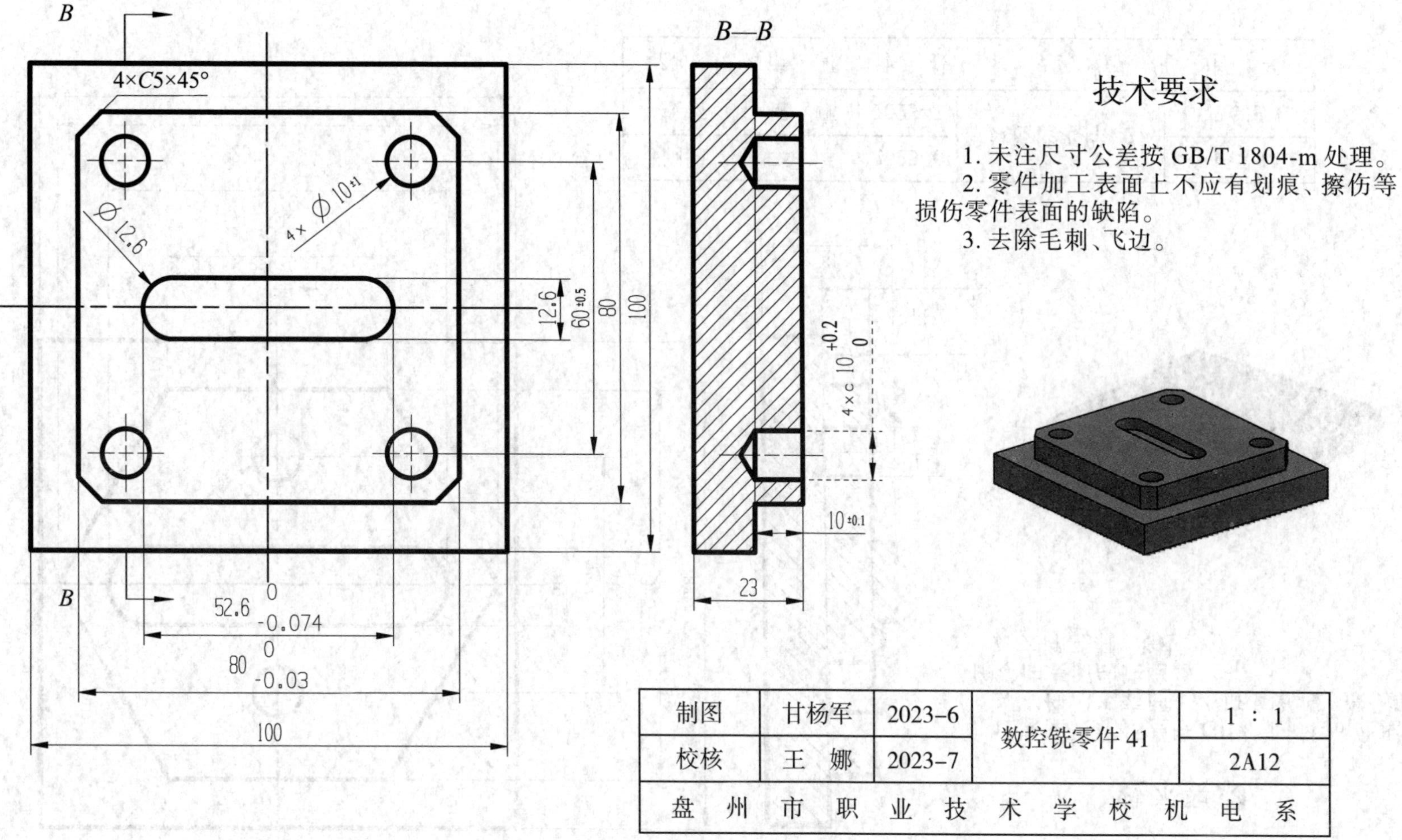

B
4×C5×45°
Φ12.6
4×Φ10±1
12.6
60±0.5
80
100
B
52.6 0 -0.074
80 0 -0.03
100
B—B
4×Φ10 +0.2 0
10±0.1
23
技术要求
1. 未注尺寸公差按 GB/T 1804-m 处理。
2. 零件加工表面上不应有划痕、擦伤等损伤零件表面的缺陷。
3. 去除毛刺、飞边。
制图 甘杨军 2023-6
校核 王 娜 2023-7
数控铣零件 41
1 : 1
2A12
盘州市职业技术学校机电系

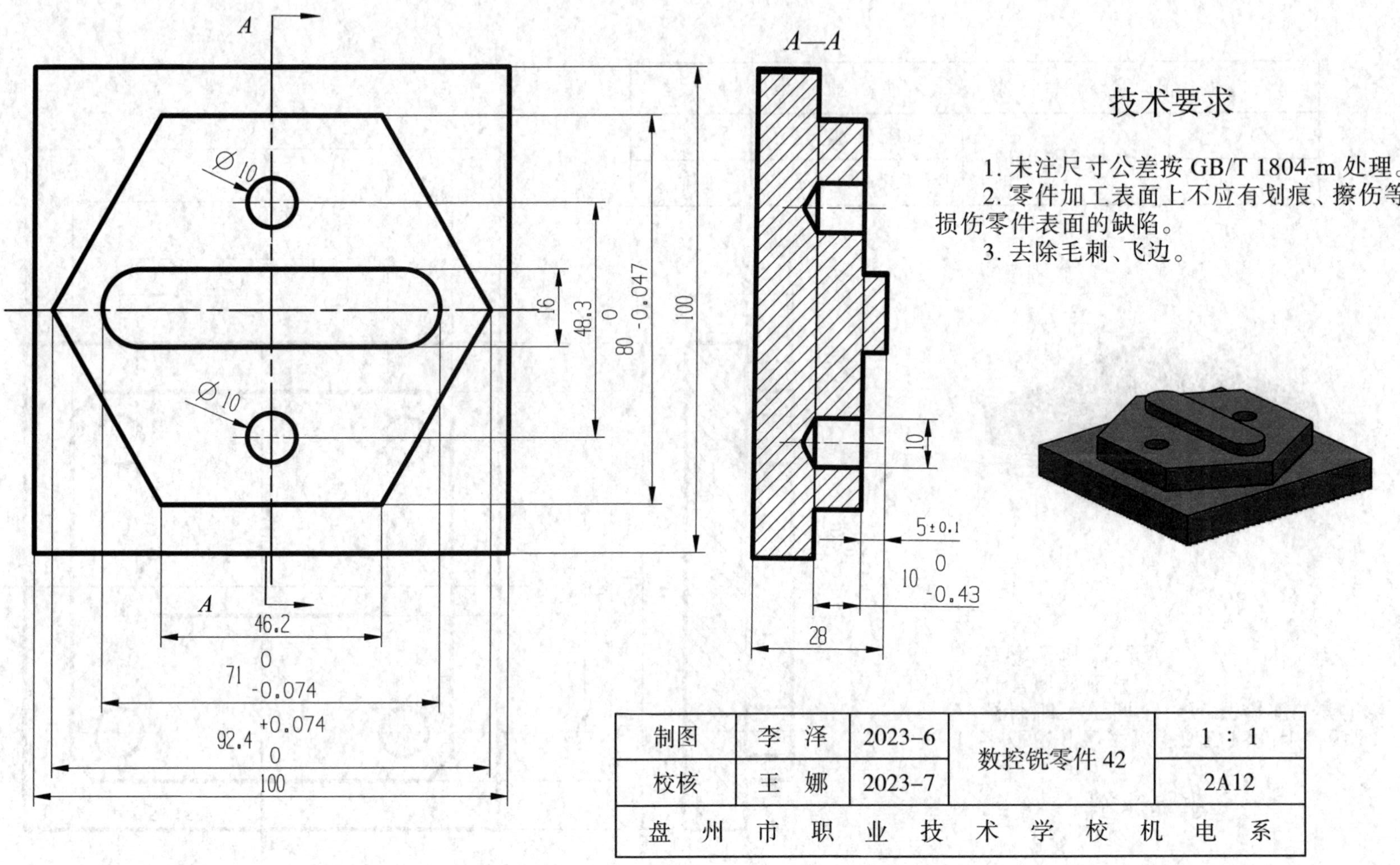

A
A—A
技术要求
1. 未注尺寸公差按 GB/T 1804-m 处理。
2. 零件加工表面上不应有划痕、擦伤等损伤零件表面的缺陷。
3. 去除毛刺、飞边。
⌀10
⌀10
16
48.3
80 0 -0.047
100
10
5±0.1
10 0 -0.43
28
46.2
71 0 -0.074
92.4 +0.074 0
100
A
制图 李 泽 2023-6 数控铣零件 42 1 : 1
校核 王 娜 2023-7 2A12
盘 州 市 职 业 技 术 学 校 机 电 系

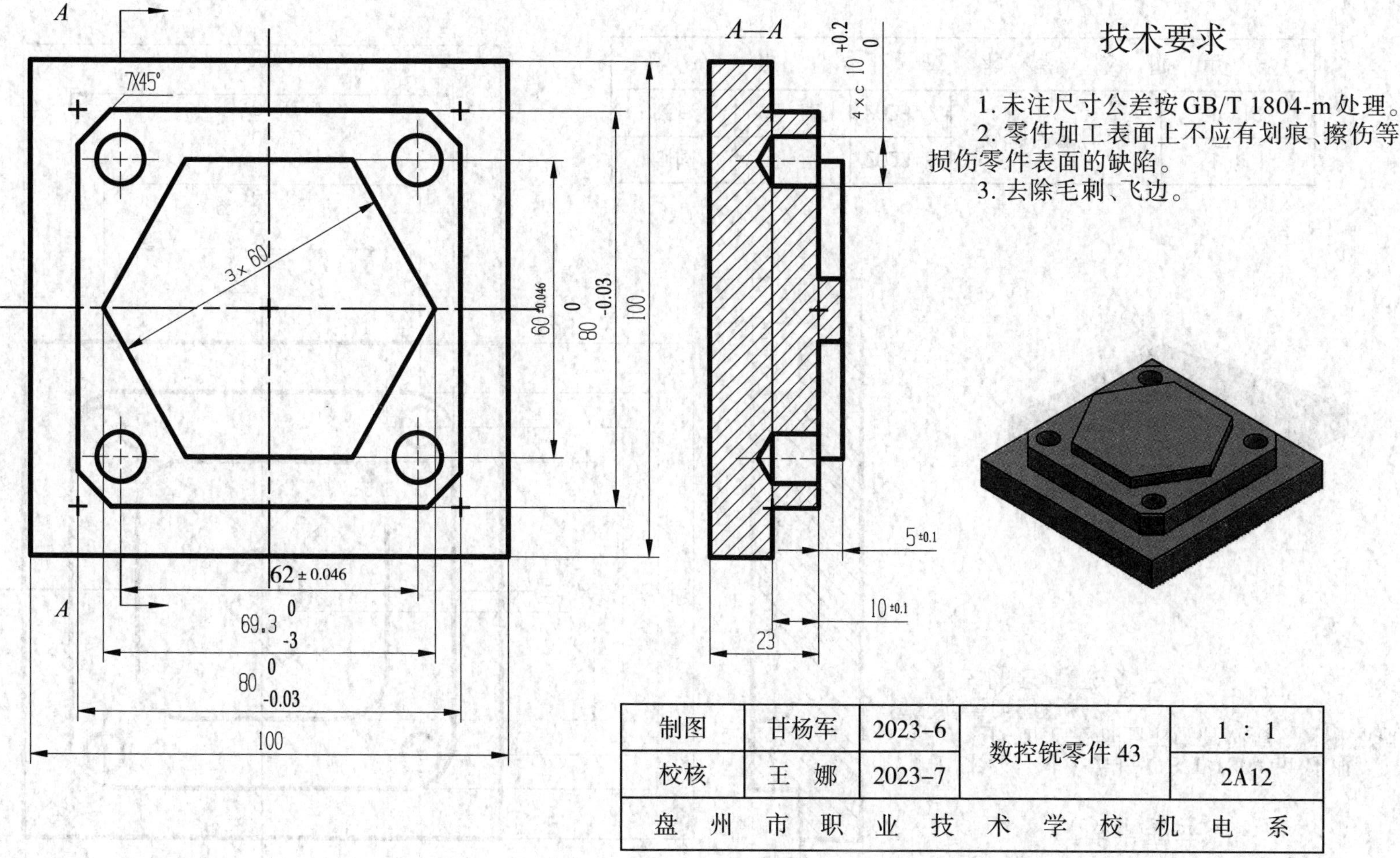
A
7X45°
3×60
A
60 ±0.046
80 0 -0.03
100
62 ± 0.046
69.3 0 -3
80 0 -0.03
100
A—A
4×c 10 +0.2 0
5 ±0.1
10 ±0.1
23
技术要求
1. 未注尺寸公差按GB/T 1804-m处理。
2. 零件加工表面上不应有划痕、擦伤等损伤零件表面的缺陷。
3. 去除毛刺、飞边。
制图
甘杨军
2023-6
校核
王 娜
2023-7
数控铣零件43
1 : 1
2A12
盘 州 市 职 业 技 术 学 校 机 电 系

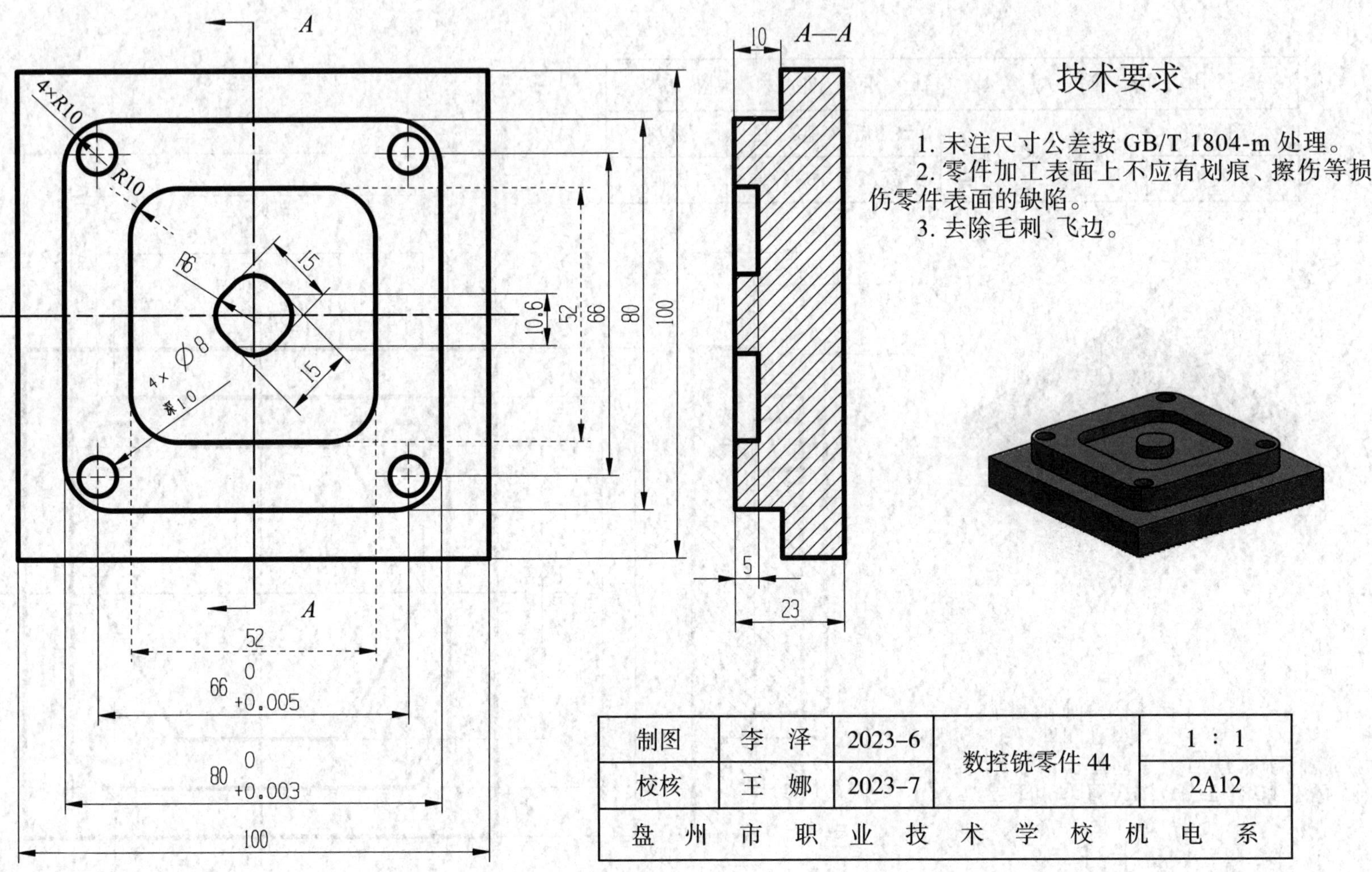
A
A
4×R10
R10
R6
15
15
4×Φ8
深10
10.6
52
66
80
100
52
66 0 +0.005
80 0 +0.003
100
A—A
10
5
23
技术要求
1. 未注尺寸公差按 GB/T 1804-m 处理。
2. 零件加工表面上不应有划痕、擦伤等损伤零件表面的缺陷。
3. 去除毛刺、飞边。
制图 李泽 2023-6
校核 王娜 2023-7
数控铣零件 44
1:1
2A12
盘州市职业技术学校机电系

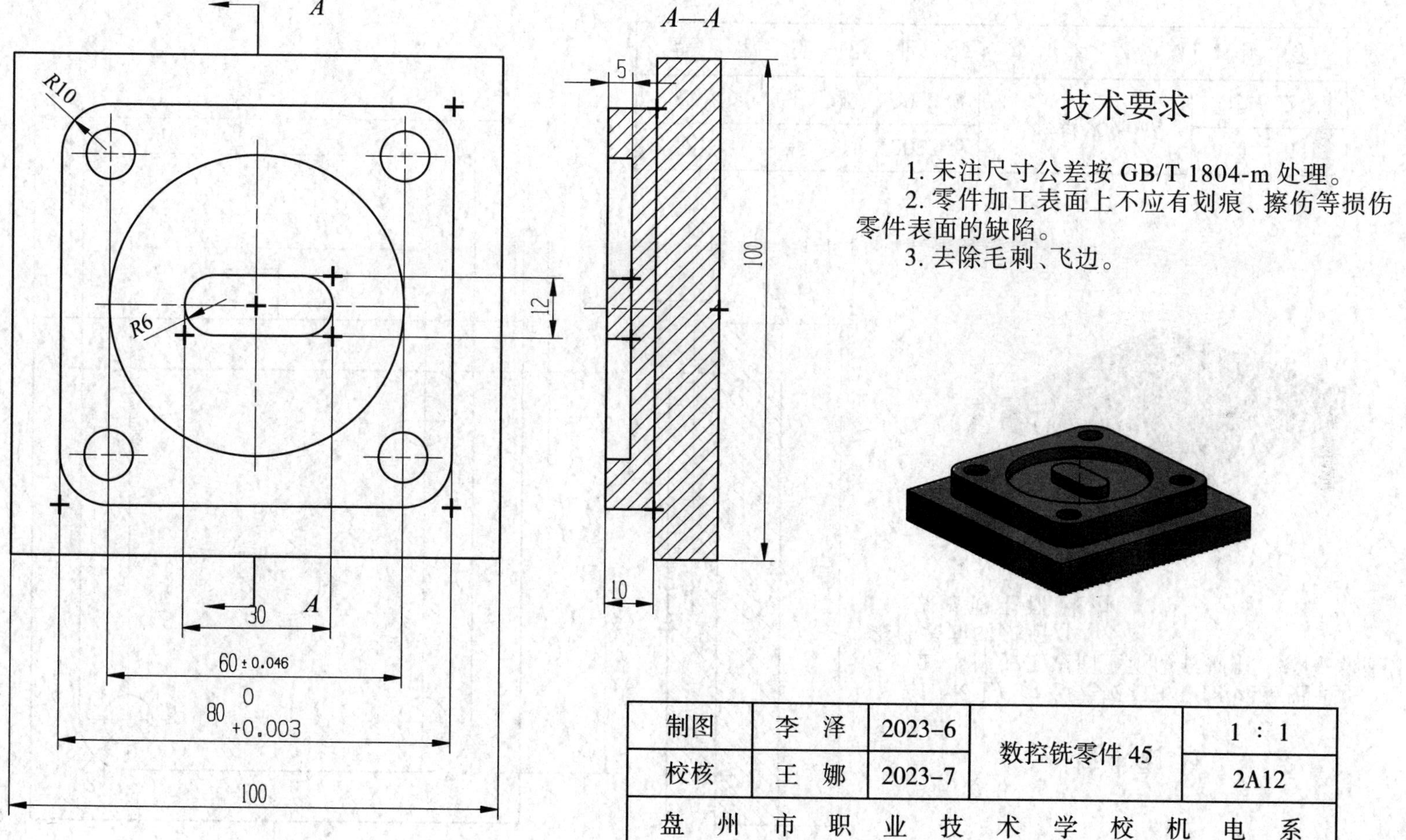
A
A—A
R10
5
R6
12
100
10
30
A
60±0.046
80 0 +0.003
100
技术要求
1. 未注尺寸公差按 GB/T 1804-m 处理。
2. 零件加工表面上不应有划痕、擦伤等损伤零件表面的缺陷。
3. 去除毛刺、飞边。
制图
李 泽
2023-6
数控铣零件45
1 : 1
校核
王 娜
2023-7
2A12
盘 州 市 职 业 技 术 学 校 机 电 系

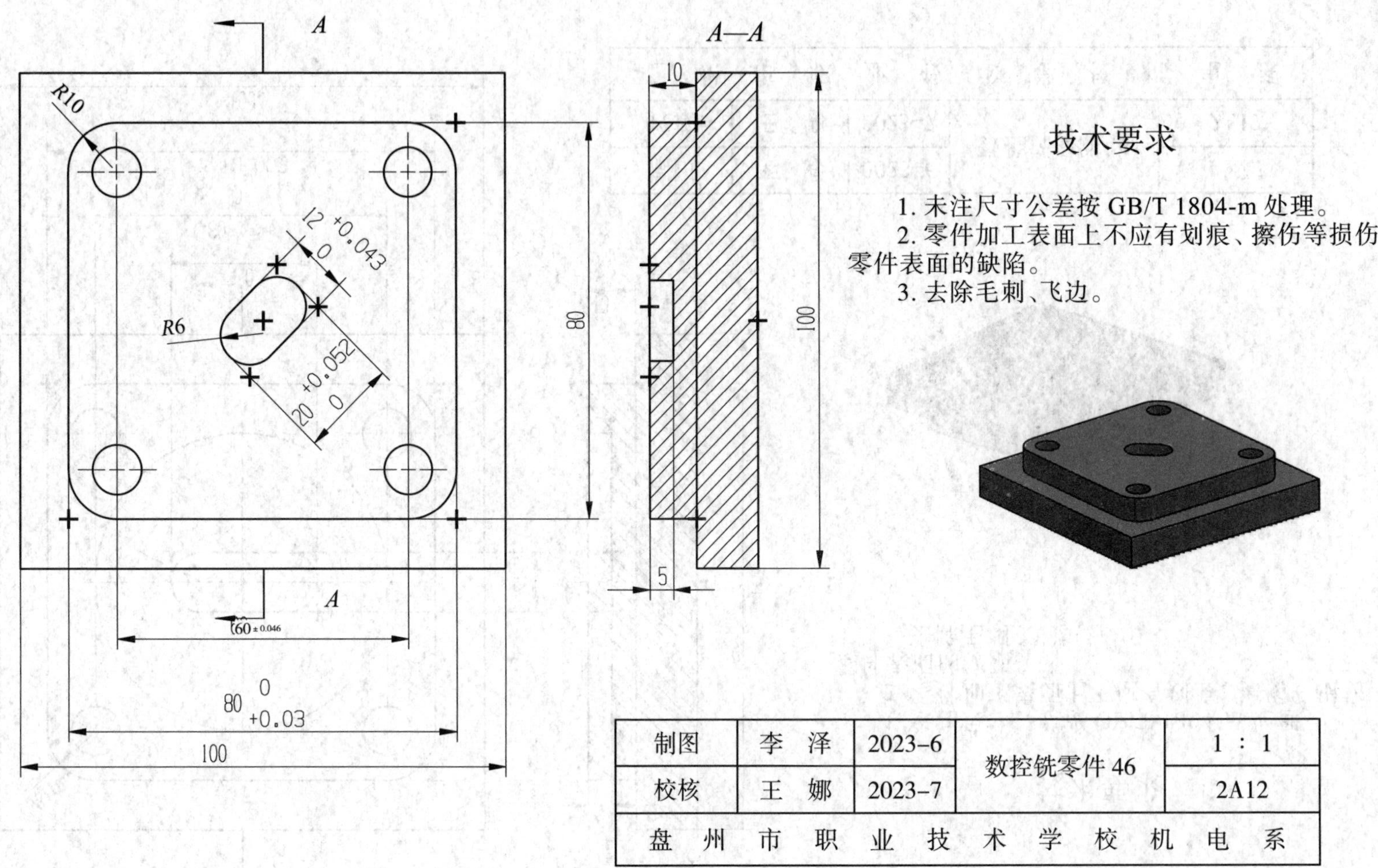
A
A—A
R10
12 +0.043 0
R6
20 +0.052 0
80
10
100
5
A
60±0.046
80 0 +0.03
100
技术要求
1. 未注尺寸公差按 GB/T 1804-m 处理。
2. 零件加工表面上不应有划痕、擦伤等损伤零件表面的缺陷。
3. 去除毛刺、飞边。
制图
李 泽
2023-6
校核
王 娜
2023-7
数控铣零件 46
1 : 1
2A12
盘 州 市 职 业 技 术 学 校 机 电 系

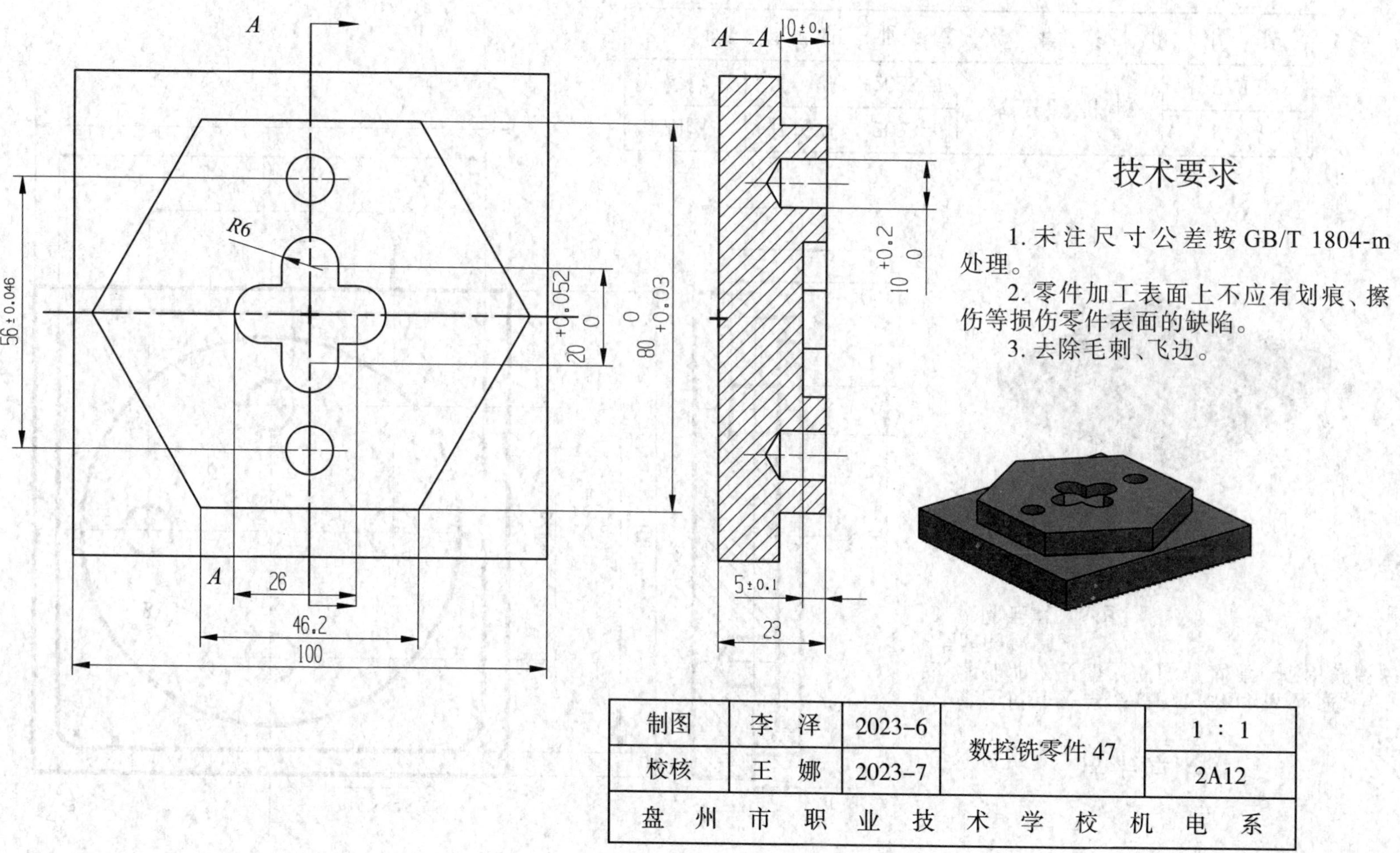

A
A
R6
56±0.046
20 +0.052 0
80 +0.03 0
26
46.2
100
A—A
10±0.1
10 +0.2 0
5±0.1
23
技术要求
1. 未注尺寸公差按GB/T 1804-m处理。
2. 零件加工表面上不应有划痕、擦伤等损伤零件表面的缺陷。
3. 去除毛刺、飞边。
制图　李泽　2023-6
校核　王娜　2023-7
数控铣零件47
1 : 1
2A12
盘州市职业技术学校机电系

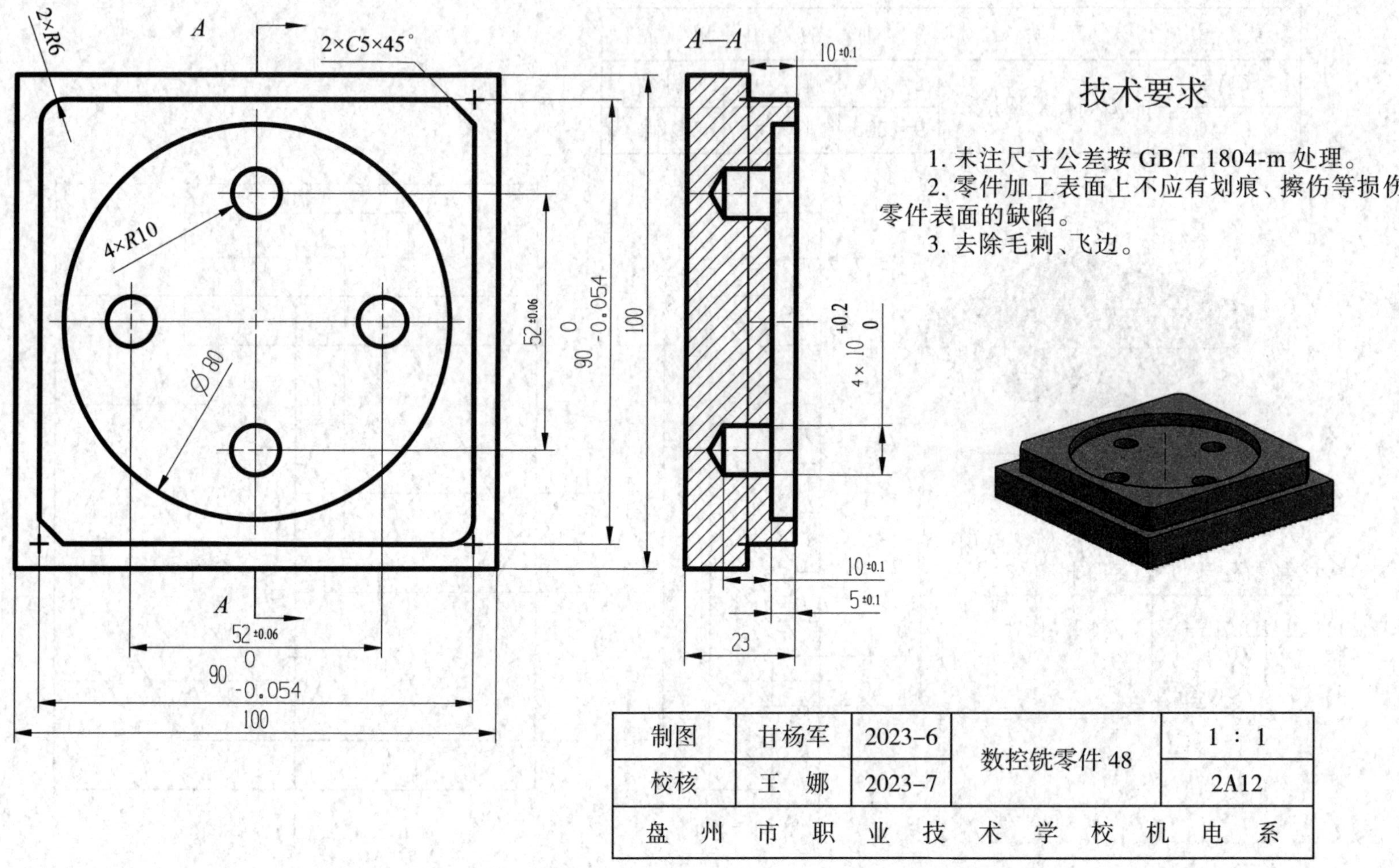
2×R6
A
2×C5×45°
4×R10
Ø80
$52^{\pm0.06}$
$90^{\ 0}_{-0.054}$
100
A
A—A
$10^{\pm0.1}$
$4\times10^{+0.2}_{\ 0}$
$10^{\pm0.1}$
$5^{\pm0.1}$
23
技术要求
1. 未注尺寸公差按 GB/T 1804-m 处理。
2. 零件加工表面上不应有划痕、擦伤等损伤零件表面的缺陷。
3. 去除毛刺、飞边。
制图
甘杨军
2023-6
数控铣零件 48
1 ∶ 1
校核
王　娜
2023-7
2A12
盘　州　市　职　业　技　术　学　校　机　电　系

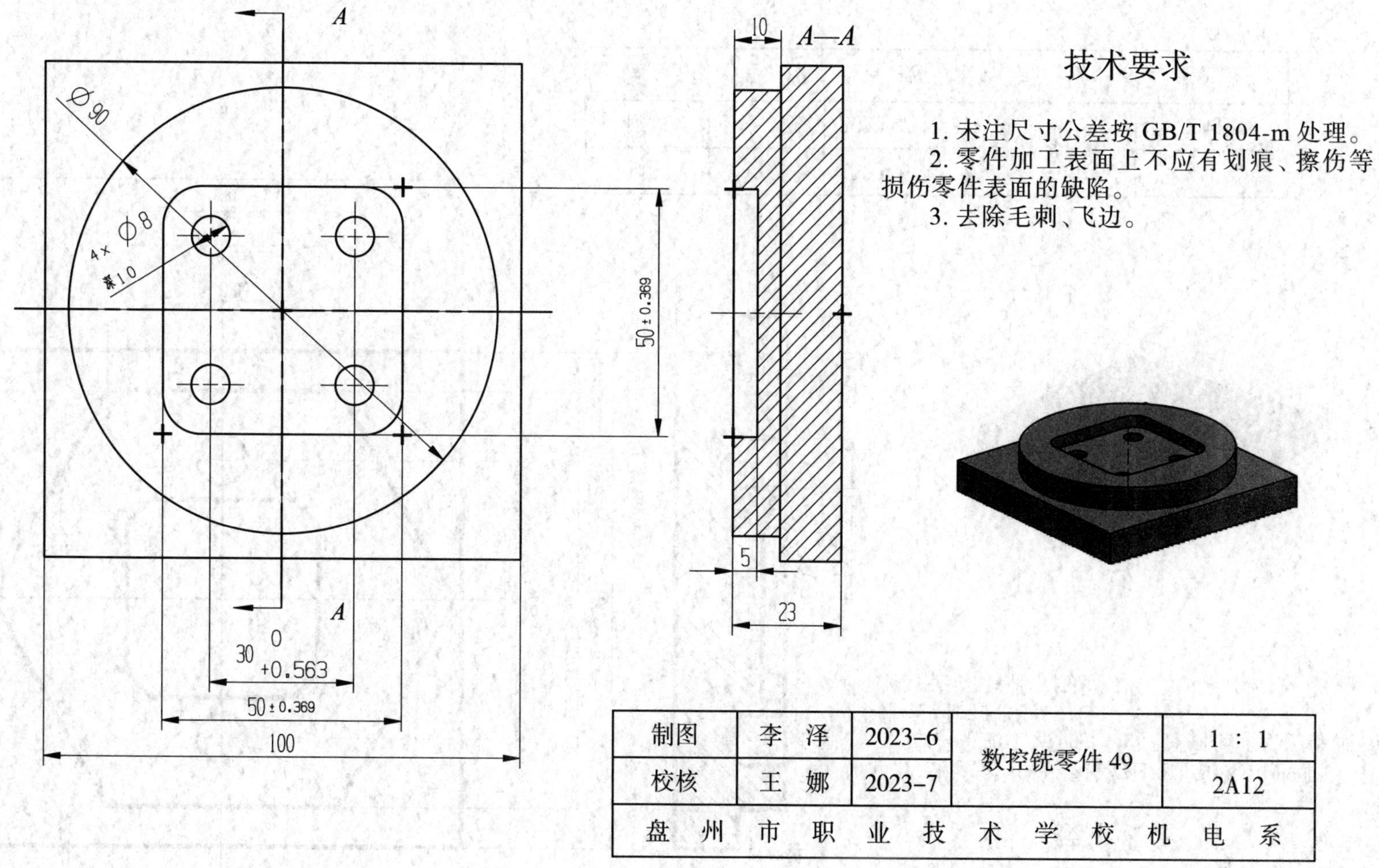
A
A
A—A
⌀90
4×⌀8 深10
50±0.369
$30^{+0.563}_{0}$
50±0.369
100
10
5
23
技术要求
1. 未注尺寸公差按 GB/T 1804-m 处理。
2. 零件加工表面上不应有划痕、擦伤等损伤零件表面的缺陷。
3. 去除毛刺、飞边。
制图 李泽 2023-6
校核 王娜 2023-7
数控铣零件 49
1 : 1
2A12
盘州市职业技术学校机电系

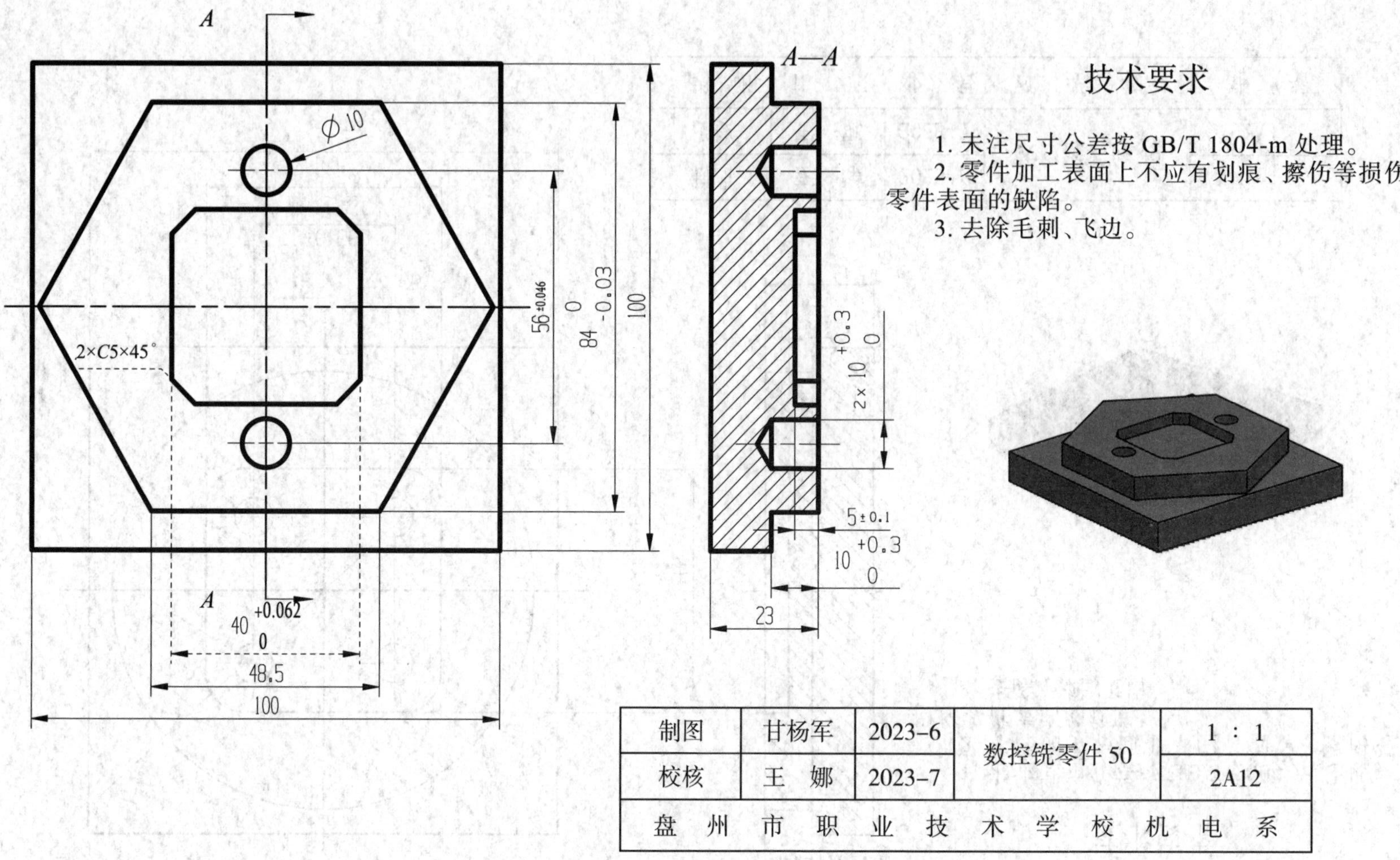
A
A
ϕ10
2×C5×45°
56±0.046
84 0 -0.03
100
40 +0.062 0
48.5
100
A—A
2×10 +0.3 0
5±0.1
10 +0.3 0
23
技术要求
1. 未注尺寸公差按 GB/T 1804-m 处理。
2. 零件加工表面上不应有划痕、擦伤等损伤零件表面的缺陷。
3. 去除毛刺、飞边。
制图 甘杨军 2023-6
校核 王 娜 2023-7
数控铣零件 50
1 : 1
2A12
盘州市职业技术学校机电系

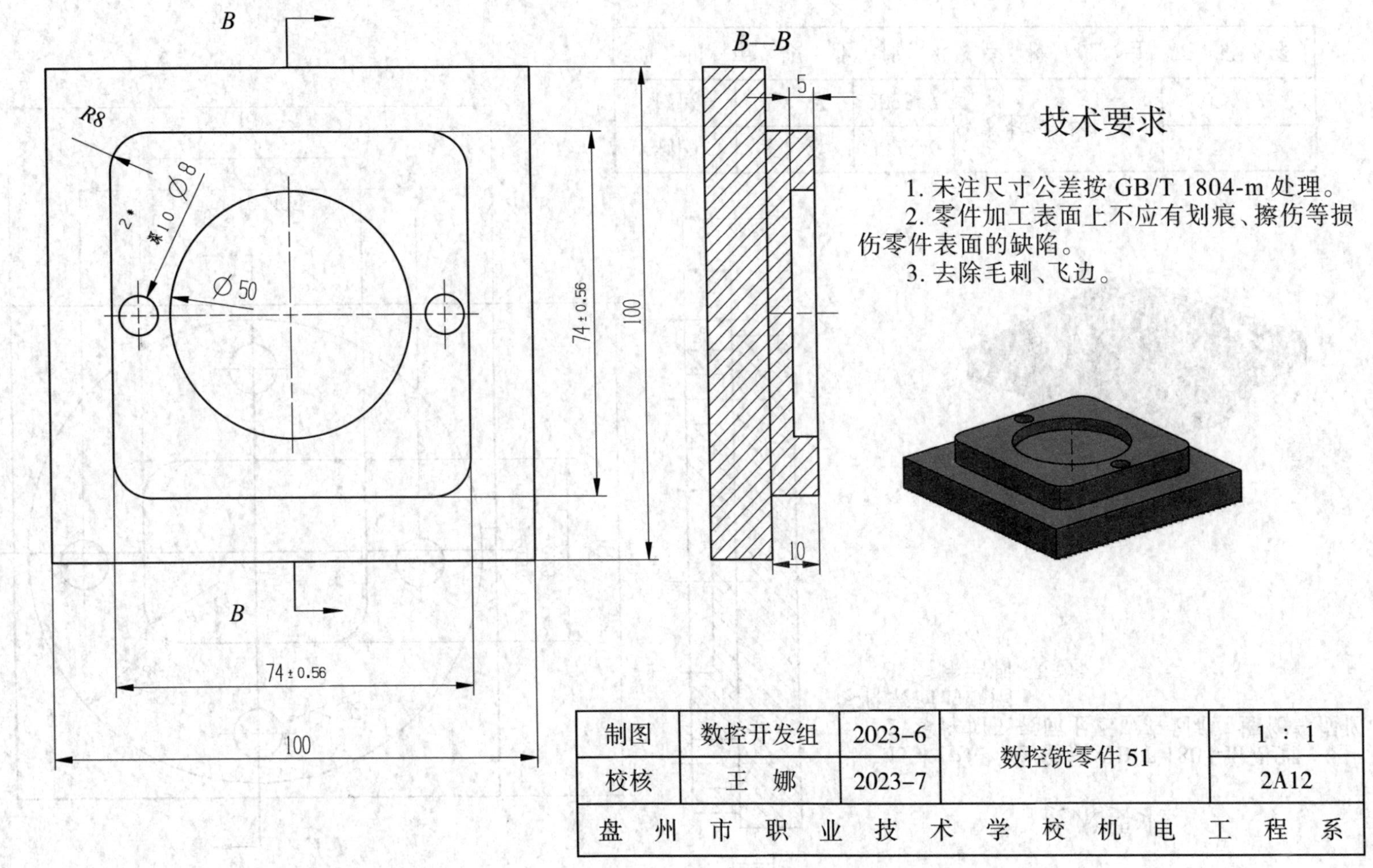
B
B
R8
Ø8
深10
2×
Ø50
74±0.56
100
B—B
5
10
技术要求
1. 未注尺寸公差按 GB/T 1804-m 处理。
2. 零件加工表面上不应有划痕、擦伤等损伤零件表面的缺陷。
3. 去除毛刺、飞边。
制图
数控开发组
2023-6
数控铣零件 51
1 : 1
校核
王 娜
2023-7
2A12
盘 州 市 职 业 技 术 学 校 机 电 工 程 系

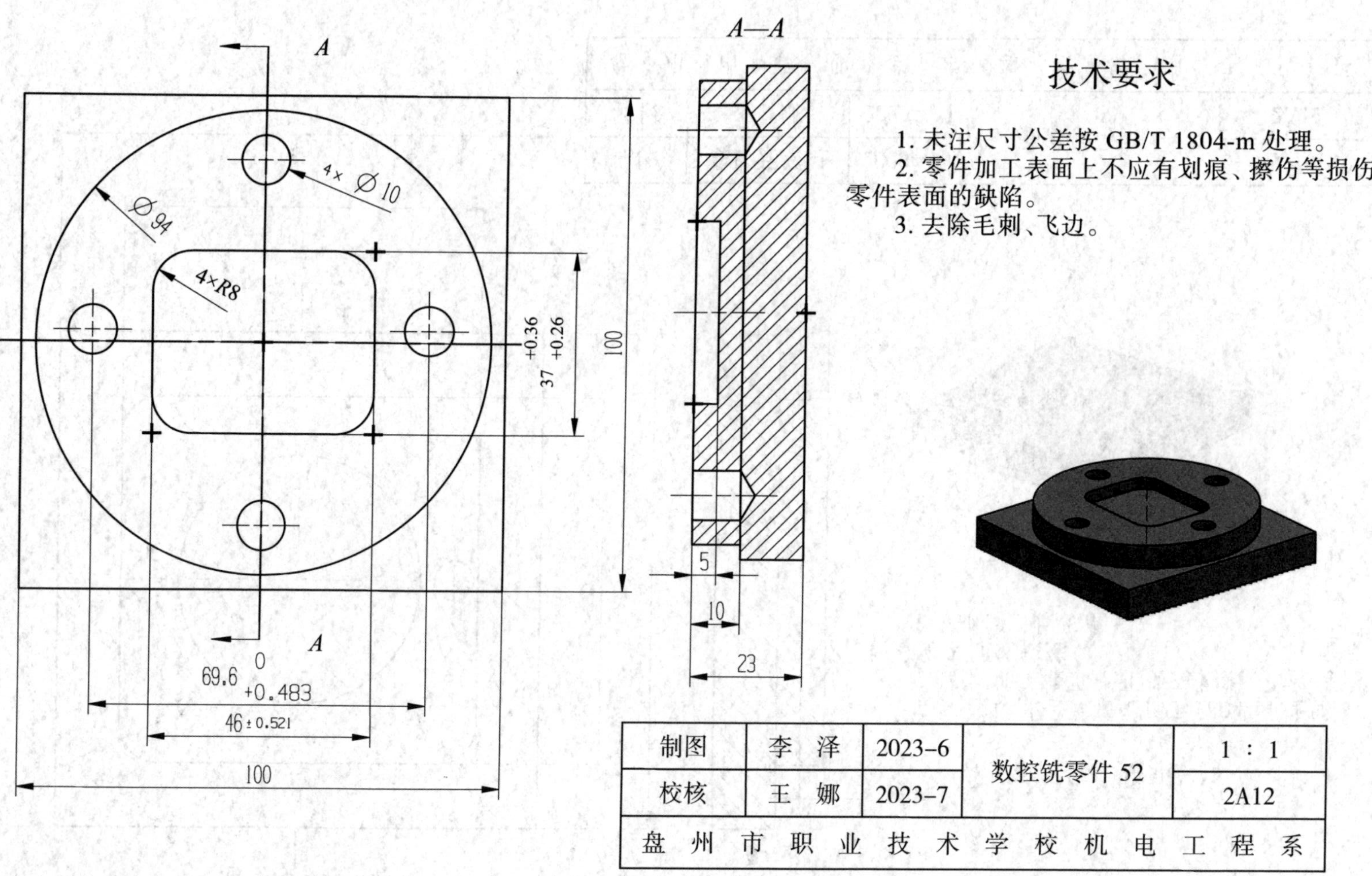
A
4× Ø10
Ø94
4×R8
37 +0.36 +0.26
100
A
69.6 0 +0.483
46±0.521
100
A—A
5
10
23
技术要求
1. 未注尺寸公差按 GB/T 1804-m 处理。
2. 零件加工表面上不应有划痕、擦伤等损伤零件表面的缺陷。
3. 去除毛刺、飞边。
制图
李 泽
2023-6
数控铣零件 52
1 : 1
校核
王 娜
2023-7
2A12
盘 州 市 职 业 技 术 学 校 机 电 工 程 系

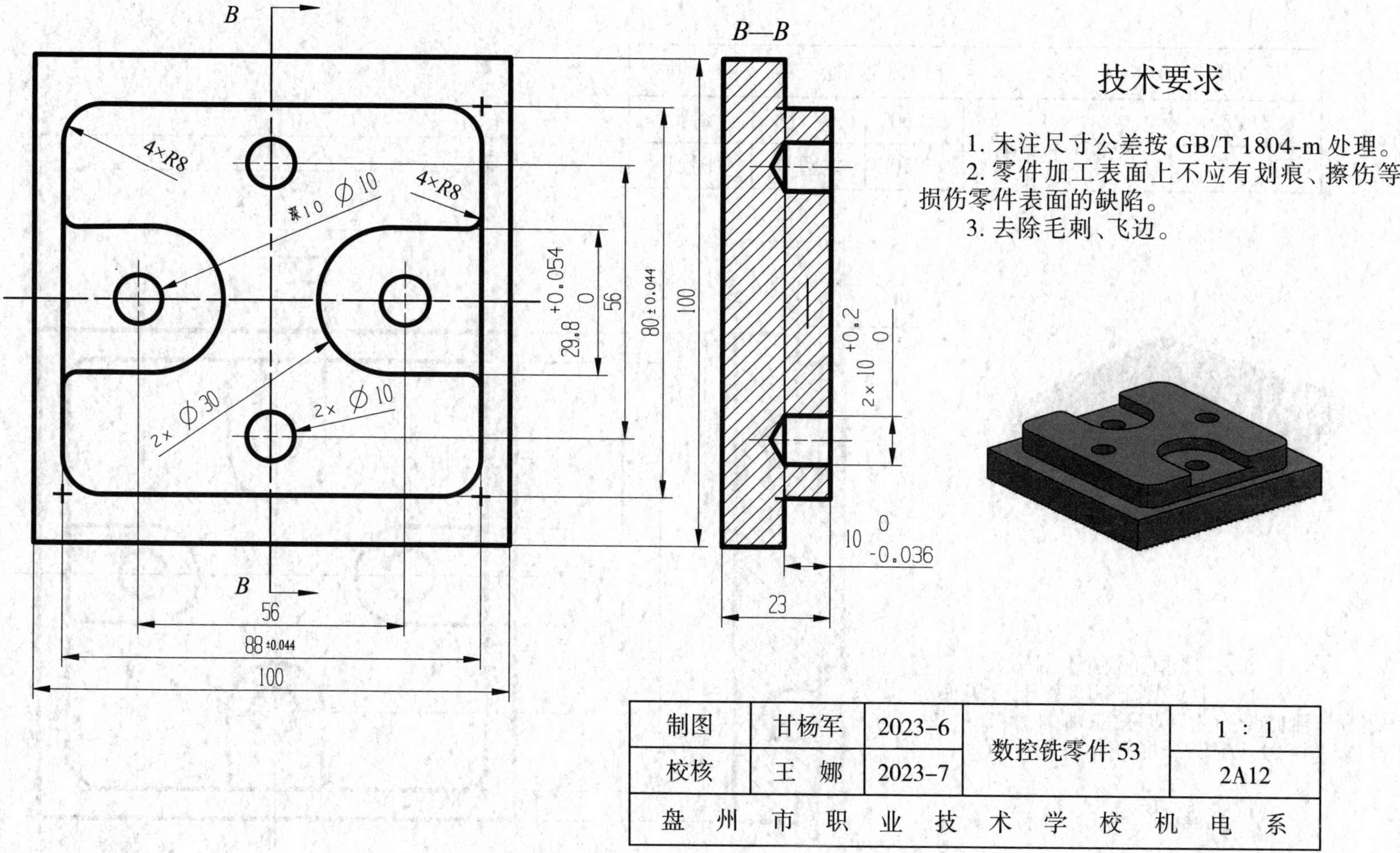
B
B—B
4×R8
深10 Φ10
4×R8
29.8 +0.054 0
56
80±0.044
100
2×Φ30
2×Φ10
2×10 +0.2 0
10 0 -0.036
B
56
88±0.044
100
23
技术要求
1. 未注尺寸公差按 GB/T 1804-m 处理。
2. 零件加工表面上不应有划痕、擦伤等损伤零件表面的缺陷。
3. 去除毛刺、飞边。
制图 甘杨军 2023-6
校核 王 娜 2023-7
数控铣零件 53
1 : 1
2A12
盘州市职业技术学校机电系

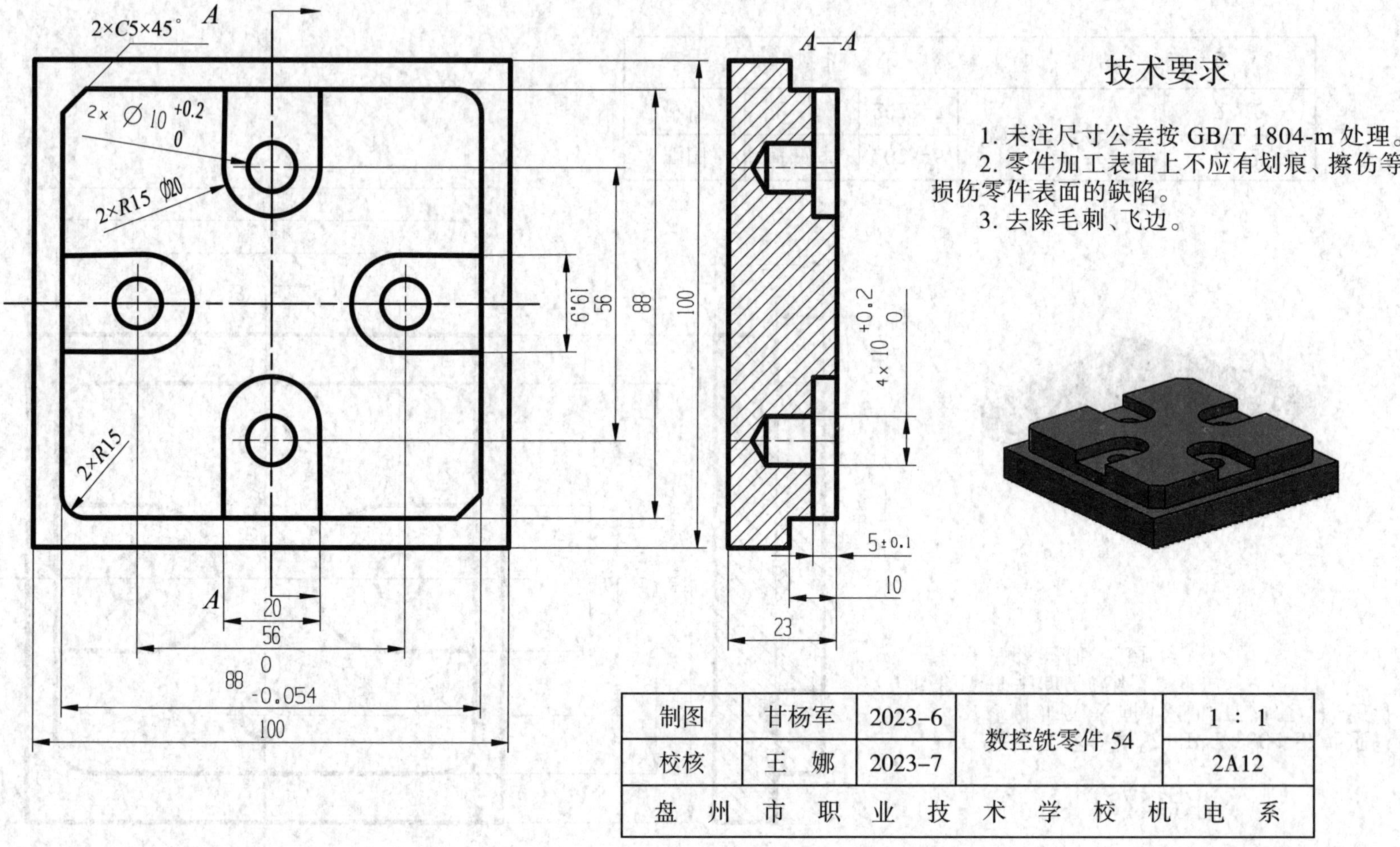
2×C5×45°
A
A
2× Ø10 +0.2 0
2×R15 Ø20
2×R15
19.9
56
88
100
20
56
88 0 -0.054
100
A—A
4×10 +0.2 0
5±0.1
10
23
技术要求
1. 未注尺寸公差按 GB/T 1804-m 处理。
2. 零件加工表面上不应有划痕、擦伤等损伤零件表面的缺陷。
3. 去除毛刺、飞边。
制图
甘杨军
2023-6
校核
王 娜
2023-7
数控铣零件 54
1 : 1
2A12
盘 州 市 职 业 技 术 学 校 机 电 系

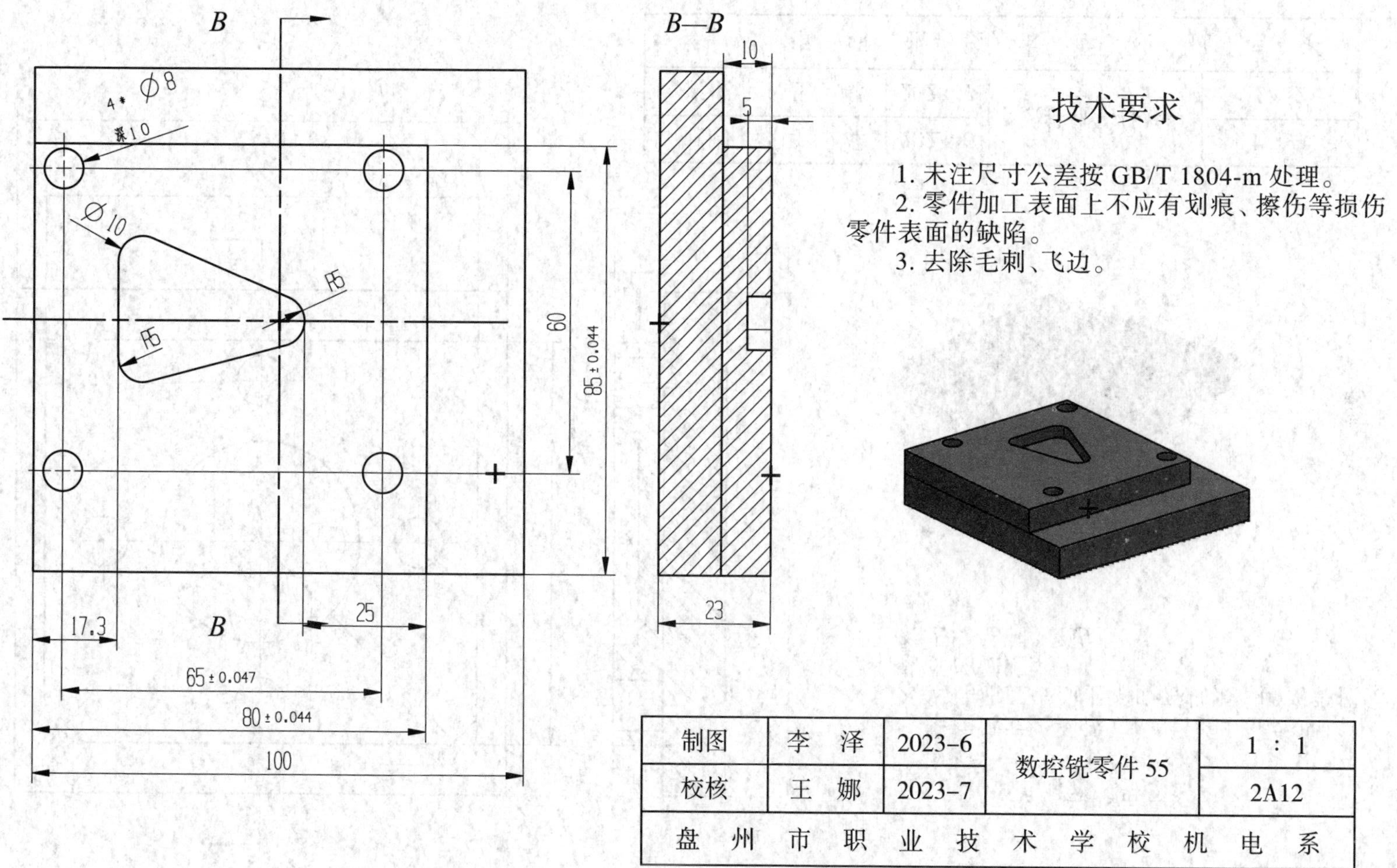
B
B—B
4* ϕ8
深10
ϕ10
R5
R5
60
85±0.044
10
5
23
17.3
B
25
65±0.047
80±0.044
100
技术要求
1. 未注尺寸公差按 GB/T 1804-m 处理。
2. 零件加工表面上不应有划痕、擦伤等损伤零件表面的缺陷。
3. 去除毛刺、飞边。
制图　李泽　2023-6
校核　王娜　2023-7
数控铣零件 55
1 : 1
2A12
盘州市职业技术学校机电系

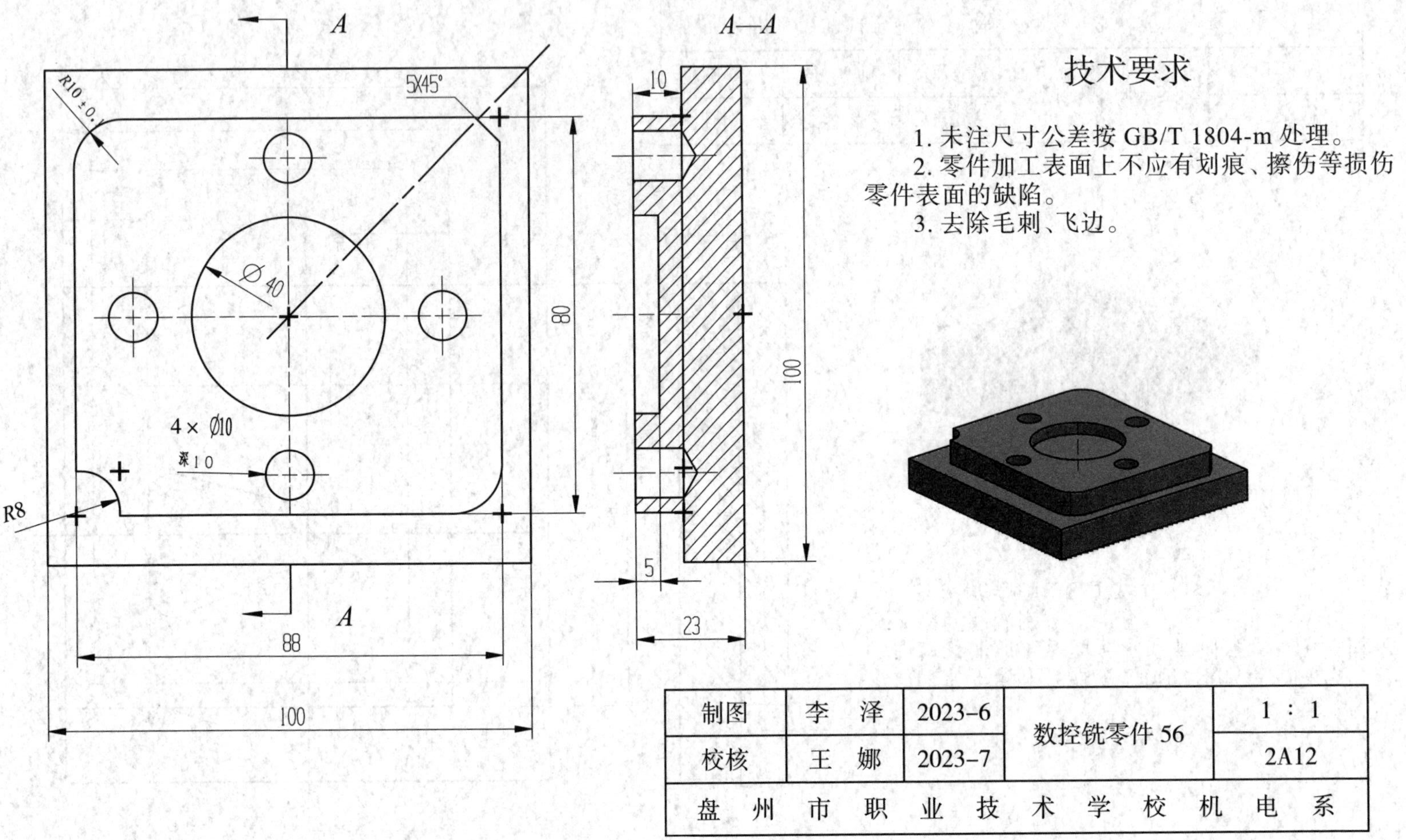
A
A—A
R10±0.1
5X45°
Ø40
4×Ø10
深10
R8
88
100
80
10
5
23
100
A
技术要求
1. 未注尺寸公差按 GB/T 1804-m 处理。
2. 零件加工表面上不应有划痕、擦伤等损伤零件表面的缺陷。
3. 去除毛刺、飞边。
制图 李 泽 2023-6
校核 王 娜 2023-7
数控铣零件 56
1 : 1
2A12
盘州市职业技术学校机电系

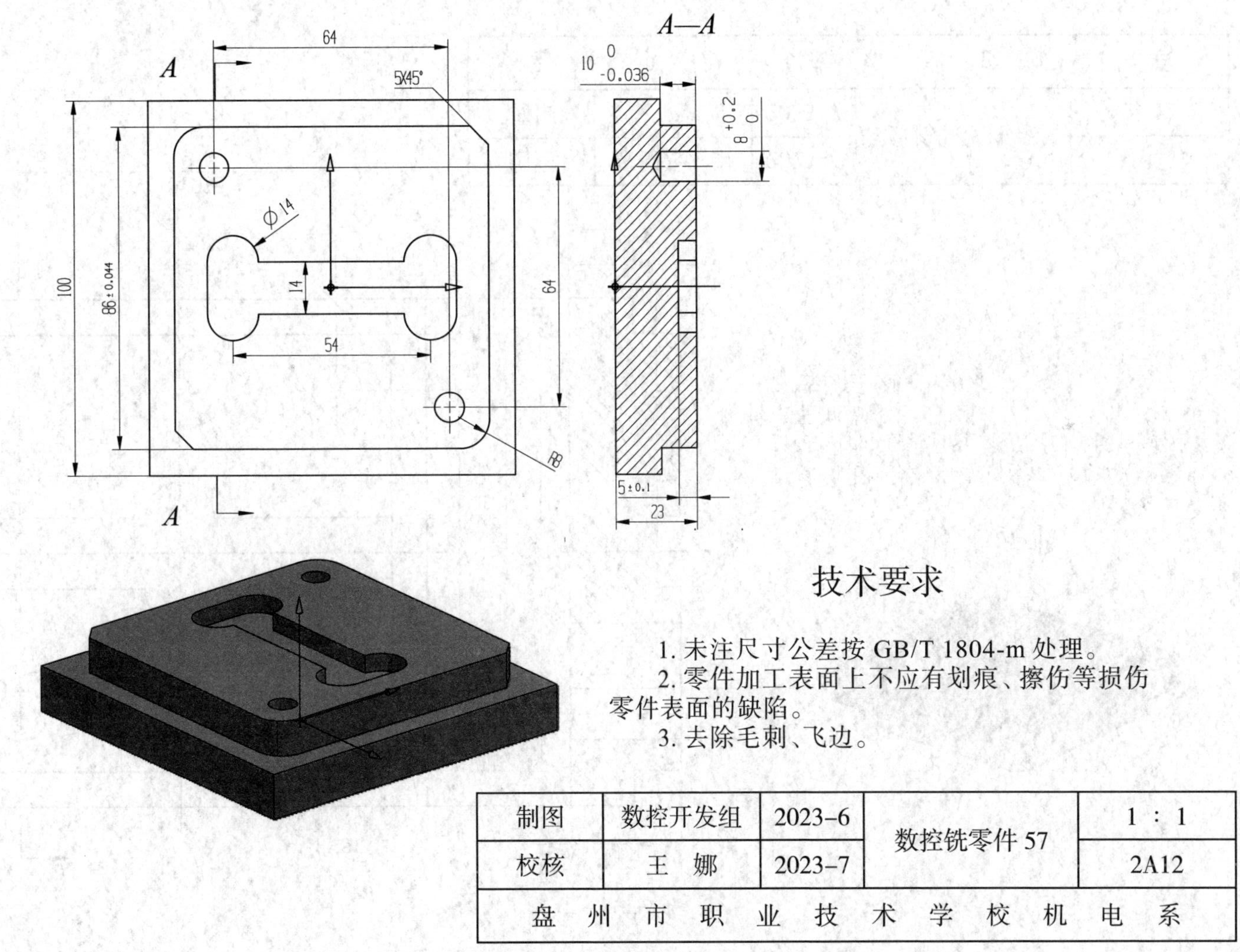

技术要求

1. 未注尺寸公差按 GB/T 1804-m 处理。

2. 零件加工表面上不应有划痕、擦伤等损伤零件表面的缺陷。

3. 去除毛刺、飞边。

制图	数控开发组	2023–6	数控铣零件 57	1 ∶ 1
校核	王　娜	2023–7		2A12
盘州市职业技术学校机电系				

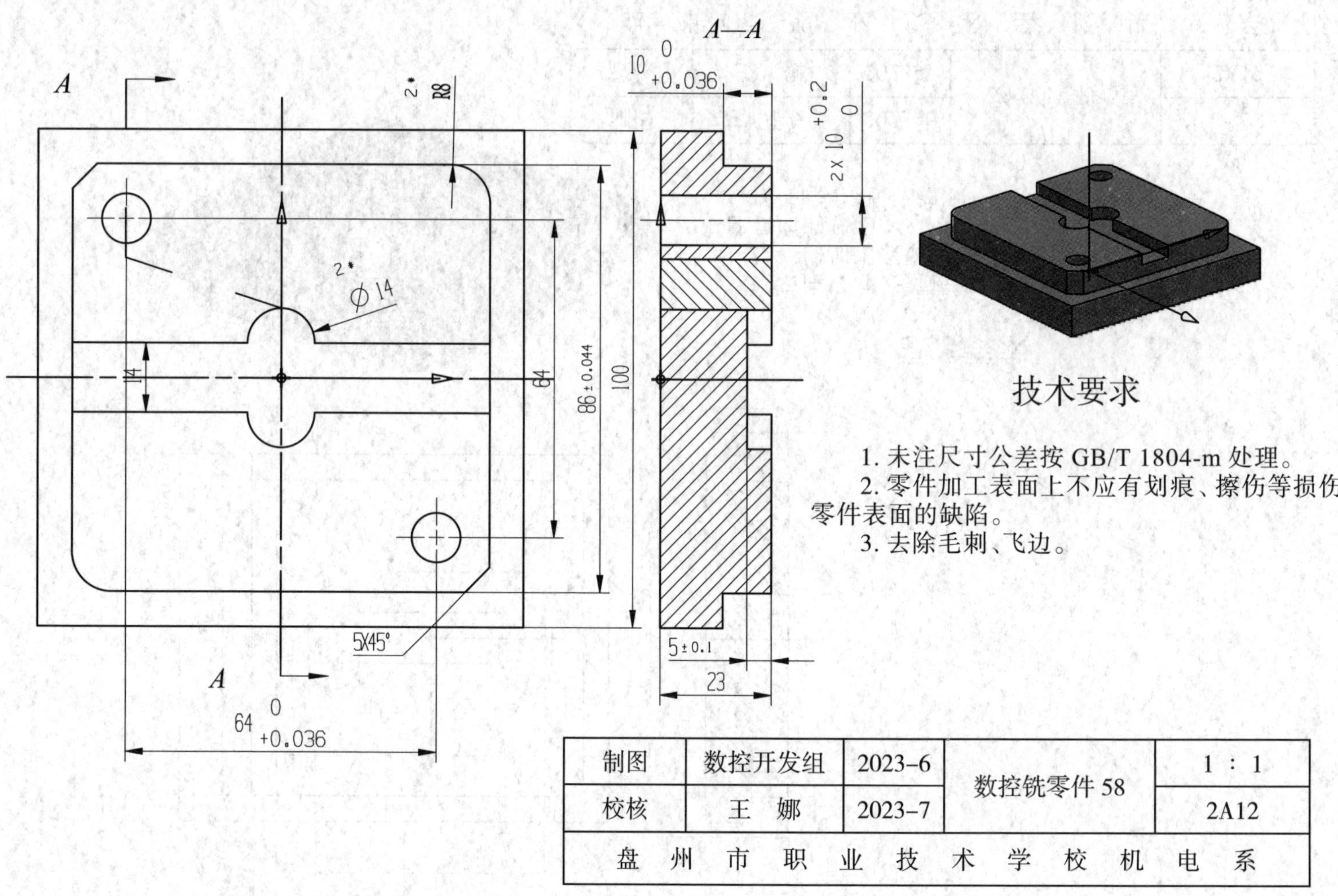
A—A
100
86±0.044
64
R8
Φ14
5X45°
23
5±0.1
14
A
技术要求
1. 未注尺寸公差按 GB/T 1804-m 处理。
2. 零件加工表面上不应有划痕、擦伤等损伤零件表面的缺陷。
3. 去除毛刺、飞边。
制图 数控开发组 2023-6
校核 王娜 2023-7
数控铣零件 58
1 : 1
2A12
盘州市职业技术学校机电系

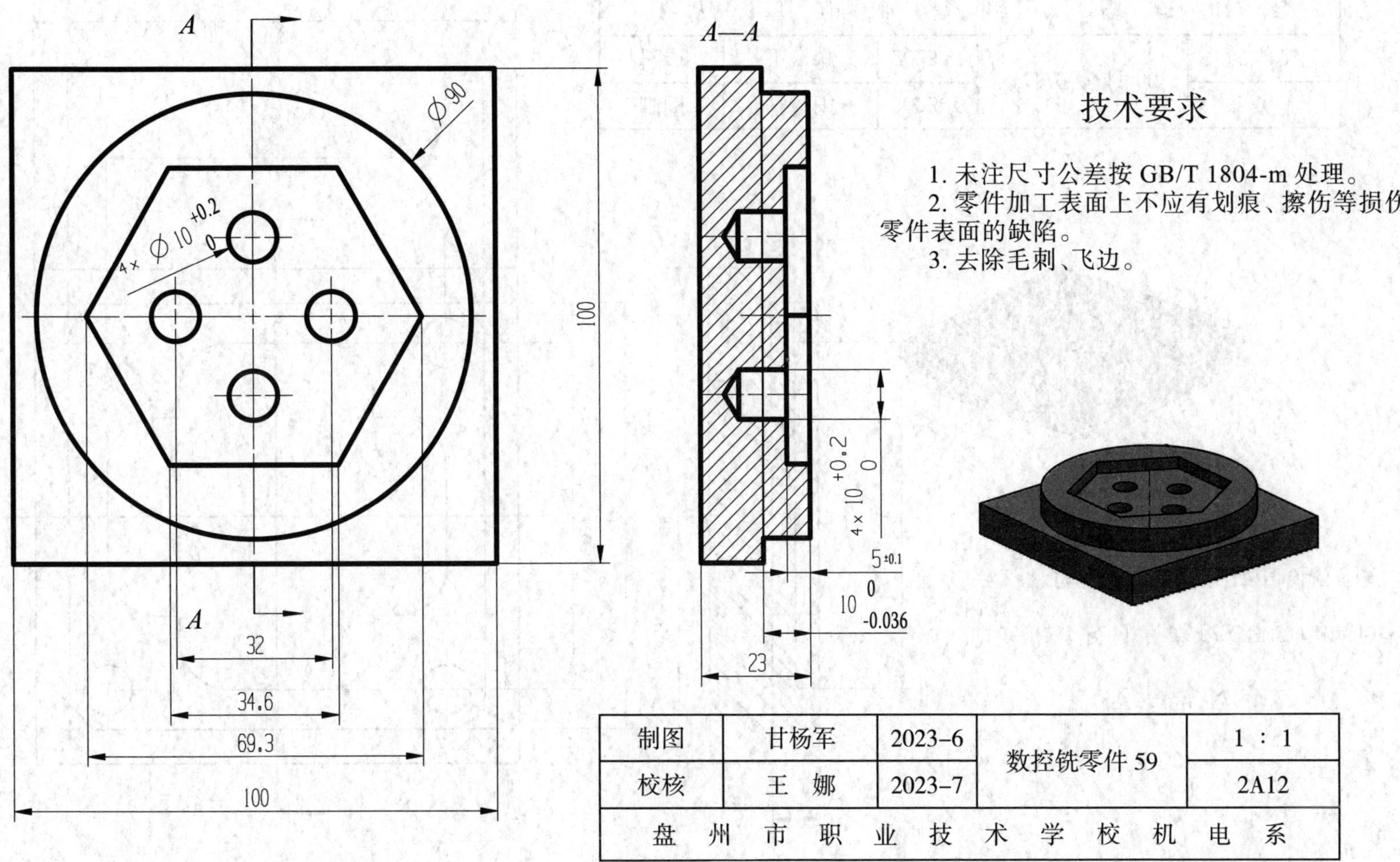
A
A
Φ90
4×Φ10 +0.2 0
100
32
34.6
69.3
100
A—A
4×10 +0.2 0
5±0.1
10 0 -0.036
23
技术要求
1. 未注尺寸公差按 GB/T 1804-m 处理。
2. 零件加工表面上不应有划痕、擦伤等损伤零件表面的缺陷。
3. 去除毛刺、飞边。
制图
甘杨军
2023-6
数控铣零件 59
1 : 1
校核
王　娜
2023-7
2A12
盘　州　市　职　业　技　术　学　校　机　电　系

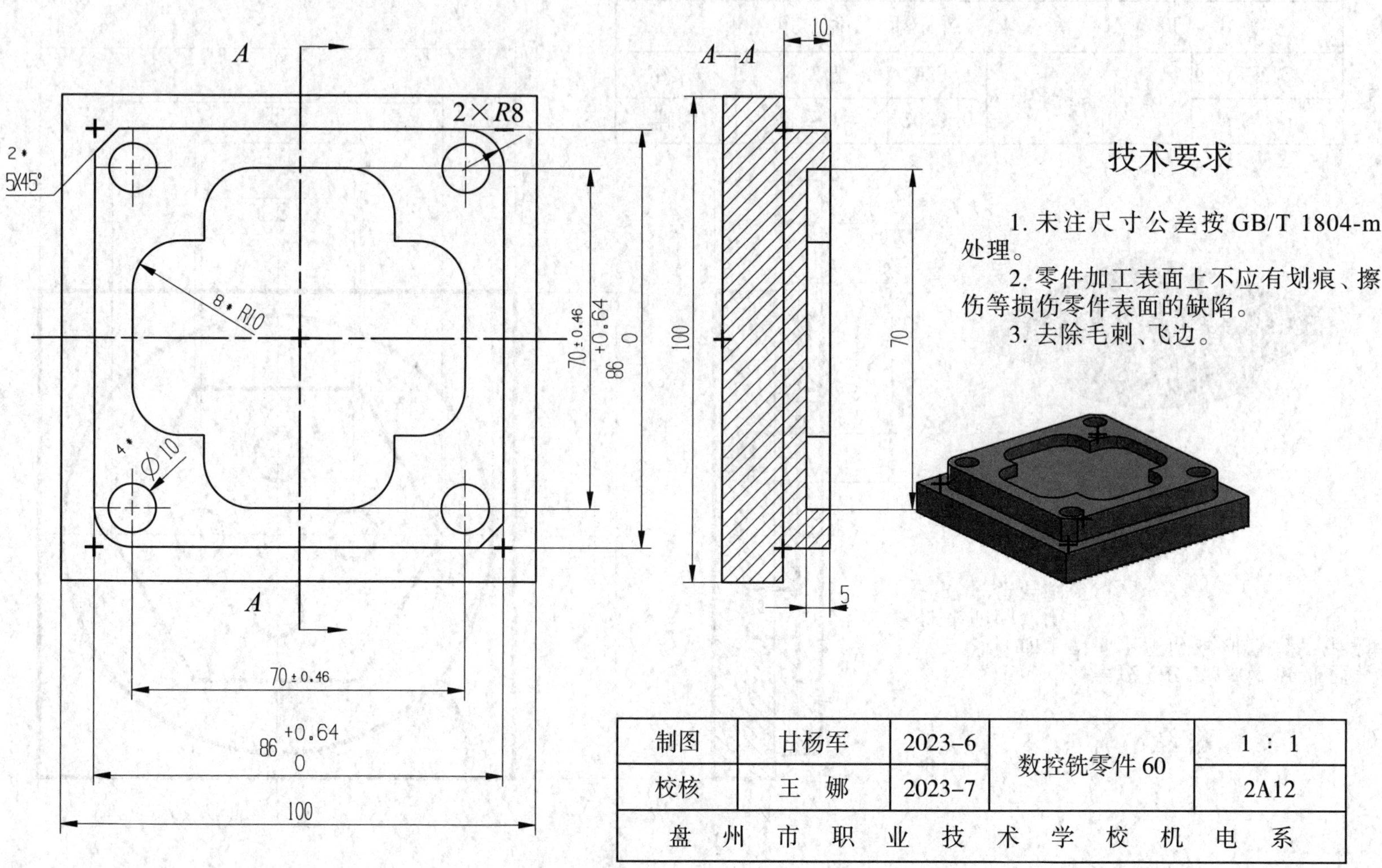
A
A
A—A
2×R8
2×5×45°
8×R10
4×Φ10
70±0.46
86 +0.64 0
100
10
70
5
技术要求
1. 未注尺寸公差按 GB/T 1804-m 处理。
2. 零件加工表面上不应有划痕、擦伤等损伤零件表面的缺陷。
3. 去除毛刺、飞边。
制图
甘杨军
2023-6
校核
王 娜
2023-7
数控铣零件 60
1 : 1
2A12
盘 州 市 职 业 技 术 学 校 机 电 系